Bayern: Verwaltungsgliederung
Staatsgrenze
Landesgrenze
Grenze eines Regierungsbezirks
Kreisgrenze
Landeshauptstadt
Vewaltungssitz eines Regierungsbezirks
Andere Stadt
ER Kraftfahrzeugkennzeichen
0 25 50 75 100 km
Sachsen
TSCHECHISCHE REPUBLIK
ÖSTERREICH
Reg.-Bez. Oberfranken
Reg.-Bez. Oberpfalz
Reg.-Bez. Niederbayern
Reg.-Bez. Oberbayern
KC
HO
KU
WUN
Bayreuth
BT
FO
LAU
TIR
NEW
WEN
AS
AM
SAD
NM
CHA
RH
Regensburg
R
REG
EI
IN
KEH
SR
FRG
DEG
ND
PAF
DGF
PA
Landshut
LA
PAN
FS
DAH
ED
MÜ
AÖ
FFB
München
M
EBE
STA
RO
TS
MB
TÖL
BGL
GAP
Budweis
Linz
Salzburg
Innsbruck
Saale
Eger
Mies
Naab
Beraun
Moldau
Regen
Donau
Altmühl
Isar
Inn
Traun
Enns
Salzach
Chiemsee
Attersee
Traunsee

Eine Welt – Strukturen, Entwicklungswege, Verflechtung, Globalisierung

Raumstrukturen und aktuelle Entwicklungsprozesse in Deutschland

Erläuterung der Seitenkennzeichnungen

check-in Ermitteln und Sichern des Ausgangsniveaus; Reaktivieren von Wissen als Fundament für die Aneignung neuen Wissens

check-up Zusammenfassen und Systematisieren von Wissen auf der Stufe des Endniveaus; Angebot von Aufgaben zur selbstständigen Überprüfung dessen

additum Vertiefen, Ergänzen bzw. Erweitern des jeweiligen Themas; unterstützt den Aufbau allgemeingeographischer und globaler Raster

Merkmale und Ursachen unterschiedlicher Entwicklung

„Die Kluft zwischen Arm und Reich wächst weltweit ebenso wie innerhalb von Nationalstaaten. Wenn die Früchte des Fortschritts nicht fair geteilt werden, ist der soziale Zusammenhalt in Gefahr. Er hängt nicht nur von Kaufkraft ab. Relevant sind auch Dinge wie Bildung, Gesundheitswesen, Rechtsstaatlichkeit und das Vorherrschen einer Kultur des Vertrauens in einer Gesellschaft."

(Quelle: Soziale Inklusion. In: E+Z. Entwicklung und Zusammenarbeit. H 4/08, S. 142)

Merkmale und Ursachen unterschiedlicher Entwicklung

Die unterschiedlich verlaufende gesellschaftliche und wirtschaftliche Entwicklung auf der Erde hat zu erheblichen Unterschieden im Lebensstandard der Menschen in einzelnen Ländern und Regionen geführt.

Bei der Betrachtung des Entwicklungsstandes der Länder und Regionen können unterschiedliche Gesichtspunkte zugrunde gelegt werden, wie z. B. das Bruttonationaleinkommen oder das Bruttoinlandsprodukt, die durchschnittliche Lebenserwartung der Bevölkerung oder die Analphabetenrate. Von der Auswahl der Kriterien hängt es ab, welches Bild von der Welt daraus entsteht. Auffallend sind gravierende Unterschiede zwischen der Nord- und Südhalbkugel, die sich insbesondere in Unterernährung und geringer Lebenserwartung der Bevölkerung in den armen Ländern zeigen.

M 8.3 „Wir müssen den Gürtel enger schnallen!"

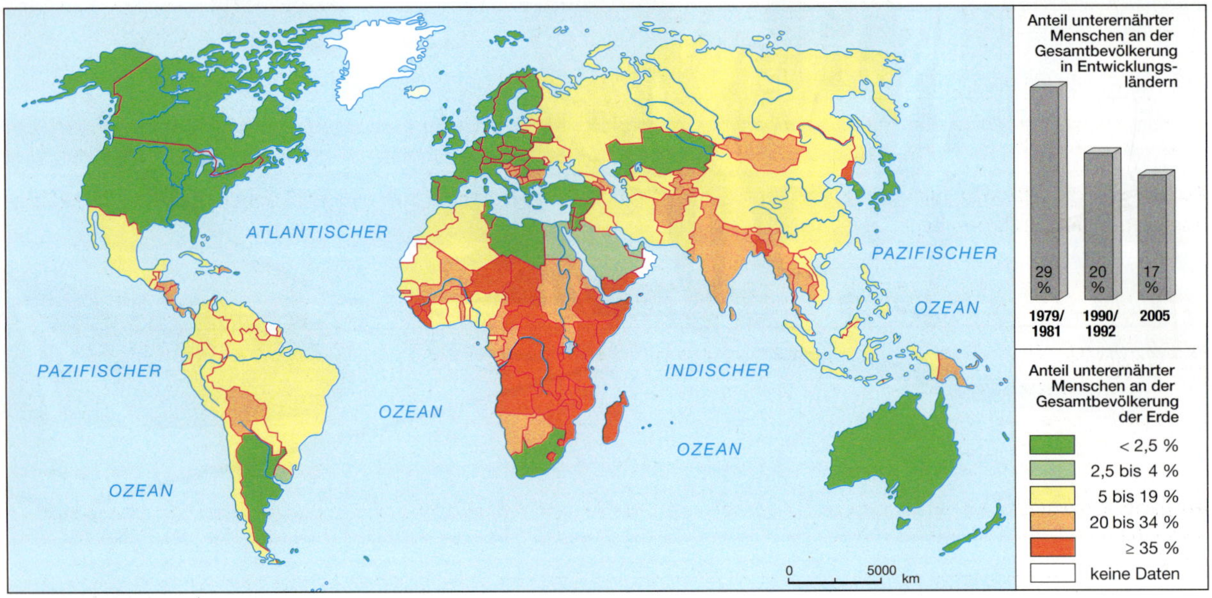

M 8.1 Anteil unterernährter Menschen an der Gesamtbevölkerung der Erde

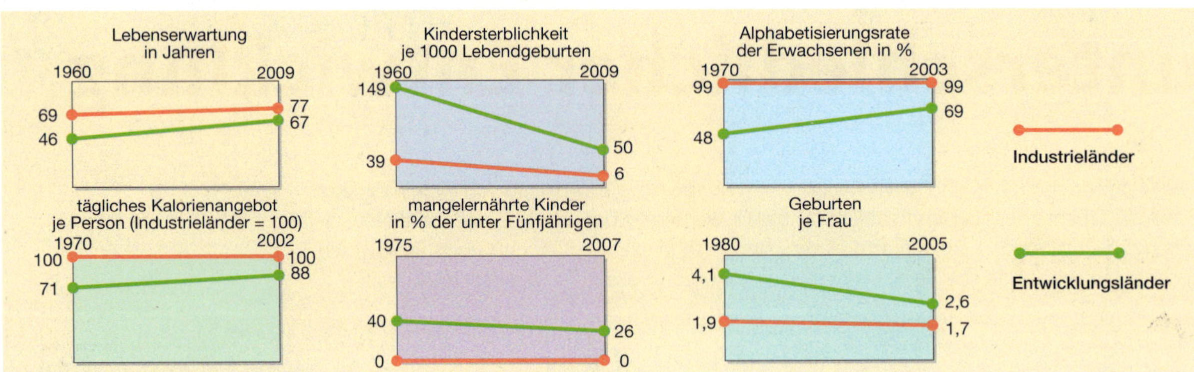

M 8.2 Veränderungen im Entwicklungsstand

Aufgabe: Wählen Sie drei Länder aus und kennzeichnen Sie anhand von M 8.1 und M 8.2 deren Entwicklungsstand.

Grundbegriffe

Die Zusammenstellung enthält grundlegende Begriffe, die Sie kennen sollten:

Analphabetenrate
Bevölkerungswachstum: Zunahme der Bevölkerung aufgrund einer höheren Geburtenrate im Vergleich zur Sterberate.
Bruttonationaleinkommen
Entwicklungsland: Land mit niedrigem Pro-Kopf-Einkommen und großen sozialen Problemen (z. B. Analphabetismus, Nahrungsmangel, unzureichende medizinische Versorgung).
Entwicklungsdefizit
Entwicklungszusammenarbeit: Umfasst alle staatlichen Maßnahmen, die zur Umsetzung der politischen Entwicklungsziele einer Regierung ergriffen werden; sie wird unterschieden nach technischer (z. B. Bereitstellen von Material, Know-how, Fachkräften und Ausbildung von Personal) und finanzieller (z. B. Darlehen, Mitfinanzierungen) Zusammenarbeit.
Export
Geburtenrate
Grundbedürfnisse
Investor
Import
Industrieland: Land mit hohem Pro-Kopf-Einkommen, hohem Lebensstandard und Alphabetisierungsgrad sowie guter medizinischer Versorgung.
Lebenserwartung
Natürliches Bevölkerungswachstum
Nord-Süd-Gefälle
Pro-Kopf-Einkommen
Schwellenland: Land mit mittlerem bis hohem Pro-Kopf-Einkommen, einer hohen Wachstumsrate der Wirtschaft und Fortschritten im sozialen Bereich (z. B. Alphabetisierung, Ernährung, medizinischer Versorgung).
Sterberate
Unterentwicklung
Unterernährung
Verschuldung
Wachstumspol: Standort mit hohem Wirtschaftswachstum, dessen günstige Entwicklung auf die Umgebung abstrahlt.
Zoll

Aufgabe: Vergewissern Sie sich, dass Sie alle im Begriffscontainer enthaltenen Begriffe erklären können. Definieren Sie selbstständig die nicht erklärten Begriffe.

Methoden

Die Zusammenstellung enthält grundlegende geographische Arbeitsmethoden, die Sie sicher beherrschen sollten:
- Interpretation und Bewertung von Strukturdaten und Statistiken
- Interpretation differenzierter thematischer Karten
- Auswertung und Diskussion von Diagrammen

Aufgabe: Überprüfen Sie selbstständig (z. B. durch das Erstellen von Checklisten), ob Sie die genannten Methoden sicher beherrschen.

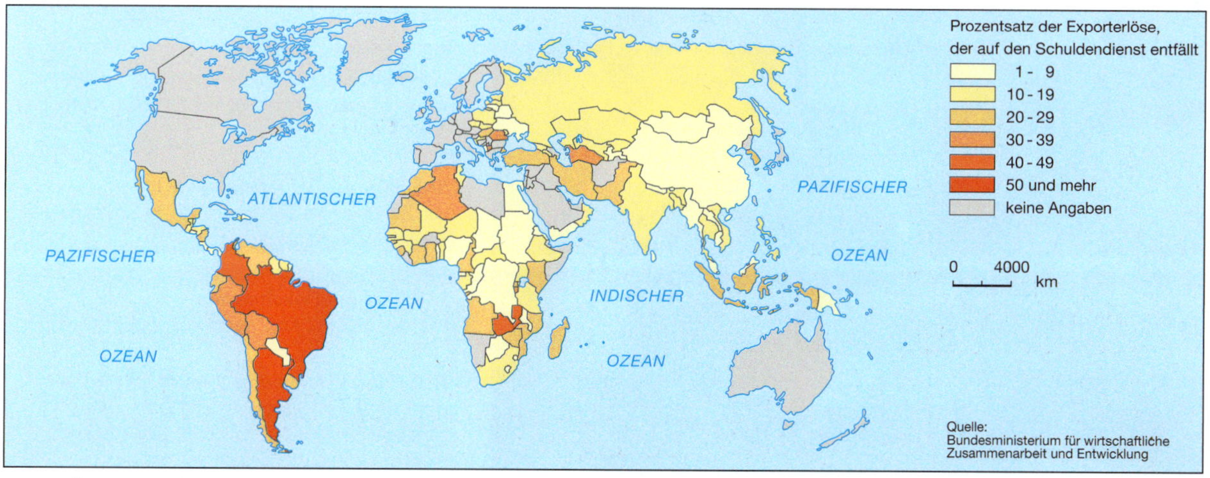

M 9.1 Thema: Verschuldung der Länder (2005)

Aufgabe: Diskutieren Sie mögliche Gründe für das Ausmaß der Verschuldung an ausgewählten Ländern.

Indikatoren zur Messung von Entwicklungsunterschieden

United Nations Development Programme (UNDP)
Das Entwicklungsprogramm der Vereinten Nationen wurde 1965 gegründet und hat seinen Sitz in New York. Es ist die zentrale Organisation der UN-Entwicklungsfonds und -programme, es arbeitet mit 166 Staaten zusammen. Schwerpukte der Tätigkeit sind der Auf- oder Ausbau von Fähigkeiten/Kapazitäten in fünf Bereichen:
- demokratische Regierungsführung,
- Armutsbekämpfung,
- Krisenvorsorge und Konfliktbewältigung,
- Energie und Umwelt,
- Bekämpfung von HIV/AIDS.

M 10.1 Begriffserklärung UNDP

Ökonomische, soziale und gesellschaftliche Indikatoren

Sie geben Aufschluss über die unterschiedlichen Lebensbedingungen von Menschen in den Ländern der Erde.
Ökonomische Indikatoren beschreiben die wirtschaftliche Leistung (z. B. PKE = BNE/Einwohner; M 10.3) und die Strukturen der Wirtschaft (z. B. Sektorenanteile) von Ländern.
Soziale und gesellschaftliche Indikatoren (z. B. Lebenserwartung, Bildungssituation) geben Aufschluss über die Lebensbedingungen der Bevölkerung eines Landes.
Die Berechnung der Entwicklungsunterschiede eröffnet die Möglichkeit der Vergleichbarkeit.
Es gibt keinen Indikator, der geeignet ist, die Entwicklung aller Bereiche in einem Land zu messen, obwohl dem Bruttonationaleinkommen in der Vergangenheit vielfach diese Eigenschaft zugeschrieben wurde. Über die Bildungssituation erfährt man z. B. durch die Alphabetisierungsrate der Bevölkerung oder die Investition des Staates in den Bildungsbereich.
Weitere Indikatoren beziehen sich auf Gesundheit, Ernährung und Demographie. So kann als ein Indikator für den Gesundheitszustand einer Gesellschaft die Zahl der Einwohner pro Arzt herangezogen werden. Es hat sich aber herausgestellt, dass die Lebenserwartung bei Geburt für die Aussage besser geeignet ist. Um komplexere Erkenntnisse zu gewinnen, werden mehrere Indikatoren zusammenfassend berechnet.

Human Development Index (HDI)

International häufig verwendet wird der Human Development Index (HDI), mit dem der Grad der menschlichen Entwicklung in einem Land gemessen werden kann. Seit 1990 berechnet und veröffentlicht das UNDP (M 10.1) den HDI für alle Länder. Das UNDP fördert insbesondere durch Beratungen, Trainingsprogramme sowie finanzielle Unterstützung die so genannten Least Developed Countries (LDCs), die ärmsten Entwicklungsländer (siehe S. 14).
2008/2009 wurden 177 Länder miteinander verglichen, dabei wurde der Stand von 2007 erfasst. Berechnungen aus drei Bereichen fließen ein:
- Länge und Gesundheitsqualität des Lebens (Indikator: Lebenserwartung bei der Geburt),
- Bildung (Indikatoren: Alphabetenrate bei Erwachsenen und Einschulungsrate) sowie
- Lebensstandard (Indikator: gemessen am geschätzten Einkommen).

Die Berechnung des HDI ergibt einen Wert zwischen 0 und 1. Beispiel:

	Island	Burkina Faso
1975	0,863	0,253
2007	0,969	0,389

M 10.2 Der Junge in Kolkata hat Zugang zu sauberem Wasser

VGR: Volkswirtschaftliche Gesamtrechnung
statistische Erfassung der Daten von Liefer- und Empfangsbeziehungen, Käufen, Verkäufen, Forderungen, Verpflichtungen und des Vermögens einer Volkswirtschaft – Ergebnisse der Berechnung sind das BIP und das BNE

BIP: Bruttoinlandsprodukt
innerhalb der Landesgrenzen von Inländern erwirtschaftetes Einkommen mit Unternehmens- oder Wohnsitz im Inland

BNE (Bruttonationaleinkommen)
von Bürgern eines Staates – auch im Ausland – erwirtschaftetes Einkommen

PKE: Pro-Kopf-Einkommen
BIP bzw. BNE pro Kopf der Bevölkerung des Landes

HDI: Human Development Index
dient der Beschreibung des Zustandes eines Landes; Lebenserwartung, Bildungsniveau und Einkommen werden berechnet

M 10.3 Grundlegende Indikatoren zur Messung von Entwicklungsunterschieden

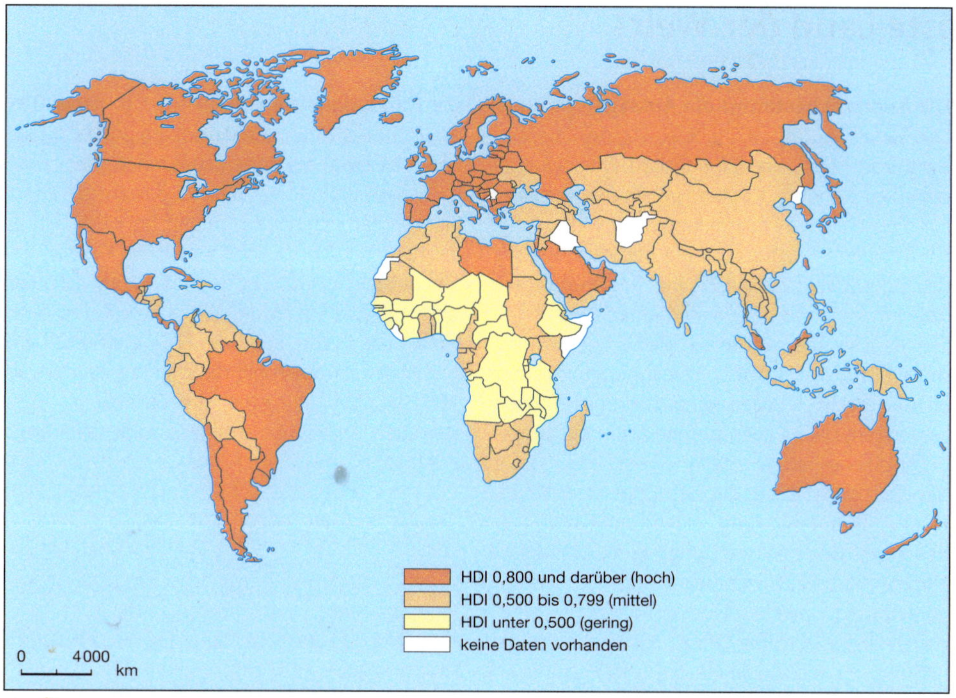

M 11.1 Human Development Index 2007

BSP bei KKP pro Kopf (in US-$, 2009)		
1	Luxemburg	65 320
2	Norwegen	58 500
3	USA	46 970
4	Schweiz	46 460
5	Island	25 220
204	Tansania	1 230
205	Malawi	830
206	Guinea-Bissau	530
207	Burundi	380
208	Dem. Republik Kongo	290

M 11.4 Reichste und ärmste Staaten der Welt (Quelle: Weltbank 2009)

KKP pro Kopf: Kaufkraftparität pro Kopf

Eine Berechnung, mit der eine Vergleichsmöglichkeit des Lebensstandards von Menschen in unterschiedlichen Wirtschaftsräumen besteht. Sie berücksichtigt die Kaufkraft der lokalen Währung im Vergleich zum US-Dollar.

Die ersten fünf Staaten			
1995		2007	
1. Kanada	0,950	1. Norwegen	0,971
2. USA	0,937	2. Australien	0,970
3. Japan	0,937	3. Island	0,969
4. Niederlande	0,936	4. Kanada	0,966
5. Finnland	0,934	5. Irland	0,965
15. Deutschland	0,921	22. Deutschland	0,947
Die letzten fünf Staaten			
1995		**2007**	
170. Afghanistan	0,228	173. Mali	0,371
171. Äthiopien	0,227	174. Zentralafrikanische Rep.	0,369
172. Mali	0,222	175. Sierra Leone	0,365
173. Sierra Leone	0,221	176. Afghanistan	0,352
174. Niger	0,207	177. Niger	0,340

M 11.2 Die erst- und letztplatzierten Staaten beim Human Development Index (Rang und HDI-Wert)

	Bevölkerung mit Zugang zu sauberem Wasser		zu sanitären Anlagen	
	1990	2006	1990	2006
Bulgarien	100	100	100	100
Indien	68	89	12	28
Peru	74	84	52	72
China	70	88	23	65
Tansania	38	55	47	33
Niger	40	42	7	7
Welt	75	86	43	60
Entw.-länder	70	79	33	49

M 11.3 Hygienestandards im Vergleich (in %)

1 Geben Sie einen Überblick über wirtschaftliche und soziale Indikatoren zur Messung von Entwicklungsunterschieden und nennen Sie Gründe für solche Messungen.
2 Beschreiben Sie die globale Verteilung des HDI (Atlas, M 11.1).
3 Bewerten Sie die Veränderung in der HDI-Rangfolge seit 1995 (M 11.2).
4 Ergänzen Sie die Aussagen zu den Hygienestandards mit Daten zu zwei thematisch verwandten Indikatoren. Recherchieren Sie dazu im Internet, z. B. unter www.weltbevoelkerung.de.
5 Diskutieren Sie die Aussage: „In den letzten Jahrzehnten hat sich die menschliche Entwicklung weltweit erheblich verbessert."

Gibt es das ärmste Land der Welt?

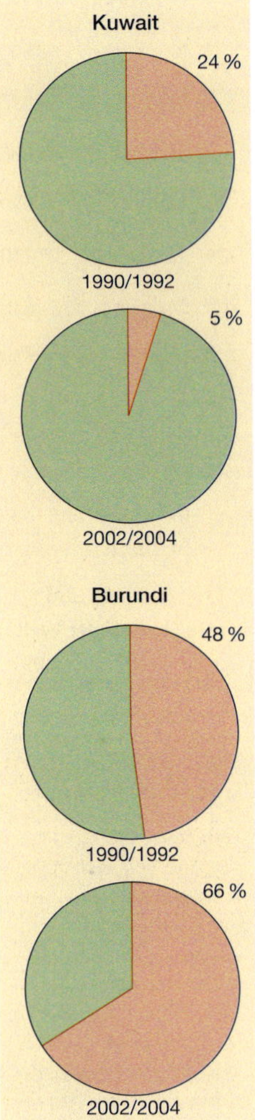

M 12.1 Unterernährte Bevölkerung (in %)

Die Auswahl bestimmt die Aussage

Die Rangfolge des HDI gibt eine gute Orientierung über den unterschiedlichen Entwicklungsstand von Ländern. Kritikern gehen die Aussagen zur menschlichen Entwicklung nicht weit genug. Sie fordern z. B. zusätzlich die Berücksichtigung des politischen Zustands, wie Regierungsform oder Umgang mit den Menschenrechten.

Der Bericht über die menschliche Entwicklung des UNDP enthält mehr Berechnungen als der HDI. In über 30 Tabellen werden zahlreiche Daten präsentiert, die als Indikatoren für Entwicklungsunterschiede herangezogen werden können. Sie beziehen sich z. B. auf die Gesundheit der Bevölkerung, ihre Ernährung, durchschnittliche Lebenserwartung oder Investition in die Bildung.

Nimmt man die Einzelaspekte, findet man leicht vorgefasste Urteile bestätigt: So investierte Dänemark 2002 bis 2005 pro Jahr 8,5 % seines BIP in die Bildung, bei Äquatorial-Guinea waren es im selben Zeitraum nur 0,6 %, aber Deutschland wendet nur 4,6 % auf, dagegen Kenia 6,7 %. Erst das Geflecht vieler Indikatoren zeigt, dass es zu einfach ist, die Welt in arm und reich, in niedrig und hoch entwickelt zu unterteilen.

Seit 1978 veröffentlicht die Weltbank den Weltentwicklungsbericht; in der Ausgabe von 2007 waren 208 Volkswirtschaften erfasst (Stand der Daten: 2005). Den Schwerpunkt setzt die Weltbank auf wirtschaftliche Aussagen.

Die Daten der Weltbank helfen z. B. dabei, Zeitungsüberschriften wie „Äthiopien ist das ärmste Land der Erde" einordnen zu können. Geht man nach dem BNE, so ist Burundi das ärmste Land. Richtet man sich nach dem BNE bei KKP, so ist es die Republik Kongo. Nach den Pro-Kopf-Angaben des BNE bei KKP ist es Malawi. Legt man das jährliche Wachstum des BIP zugrunde, ist Simbabwe das ärmste Land der Erde. Gemessen am Anteil der Bevölkerung, die pro Tag weniger als 1 US-$ zur Verfügung hat, ist es Sambia.

Wie auch immer: Das ärmste Land der Welt liegt in Afrika.

Nehmen wir zwei südafrikanische Kinder als Beispiel – beide am selben Tag im Jahr 2000 zur Welt gekommen: Nthabiseng ist schwarz, hineingeboren in eine arme Familie [...]. Ihre Mutter hat nie eine formale Schulbildung bekommen. Pieter ist weiß und wächst in einer reichen Familie in Kapstadt auf. [...]

Für Nthabiseng ist die Wahrscheinlichkeit, im ersten Lebensjahr zu sterben, mit 7,2 % mehr als doppelt so hoch wie die für Pieter. Pieter hat eine Lebenserwartung von 68 Jahren, bei Nthabiseng sind es 50 Jahre. Pieter wird eine 12-jährige formale Schulbildung erhalten, während Nthabiseng höchstens ein Jahr zur Schule geht. Nthabiseng wird ihr Leben lang vermutlich deutlich ärmer sein als Pieter.

Quelle: Weltbank (Hrsg.): Weltentwicklungsbericht 2006, S. 1

M 12.3 Was Statistiken sagen können

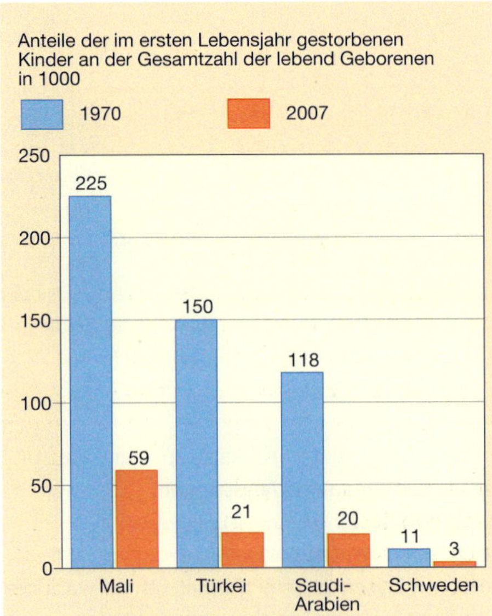

M 12.2 Säuglingssterblichkeit (pro 1000 Lebendgeburten)

Erwachsene Analphabeten (ab 15 Jahre)		
	1999–2005	1985–94
Mali	73,8	k. A.
Niger	71,3	k. A.
Burkina Faso	71,3	86,4
Guinea	70,5	k. A.
Tschad	68,2	87,8
Jugendliche Analphabeten (15–24 Jahre)		
	1995–2005	1985–94
Burkina Faso	67,0	79,8
Niger	63,5	k. A.
Tschad	62,4	83,0
Benin	54,7	60,1
Guinea	53,4	k. A.

M 12.4 Staaten mit der niedrigsten Alphabetisierungsrate (2005, in %)

M 13.1 Mast eines Mobilfunknetzes in den Weiten der Landschaft Tansanias

	1990	2000	2005
Tansania	3	5	4
Mosambik	4	4	4
Malawi	3	4	8
Sambia	8	8	8
DR Kongo	1	k. A.	k. A.
Burundi	1	3	4
Ruanda	1	2	3
Uganda	2	3	3
Kenia	7	10	8
zum Vergleich Deutschland	401	611	667

M 13.2 Telefonfestnetzanschlüsse pro 1000 Einwohner

M 13.4 Prepaid-Karte

Handy und Internet in den ärmsten Ländern

In den vergangenen Jahrzehnten und Jahrhunderten war die Einführung neuer Industrien und Techniken in einem Land oft mit einer Verbesserung der wirtschaftlichen Entwicklung verbunden. In Zeiten moderner und preiswerter Technologie muss das nicht mehr unbedingt der Fall sein. In den meisten Staaten Ostafrikas ist die Wachstumsrate bei Handys hoch: 1990 gab es dort keine Nutzer, während z. B. in Schweden schon 54 von 1000 Menschen mobil telefonierten. 2005 nutzten in allen afrikanischen Ländern südlich der Sahara bereits 130 Mio. Menschen das Handy. Daraus lässt sich allerdings keine ebensolche Steigerung der wirtschaftlichen Entwicklung ableiten. In Tansania ist die günstigste Prepaid-Karte bereits für 500 Schilling (rund 0,30 Euro) zu haben. Dennoch ist die Dichte der Handynetze in Afrika nicht mit denen in Europa vergleichbar.

Der Zugang zum Internet ist dagegen teuer, die Einrichtung von Festnetztelefonanschlüssen zu aufwändig. Deshalb ist in vielen afrikanischen Ländern eine Zunahme von Internet- und Telefonanschlüssen vorerst nicht zu erwarten. In den reichen Industrieländern dagegen findet ungebremstes Wachstum statt. In Island waren 2005 von 1000 Einwohnern 869 online, das war der weltweit höchste Wert.

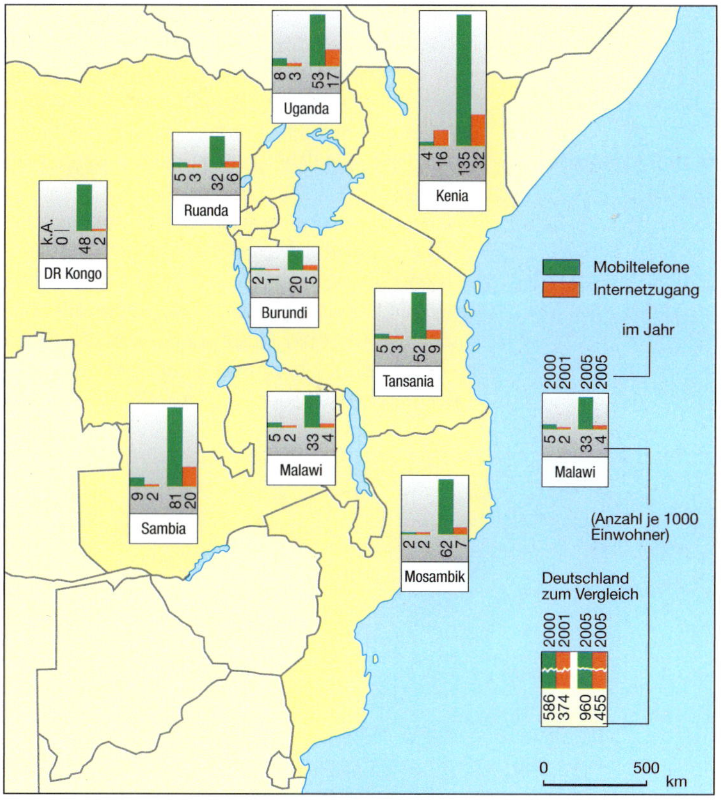

M 13.3 Moderne Kommunikationstechnologie in Ostafrika

1 Diskutieren Sie, ob mit statistischen Angaben objektive Aussagen zum Entwicklungsstand eines Landes getroffen werden können. Wie kann man am besten vorgehen, um zu guten Ergebnissen zu kommen?

2 Analysieren Sie die Daten zur modernen Kommunikationstechnologie in den Ländern Ostafrikas. Welche Veränderungen ergeben sich durch den Besitz eines Handys?

3 Stellen Sie statistische Daten für eine andere Region der Erde zusammen, z. B. für Lateinamerika oder Ostasien. Recherchieren Sie dazu im Internet. (http://wissen.spiegel.de, www.undp.org, http://econ.worldbank.org/wdr)

4 Geben Sie anhand der Materialien M12.4 und M 13.3 eine Einschätzung der Situation der jeweiligen Länder.

Staaten unterschiedlichen Entwicklungsstandes

– weniger als 2 % der weltweiten Direktinvestitionen fließen in LDCs
– ca. zwei Drittel flossen 2007 in die Erdölförderung der Länder Angola, Äquatorial-Guinea, Jemen, Mauretanien, Sudan, Tschad
– 2007 hatten die LDCs weniger als 1 % Anteil am weltweiten Güterexport
– fast die Hälfte aller Menschen in LDCs haben täglich weniger als 1 US-$ zur Verfügung

Quelle: www.unohrlls.org

M 14.1 Kennzahlen zu den LDCs

Eine Welt lässt sich in Staaten mit unterschiedlichem Entwicklungsstand gliedern.
Nach wirtschaftlichen Indikatoren, wie dem PKE, sind es drei große Gruppen, innerhalb derer es allerdings große Unterschiede gibt:
- hoch entwickelte Länder/Industrieländer,
- Schwellenländer,
- Entwicklungsländer.

Einteilung der Vereinten Nationen: Die LDCs

Die Vereinten Nationen haben Grenzwerte festgelegt, nach denen am wenigsten entwickelte Länder definiert werden.
Diese Länder werden als Least Developed Countries (LDCs) bezeichnet. Sie sind extrem arm und haben in ihrer Wirtschaftsentwicklung kein Wachstum zu verzeichnen. Eine Preisreduzierung auf dem Weltmarkt für ihr Exportgut, den jeweiligen Rohstoff, löst in den LDCs oft Wirtschaftskrisen, d. h. Hungersnöte, aus. Im Jahr 2008 nennt die UNO 49 solcher Länder, davon lagen 33 in Afrika.
Unter der Leitung der Vereinten Nationen gab es seit den 1960er-Jahren eine Reihe von internationalen Konferenzen, die sich mit den Problemen der LDCs beschäftigten und Konzepte zur wirtschaftlichen Entwicklung erarbeiteten. Nach der Konferenz 2001 in Brüssel wurde eine Abteilung der Vereinten Nationen gegründet, das United Nations Office of the High Representative for Least Developed Countries, Landlocked Developing Countries and Small Island Developing States. Ziel ist es, einheitliche Orientierungsrahmen für die Aktivitäten der verschiedenen Organisationen in der Entwicklungszusammenarbeit vorzugeben. Diese Koordinierung soll dazu dienen, die Entwicklungspolitik effektiver zu gestalten.

Merkmale der LDCs

– Geringes Einkommen der Bevölkerung: das durchschnittliche Bruttonationaleinkommen (BNE) pro Kopf liegt unter 745 US-$.
– Der Anteil der unterernährten Bevölkerung und die Sterblichkeitsrate von Kindern unter sechs Jahren ist im Vergleich zu anderen Ländern hoch; die Anzahl der Schulbesuche an weiterführenden Schulen sowie die Alphabetenrate bei Erwachsenen sind zu niedrig.
– Krisenanfällige, instabile wirtschaftliche Situation: gemessen wird mit dem Economic Vulnerability Index (EVI). Dieser Index enthält Informationen zu folgenden Themen: Bevölkerungsanzahl, Warenexportanteil, Anteile von Land- und Forstwirtschaft sowie der Fischerei am BIP, Obdachlosigkeit (z. B. infolge von Naturkatastrophen), Instabilität der Agrarproduktion und Instabilität des Exports von Gütern und Dienstleistungen.

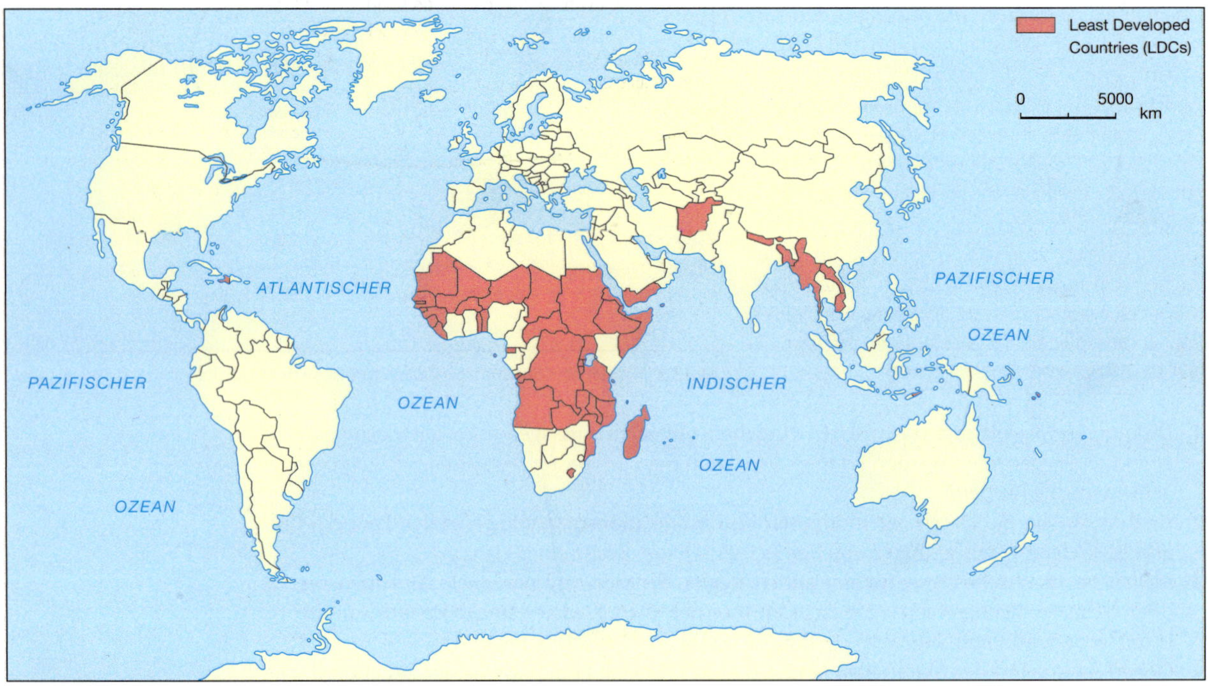

M 14.2 Die ärmsten Länder (LDCs), 2007

Abgrenzungen von Weltbank und UNDP

Im Jahr 2008 waren 185, d.h. fast alle Länder, Mitglied der Weltbank. Deren Hauptaufgabe besteht darin, wirtschaftlich weniger entwickelte Mitgliedsländer finanziell und beratend zu unterstützen. Eine Grundlage für diese Hilfe ist das Datenmaterial, das jährlich erhoben und im Weltentwicklungsbericht zusammengefasst und veröffentlicht wird. Nach dem BNE pro Kopf werden die Länder in drei Gruppen eingeteilt:
- mit niedrigem Einkommen (bis 875 US-$),
- mit mittlerem Einkommen (876–10 725 US-$).
- mit hohem Einkommen (ab 10 726 US-$).

Auch das UNDP unterteilt 2007 die menschliche Entwicklung auf der Welt in drei Gruppen:
- hohe menschliche Entwicklung (1,0–0,8), eingeteilt werden 70 Länder; z. B. fast alle Staaten Europas (außer Ukraine und Moldawien),
- mittlere menschliche Entwicklung (0,799 und 0,5) hierzu zählen 85 Länder,
- niedrige menschliche Entwicklung (unter 0,5) eingeordnet werden 22 Staaten,
- alle liegen in Afrika.

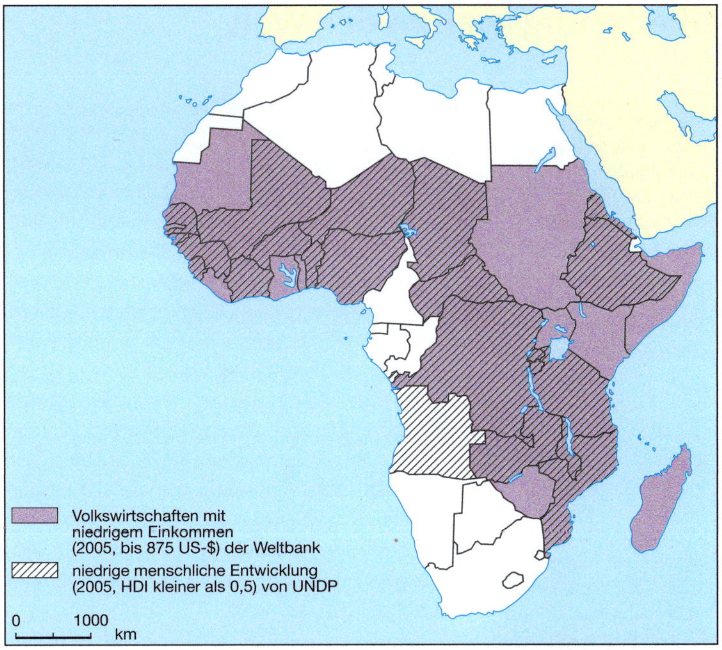

M 15.2 Afrika – Ländereinteilung nach Kriterien von Weltbank und UNDP

„Hier geht es um Hilfe, nicht um Profit" – Muhammad Yunus will Sozialunternehmen

„...für Hunger und Elend kann man heute nicht mehr die Natur verantwortlich machen, die Massengräber sind menschengemacht", meint Jean Ziegler, UNO-Sonderberichterstatter für das Recht auf Nahrung. Die Armut ist systembedingt. Um sie zu überwinden, nimmt Friedensnobelpreisträger Muhammad Yunus nun einen neuen Anlauf, er setzt auf „Sozialunternehmen".

Weltweit bekannt wurde der Geschäftsmann aus Bangladesh als „Bankier der Armen". Seine Grameen Bank vergibt Kleinstkredite an jene, die eigentlich nicht kreditwürdig sind, damit sie sich eine eigene Existenz aufbauen können. Auch für Yunus ist die Armut eine Folge des Wirtschaftssystems. „Die freien Märkte in ihrer gegenwärtigen Form sind nicht geeignet, soziale Probleme zu lösen, sondern werden Armut, Krankheiten, Umweltverschmutzung noch verschlimmern. Weder der Staat, noch die Weltbank oder Spenden könnten die Armut aber dauerhaft beseitigen", schreibt er. Stattdessen müsse „die Struktur des Kapitalismus vervollständigt werden" – und zwar durch die Einführung von „Sozialunternehmen", die neben staatlichen Unternehmen und Hilfsorganisationen den Wohlstand steigern sollen.

Sozialunternehmen sind im Prinzip normale Betriebe – nur ist ihr Zweck nicht Gewinnmaximierung. Stattdessen sollen sie sich ausschließlich daran orientieren, soziale und Umweltprobleme zu lösen. Sie sollen qualitativ hochwertige Produkte anbieten, die sich auch die Armen leisten können. So könne man in der Lebensmittel- oder Arzneimittelproduktion ebenso sozialorientiert wirtschaften wie in Textil- oder Energieunternehmen. Bei Sozialunternehmen gehe es nicht um die Erzielung einer hohen Rendite. Stattdessen werde der Gewinn, so er denn anfällt, in das Unternehmen reinvestiert. Die Anteilseigner verdienen nichts, sie könnten jedoch ihr Kapital mit der Zeit zurückerhalten.

Yunus hat seine Idee schon in die Tat umgesetzt: In Bangladesh hat er 2006 mit einem französischem Nahrungsmittel-Multi ein Sozialunternehmen zur Joghurt-Herstellung geschaffen. Die Company stellt Joghurt in dezentralen Produktionsstätten her, er wird zu einem Preis verkauft, der das Unternehmen gerade noch im Plus wirtschaften lässt. Die Joghurt-Verpackungen sind essbar, die Milch bezieht man von lokalen Anbietern.

(Berliner Zeitung vom 12./13.4.2008 von Stephan Kaufmann, gekürzt)

M 15.1 Ein Vorschlag für einen Weg aus der Armut

M 15.3 Muhammad Yunus, Friedensnobelpreisträger

1 Informieren Sie sich unter www.unohrlls.org über die Organisation der Vereinten Nationen und ihre Aufgaben in Bezug auf die LDCs.
2 Stellen Sie die Abgrenzungskriterien der Vereinten Nationen, von Weltbank und UNDP zusammen. Vergleichen Sie die Stellenwerte, die die afrikanischen Staaten dort jeweils einnehmen.
3 Helfen Ihnen die Abgrenzungen beim Verständnis unterschiedlicher Entwicklungen? Begründen Sie Ihre Meinung.
4 Referat-Tipp: Wege aus der Armut (M 15.1).

Gliederungsweisen der Welt

Blockfreie Staaten
Viele Staaten, die sich nach der Befreiung aus der Kolonialherrschaft ihre Unabhänigkeit erkämpft hatten, wollten weder dem (kapitalistischen) Westen noch dem (kommunistischen) Ostblock angeschlossen werden, sondern sich gegenseitig im Erreichen ihrer Ziele Selbstbestimmung, Anti-Imperialismus und Anti-Rassismus unterstützen. Gründungsmitglieder waren Ägypten, Indien und Jugoslawien. Heute zählt das Bündnis 118 Mitglieder, was ihm international Gewicht verleiht, aber auch zu internen Spannungen führt.

Zum Begriff „Dritte Welt"

Eine „Dritte Welt" setzt voraus, dass es eine „Erste Welt" und eine „Zweite Welt" gibt. Nach dem Zweiten Weltkrieg war im globalen politischen Denken die Welt in große Blöcke geteilt: Als „Erste Welt" galten die kapitalistisch funktionierenden Industriestaaten. Unter „Zweiter Welt" verstand man die kommunistisch regierten Staaten, die größtenteils politisch und ökonomisch von der Sowjetunion abhängig waren.
Während des Kalten Krieges (1949–1990) wurde die Weltpolitik von diesen beiden Blöcken bestimmt. Die Mehrzahl der Länder auf der Erde fühlte sich jedoch politisch keinem der beiden Blöcke zugehörig. Man suchte einen dritten Weg, der Begriff der „Dritten Welt" war geboren. Am Anfang war er weniger wirtschaftlich als vielmehr neutral politisch gemeint.
Im Laufe der Jahrzehnte reduzierte sich in der öffentlichen Wahrnehmung die „Dritte Welt" auf Länder, in denen Armut herrschte. Diese bis heute gültige negative Sicht hat mit der Wirklichkeit nicht viel zu tun.
1955 trafen sich 29 Staaten zu einer Konferenz im indonesischen Bandung. Sie verabschiedeten ein Programm, das 1961 in die Bewegung der Blockfreien Staaten mündete. Bis heute wird dieser Zusammenschluss fälschlich mit der Gruppe der Entwicklungsländer oder noch allgemeiner mit der „Dritten Welt" gleichgesetzt.
Dabei gehören der Gruppe Blockfreie Staaten mittlerweile mehr als 100 Länder an, deren politisches Spektrum von der Demokratie über die Monarchie bis zur Diktatur reicht. Auch die Wirtschaftskraft ist unterschiedlich stark, einheitliche Merkmale fehlen.

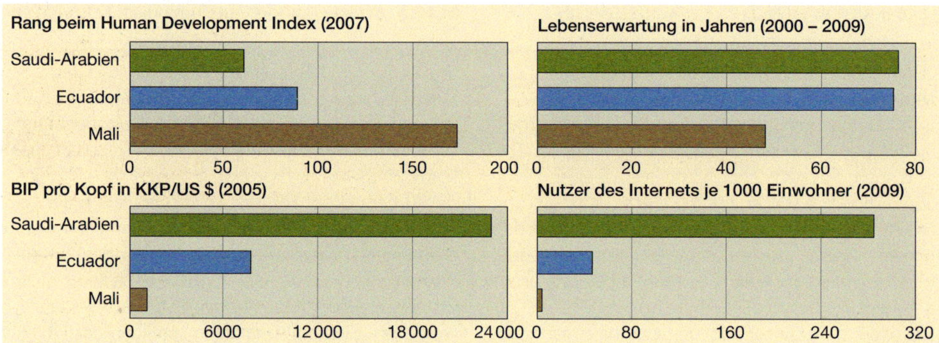

M 16.2 Drei Staaten der „Dritten Welt" im Vergleich

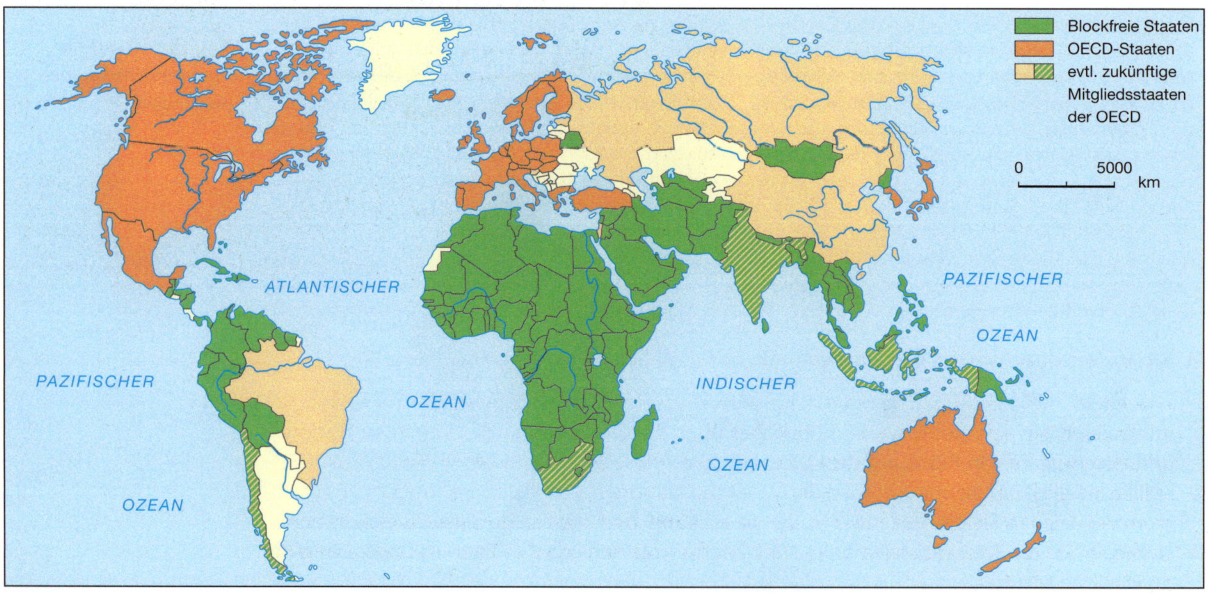

M 16.1 OECD- und Blockfreie Staaten, 2008

Die Gruppe der 77

Nur wenige Jahre nach der Bildung der Blockfreien Staaten entstand die Gruppe der 77 (G 77). Im Vorfeld der Welthandelskonferenz 1964 beschlossen 77 Staaten aus Afrika, Asien und Lateinamerika ihren Zusammenschluss. Die G 77 tritt innerhalb der Vereinten Nationen gemeinsam auf. Sie ist zwar keine internationale Organisation und hat keine eigene Verwaltung, dennoch hat ihre Stimme in Belangen des Außenhandels und der Entwicklungspolitik Gewicht. 2008 hatte die G 77 bereits 130 Mitgliedsländer.

Manche Länder sind in mehreren Gruppierungen Mitglied, manche wechseln. Hierfür ist Mexiko ein Beispiel, das 1994 aus der G 77 austrat und stattdessen Mitglied bei der Organisation für wirtschaftliche Zusammenarbeit und Entwicklung (OECD) wurde.

AKP-Staaten

Ein Beispiel für eine dauerhafte Zusammenarbeit sind die AKP-Staaten (Afrika, Karibik, Pazifik). Die Gruppe besteht aus 48 afrikanischen, 16 karibischen und 15 pazifischen Staaten.

1975 wurde zwischen den damals 46 AKP-Staaten und der Europäischen Gemeinschaft das erste „Lomé-Abkommen“ geschlossen. Es wurde immer wieder erneuert, aktuell gültig ist das 2003 für 20 Jahre in Kraft getretene Abkommen von Cotonou.

Es wurden u. a. folgende Ziele vereinbart:

- Fast alle Produkte der AKP-Staaten können ohne Hemmnisse in der Europäischen Union gehandelt werden.
- Bei zu niedrigen Exporterlösen werden Ausgleichszahlungen gewährt.
- Direktinvestitionen in die AKP-Staaten werden gefördert
- Die Effizienz der Landwirtschaft wird gefördert.

Das Abkommen legt auch fest, dass im Sinne der Demokratie eine verantwortungsvolle Regierungsführung Basis der Zusammenarbeit sein muss. Die Armut der AKP-Staaten soll also nicht nur durch Wirtschaftshilfe, sondern auch durch politische Voraussetzungen bekämpft werden.

M 17.1 Ein Thema der Weltpolitik: Herstellen von Chancengleichheit (www.sakurai-cartoons.de)

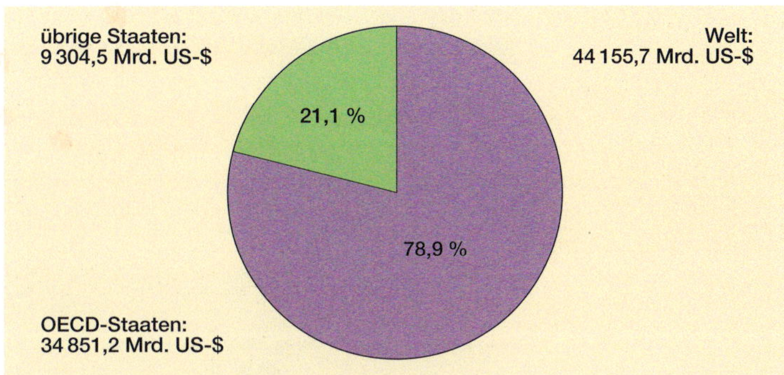

M 17.2 Anteil der OECD-Staaten am weltweiten BIP (2005)

M 17.3 Orangen für den Weltmarkt

1 Erklären Sie den Begriff „Dritte Welt“ und seine Entstehung. Bewerten Sie die Einteilung der Länder der Erde in „Erste“, „Zweite“, „Dritte“ Welt.

2 Diskutieren Sie, ob die Welt heute noch angemessen mit den Kategorisierungen „Dritte Welt“ und „Nord/Süd“ dargestellt werden kann.

3 Informieren Sie sich über die OECD. Nehmen Sie mit Blick auf die eventuellen zukünftigen Mitglieder Stellung dazu, dass bei den OECD-Staaten oft von „den“ Industrieländern die Rede ist (M 16.1, M 17.2).

4 Kommentieren Sie die Aussage von M 17.1.

Entwicklungstheorien

Weltbankeinteilung Länder mit hohem BNE pro Kopf	
USA	43 740 US-$
Deutschl.	36 620 US-$
Portugal	18 100 US-$
Länder mit mittlerem BNE pro Kopf	
Kroatien	9 330 US-$
Honduras	1 200 US-$
Länder mit niedrigem BNE pro Kopf	
Moldawien	1 100 US-$
Usbekistan	610 US-$

M 18.1 Beispiele für die Eingruppierung von Ländern durch die Weltbank (Weltentwicklungsbericht 2008, Daten für 2006)

Modernisierung und Abhängigkeit

Die Weltbank gruppiert die Länder der Erde in solche mit niedrigem, mittlerem und hohem BNE pro Kopf. Zu den Ursachen des unterschiedlichen Entwicklungsstandes gibt es gegensätzliche Auffassungen.

Interne Erklärungsansätze

Unterentwicklung ist das Ergebnis von inneren Defiziten, wie z. B. Mangel an Ressourcen; klimatische, wirtschaftliche oder politische Probleme (z. B. Dürre, Bürgerkrieg, Diktatur, religiöse Komponenten, wie sie sich z. B. im Kastensystem Indiens und Nepals zeigen), Teufelskreise der Armut; Auf diesen Annahmen stützen sich die so genannten Modernisierungstheorien. Sie gehen davon aus, dass sich Gesellschaften und Volkswirtschaften dann ökonomisch entwickeln, wenn sie anfangs mit finanzieller Unterstützung und Know-how von außerhalb die Schwachstellen beseitigen. Im Laufe der Zeit lösen sie sich von den Abhängigkeiten und können aus eigener Kraft ihre Entwicklung fortsetzen.

Externe Erklärungsansätze

Unterentwicklung entstand aufgrund von Abhängigkeiten von hoch entwickelten Ländern, besagt die Dependenztheorie (vom spanischen „dependencia" für Abhängigkeit). Für sie ist die Unterentwicklung nicht zufällig und auf dem Weg zur Modernisierung nicht einfach überwindbar. Sie erklären Unterentwicklung mit der Abhängigkeit der Entwicklungsländer (Peripherie) von den Industriestaaten (Zentrum). Zum einen wird als Beweis dafür die Kolonialzeit angeführt, die beispielsweise für die meisten Länder Afrikas erst um 1960 beendet war. Zum anderen bestehe die Abhängigkeit in der einseitigen Einbindung in den globalen Markt, da z. B. viele Entwicklungsländer landwirtschaftliche Produkte für den Weltmarkt anbauen (z. B. Kaffee, Kakao, Tee) und dadurch zu wenig Flächen blieben, um den Eigenbedarf an Grundnahrungsmitteln (z. B. Maniok, Reis) zu decken.

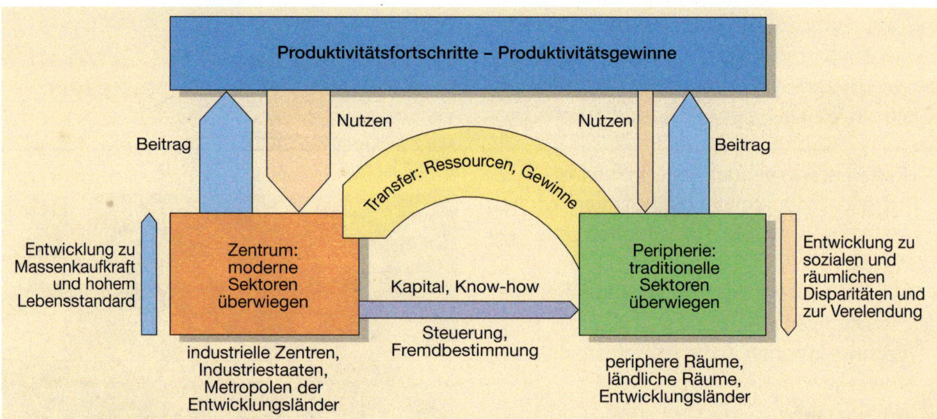

M 18.3 Dependenztheorie

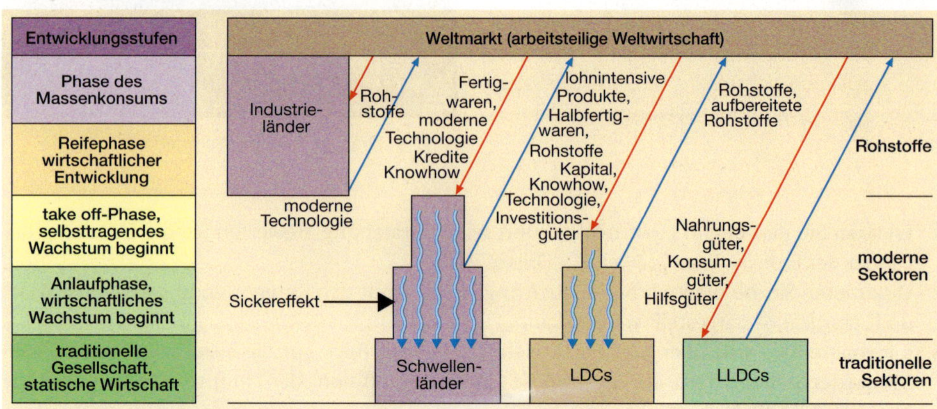

M 18.2 Modernisierungstheorie

Wirtschaftlicher Dualismus

Kritiker der Modernisierungs- und Dependenztheorien stellen fest, dass mit beiden nicht die Wirklichkeit abgebildet werden kann. Sie setzen vielmehr auf eine Verflechtung vielfältiger Gründe, um Unterentwicklung erklären zu können.
Das Modell des wirtschaftlichen Dualismus (M 19.2) sieht bei den Strukturen der Entwicklungsländer eine Zweiteilung.
Im städtischen Raum bewirkt der formale Sektor mit Industriebetrieben und Dienstleistungsunternehmen die Integration in den Weltmarkt. Daneben existiert jedoch der informelle Sektor, in den eine Vielzahl von Menschen eingebunden sind, die einen Überlebenskampf als Müllaufbereiter, Schuhputzer oder mit anderen einfachen Dienstleistungen leisten.
Im ländlichen Raum stehen die Plantagen für die Weltmarktprodukte (Cash Crops) neben den traditionellen Betrieben, die als Subsistenzwirtschaft (Food Crops – Selbstversorgungswirtschaft) betrieben werden oder nur bei der lokalen Versorgung eine Rolle spielen.
Die Ungleichheit einer solchen Struktur schwächt die gesamte Wirtschaft, weil vorhandene Arbeitskräfte und Produktionsmittel nicht ausreichend genutzt werden.

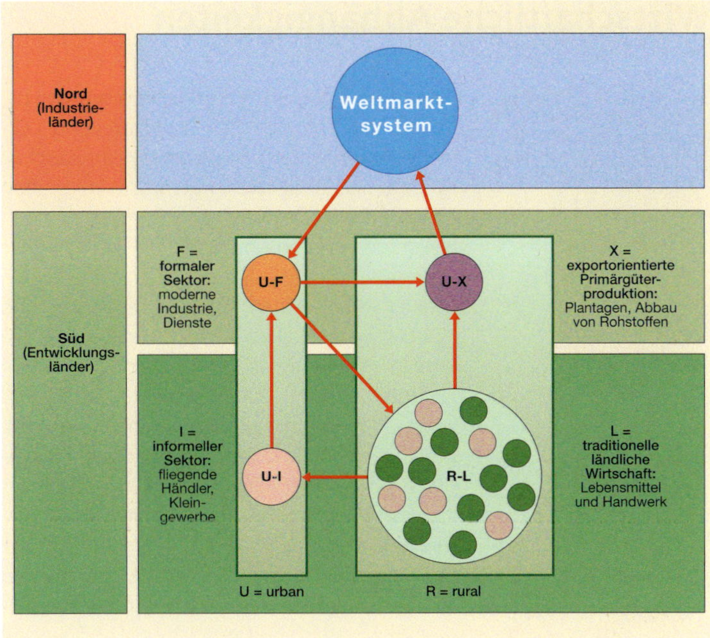

M 19.2 Modell des wirtschaftlichen Dualismus

M 19.1 Wirtschaftlicher Dualismus in Tansanias Großstädten, links: Arusha, rechts: Dar es Salaam

1 Erläutern Sie die Annahmen der Modernisierungs- und der Dependenztheorie.
2 Recherchieren Sie zu beiden Theorien veranschaulichende Sachzusammenhänge und Beispiele.
3 Entscheiden Sie, welche Theorie Ihnen schlüssiger erscheint. Begründen Sie Ihre Entscheidung.
4 Erläutern Sie die Theorie des wirtschaftlichen Dualismus anhand der Fotos (M 19.1).
5 Bewerten Sie die Theorie des wirtschaftlichen Dualismus im Vergleich zu den anderen Theorien.

Wirtschaftliche Abhängigkeiten

Eine Grundlage des Kolonialsystems bestand darin, aus den Kolonien Nahrungsmittel und Rohstoffe zu beschaffen, mit denen die europäischen Kolonialmächte sich versorgten: z. B. mit Kaffee, Kakao, Baumwolle, Gewürzen, Edelmetallen und vielen anderen, von einem „Handel" konnte keine Rede sein.

Es entstanden in den Kolonien Strukturen und Abhängigkeiten, die bis heute nicht überwunden sind: In vielen ehemaligen Kolonien wird fast die gesamte Landwirtschaftsfläche durch Cash Crops genutzt. Die Folgen sind die Dominanz nur weniger landwirtschaftlicher Exportprodukte und dadurch die starke Abhängigkeit der Wirtschaft des Landes von den Preisschwankungen des Weltmarktes.

Das westafrikanische Benin z.B. erzielt den Haupterlös seines Exports aus Baumwolle. Fällt deren Preis auf dem Weltmarkt, schlägt sich das sofort im BNE des Landes nieder. Côte d'Ivoire baut vor allem Kakao und Kaffee an. Niedrige Weltmarktpreise für die beide Güter führen zur wirtschaftlichen Krise.

Afrikanische Länder haben nur einen minimalen Anteil am Weltmarkt, denn die Haupterlöse werden global nicht mit Agrarprodukten erzielt, sondern mit Hochtechnologieerzeugnissen, Hightechprodukten und Rohstoffen. Entsprechend hoch sind in afrikanischen, aber auch asiatischen und südamerikanischen Entwicklungsländern die Schulden: In Guinea-Bissau machte die Schuldentilgung 2005 fast 11 % des BIP aus. Ähnlich hohe Werte hatten 2005 auch Ecuador und die Philippinen, der mittelamerikanische Kleinstaat Belize führte 21 % des BIP zur Schuldentilgung ab.

Einige Ursachen für die Verschuldung:

– Die Preise für Exportgüter, vor allem für Rohstoffe, sind in den letzten 25 Jahren um rund die Hälfte gesunken, dadurch sanken die Devisenerlöse (Einnahmen durch Export). Größere Exportmengen führen zum stärkeren Preisverfall.

– Industrieländer errichteten Handelsbarrieren; Subventionen für Agrarprodukte und Rohstoffe verhindern den fairen Handel mit Entwicklungsländern und nehmen ihnen die Möglichkeiten, mehr Devisen zu erwirtschaften.

– Kredite werden nicht in die ursprünglich vorgesehenen Projekten investiert, sondern durch schlechtes Schuldenmanagement, Misswirtschaft und Korruption vertan.

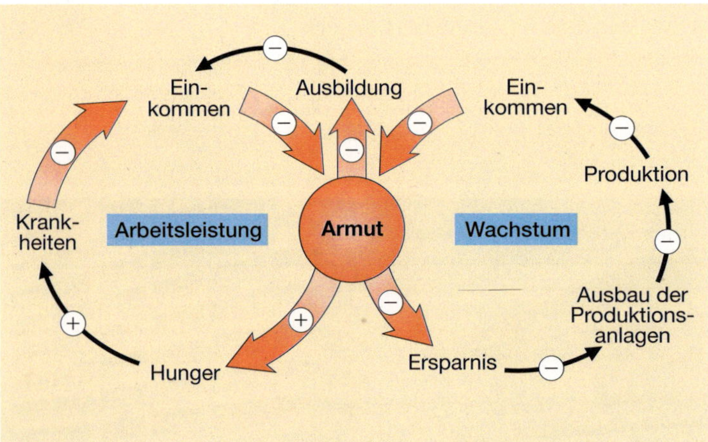

M 20.1 Teufelskreis der Armut

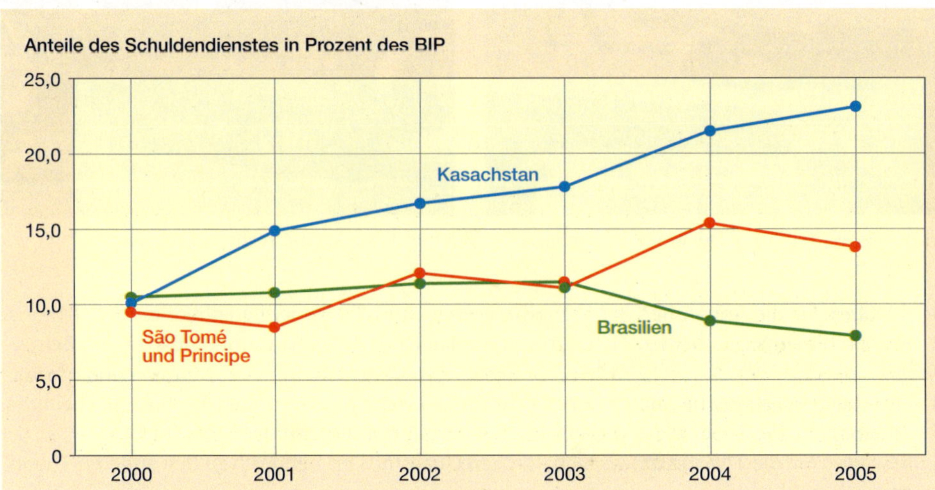

M 20.2 Entwicklung des Schuldendienstes (in % des BIP), nach UNDP

Beispiele für koloniale Vergangenheit: Angola und Brasilien

Angola zählt zu den ärmsten Entwicklungsländern, Brasilien zu den aufstrebenden Schwellenländern. Beide Länder waren ab dem frühen 16. Jahrhundert portugiesische Kolonie und dem Interesse der Kolonialmacht unterworfen: Menschen wurden versklavt und Rohstoffe geplündert.

Brasilien befreite sich bereits im 19. Jahrhundert und errang seine Unabhängigkeit, Angola konnte sich erst vor rund 35 Jahren von der Kolonialherrschaft befreien. Der gegenwärtige unterschiedliche Entwicklungsstand der Länder lässt Raum für Vermutungen: Haben Folgen der Kolonialzeit, Naturraumausstattung oder die gegenwärtige politische Situation hauptsächlich damit zu tun? Angola verfügt über Erdölvorkommen, hatte aber bis in die letzten Jahre unter militärischen Auseinanderstetzungen zu leiden.

Geht es Brasilien deshalb vergleichsweise gut, weil es schon lange ein souveräner Staat ist oder weil es über viele Bodenschätze verfügt?

Was greift für die weitere Entwicklung: Dependenztheorie oder Modernisierungstheorie?

1482 Portugiesische Seefahrer erreichen das heutige Angola
1484 Portugiesen errichten Handelsniederlassungen und Missionsstationen
1510 Beginn des Sklavenhandels, v. a. Richtung Brasilien
1575 Beginn der Erkundung und Eroberung des küstenfernen Landes
1642–48 Besetzung Angolas durch Niederländer
1653 Einrichtung der portugiesischen Kolonie
1836 Beginn der Anlage von Plantagen für Kaffee und Zuckerrohr
1951 Portugal erklärt Angola zur Überseeprovinz mit beschränkter Selbstverwaltung; Zahl der angesiedelten Europäer: ca. 400 000; Bürgerrechte erhalten Weiße, Mischlinge und ausgesuchte Schwarze
1960/61 Bei Aufständen werden rund 60 000 Einheimische von portugiesischen Truppen getötet
1974 Revolution in Portugal
1975 Unabhängigkeit Angolas

M 21.1 Angolas Kolonialgeschichte

1500 Portugiesische Seefahrer erreichen das heutige Brasilien und nehmen es in Besitz
1532 Beginn der systematischen Besiedlung mit Gründung der Stadt São Vicente; Einteilung des Landes in Gebiete, die an portugiesische Adlige vergeben wurden
1549 Gründung der heutigen Stadt Salvador als Sitz der portugiesischen Kolonialverwaltung
1630–54 Niederländer halten Teile Brasiliens in Besitz
ab 1695 Funde von Gold und Diamanten
1750 Festlegung der Grenzen von Brasilien; afrikanische Sklaven arbeiten seit langem auf Zuckerrohr- und Baumwollplantagen
1763 Verlegung der Hauptstadt nach Rio de Janeiro
1807–20 Portugals Regierung flieht vor Napoleons Truppen; Rio de Janeiro wird kurzzeitig Hauptstadt des gesamten portugiesischen Reiches
1822 Brasilien erklärt seine Unabhängigkeit
1825 Anerkennung der Unabhängigkeit durch Portugal

M 21.3 Brasiliens Kolonialgeschichte

ANGOLA

Fläche:	1 246 700 km^2
Einwohnerzahl (2009):	18,4 Mio.
Bevölkerungsdichte:	15 EW/km^2
Amtssprache:	Portugiesisch

BRASILIEN

Fläche:	8 547 404 km^2
Einwohnerzahl (2009):	193,7 Mio.
Bevölkerungsdichte:	23 EW/km^2
Amtssprache:	Portugiesisch

M 21.4 Lage und statistische Angaben (2009)

	Angola				Brasilien			
	1960	1976	1990	2009	1960	1976	1990	2009
BNE pro Kopf (US-$)	k. A.	330	k. A.	5 020	k. A.	1 140	2 680	10 070
Städtische Bevölkerung (%)	10	18	28	56	45	60	75	85
Lebenserwartung bei Geburt (Jahre)	32	39	46	46	56	61	66	76
Anteil am BIP (Landwirtschaft/Industrie/Dienstleistungen)	50/8/42	29/27/44	13/44/43	9/70/21	16/35/49	8/39/53	10/39/51	7/28/65

M 21.2 Ausgesuchte Daten zu Angola und Brasilien (nach unterschiedlichen Weltentwicklungsberichten der Weltbank)

1. Erklären Sie die wirtschaftliche Situation eines ausgewählten afrikanischen Landes. Beziehen Sie die Abbildung **M 20.1** ein.
2. Erläutern Sie die Zusammenhänge zwischen der Verschuldung von Ländern und globalen Wirtschaftsverflechtungen.
3. Bearbeiten Sie die Daten zu Angola und zu Brasilien. Nutzen Sie zusätzlich das Internet. Stellen sie Gemeinsamkeiten und Unterschiede gegenüber (**M 21.1** bis **M 21.4**).
4. Interpretieren und präsentieren Sie Ihre Ergebnisse an einem selbstgewählten Beispiel, wenden Sie dabei die Entwicklungstheorien an.

Entwicklungspfade

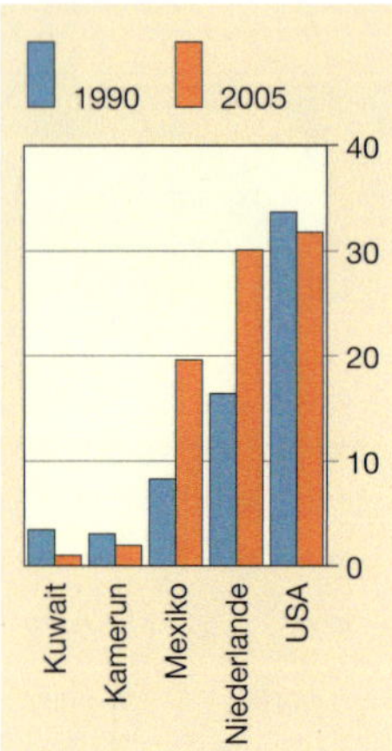

M 22.1 Export von Hochtechnologie (% aller Industrieexporte), UNDP 2005

Der Weg von Volkswirtschaften

1960 legte der Wirtschaftswissenschaftler WALT WHITMAN ROSTOW eine Theorie vor, nach der eine Volkswirtschaft im Idealfall einen Entwicklungspfad mit fünf Stadien durchläuft (M 23.2): Zu Beginn steht die traditionelle Gesellschaft mit einem nur geringen wirtschaftlichen Wachstum. In ihr wird hauptsächlich Landwirtschaft betrieben und die wirtschaftenden Menschen orientieren sich an ihren alten Gewohnheiten. Die darauf folgende Gesellschaft im Übergang schafft Bedingungen, unter denen die Wirtschaft wachsen kann; so wird in die Infrastruktur investiert. Die Gesellschaft wird vielschichtiger, sodass sich eine Elite bilden kann. Die anschließende Phase des wirtschaftlichen Aufstiegs („Take-off-Phase") kann rund 30 Jahre dauern. Das Wachstum wird nachhaltig, die Investitionen nehmen zu, die Industrie löst die Landwirtschaft als führenden Sektor ab. Von dieser Basis aus entwickelt sich eine Volkswirtschaft zur Reife. Die Differenzierung der Wirtschaftsbereiche nimmt ebenso wie die Höhe der Investitionen zu. Sowohl die Beschäftigten als auch das Management von Betrieben sind deutlich besser qualifiziert als in den Phasen zuvor. Eigene Forschung bringt die Wirtschaft auf einen steigenden Entwicklungspfad.
ROSTOWS Modell gipfelt in das Zeitalter des Massenkonsums. Mit dem erhöhten Niveau der Technologie steigen auch die Einkommen. Die Menschen können sich so viel leisten wie niemals zuvor und investieren u. a. in langlebige Konsumgüter. Der Staat entwickelt einen Überschuss und kann schließlich in einen Wohlfahrtsstaat übergehen.

Nach: ELMAR KULKE, Wirtschaftsgeographie, S. 186f.

Kluft zwischen Daten und Realität

Neben den drei Wirtschaftssektoren (primärer, sekundärer, tertiärer) gibt es in Entwicklungsländern noch zwei weitere Bereiche, die nicht in jährlich aktualisierten Statistiken geführt werden. Zum einen ist es die Subsistenzwirtschaft, das ist die Produktion aller Güter in einem so geringen Umfang, dass sie nur der Selbstversorgung einer Familie dienen. Zum anderen ist es der informelle Sektor, in dem z. B. Schuhputzer oder Müllsortierer ohne Steuerabgaben und Versicherungen einen Überlebenskampf führen. Darüber hinaus greift die Rechnung „Entwicklungsland gleich rückständige Agrargesellschaft" so einfach nicht: In Ecuador gehen zwei Drittel der Wertschöpfung auf den Dienstleistungssektor zurück. Dies ist ein ebenso hoher Anteil, wie ihn Finnland hat. In Rumänien, ein als Industrieland geführter Staat, arbeitet ein Drittel aller Erwerbstätigen in der Landwirtschaft. In Angola, dem südwestafrikanischen Entwicklungsland mit Erdölreserven vor der Küste, liegt die Wertschöpfung durch die Industrie bei 66 % – weltweit findet sich kein höherer Anteil.

M 22.2 Agrargesellschaft in Indien: Rund 70 % der Inder leben auf dem Land, knapp 60 % aller Beschäftigten arbeiten in der Landwirtschaft.

Sektoraler Wandel und Konsum

Verschiedene Theorien besagen, dass der höchste Stand der Entwicklung mit dem höchsten Anteil an Beschäftigten im tertiären Sektor erreicht ist. Mit dem wirtschaftlichen Aufstieg steigt auch das BNE einer Volkswirtschaft. Nach WALT WHITMAN ROSTOW ist die höchste Stufe das „Zeitalter des Massenkonsums".

Die entsprechenden Daten zur Höhe des BNE und zu den Anteilen des BIP an den Sektoren bestätigten die Theorie bei den meisten Ländern. Bei der Interpretation muss beachtet werden, dass es sich um den rein wirtschaftlichen Blick handelt und andere Faktoren zum Entwicklungsstand ausgeblendet werden.
So fällt Angola im Vergleich zu ähnlich entwickelten Ländern durch sein hohes Pro-Kopf- Einkommen auf. Ursache dafür ist der Ölreichtum des Landes, dagegen sind z. B. Lebenserwartung oder Alphabetisierungsrate niedrig.

Kritiker des rein ökonomischen Entwicklungsbegriffs fragen seit Jahrzehnten provokativ, ob ein globaler Wohlstand überhaupt möglich ist oder ob der Wohlstand der Industrienationen lediglich auf der Armut der Entwicklungsländer beruht.

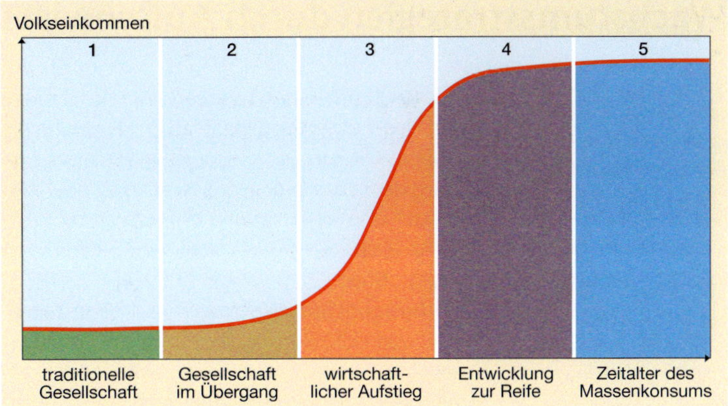

M 23.2 Stadien der wirtschaftlichen Entwicklung (nach ROSTOW)

	Anteil des BNE (%) am tertiären Sektor	KKP pro Kopf (US-$)
Nigeria	20	1040
Tschad	26	1470
Vietnam	38	3010
Äthiopien	39	1000
Bolivien	53	2740
Albanien	55	5420
Niederlande	72	31220

M 23.3 Zusammenhang zwischen tertiärem Sektor und Wohlstand (nach: Weltbank 2007)

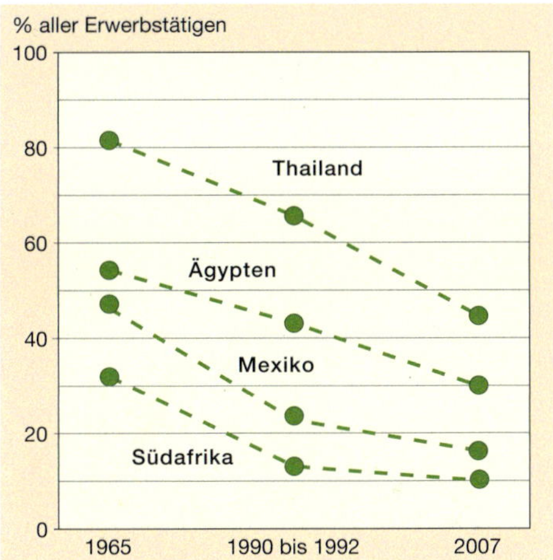

M 23.1 Beschäftigtenanteile in der Landwirtschaft (in % der Erwerbstätigen)

	Wertschöpfung der Landwirtschaft (% des BIP)	Beschäftigte in der Landwirtschaft (% der Erwerbstätigen)
Großbritannien	1	1
Deutschland	1	2
Südkorea	4	9
Polen	5	18
Chile	6	14
Kroatien	8	17
Rumänien	10	33
Thailand	10	45
Türkei	12	34
Marokko	13	44

M 23.4 Anteile der Landwirtschaft (nach: Weltbank 2007, Statistisches Bundesamt 2005)

1 Informieren Sie sich über die wirtschaftliche Entwicklung in der Bundesrepublik Deutschland nach dem Zweiten Weltkrieg bis 1990 und stellen Sie sie in Zusammenhang mit der Theorie von ROSTOW.
2 Erläutern Sie die Stadien der wirtschaftlichen Entwicklung im Zusammenhang mit der Entwicklung der Beschäftigtenanteile in den Sektoren.
3 Diskutieren Sie das Stadium der wirtschaftlichen Entwicklung von Indien vor dem Hintergrund des Fotos (M 22.2).
4 Referat-Tipp: Die Theorie der wirtschaftlichen Entwicklung in der Kritik – Kritikpunkte und eigene Standpunkte.

Wachstumsstrategien durch Außenwirtschaftspolitik

Neben der vollständigen Integration und der weitgehenden Abkopplung gibt es zwei oft eingesetzte außenwirtschaftspolitische Strategien:

Die Importsubstitution
Importe von Waren werden durch eigene Güterherstellung ersetzt; in der Regel erfolgt dabei ein Zollschutz der eigenen jungen Industrien.

Die Exportdiversifikation
Um die Abhängigkeit von Preisschwankungen der Primärgüter zu verringern, werden zusätzliche Güter exportiert bzw. die Verarbeitungstiefe vergrößert.

Der Reichtum eines Landes hängt in starkem Maße von seiner Exportkraft ab. Strategien für die Außenwirtschaft gibt es so viele wie Staaten: Zwischen der Abkopplung (z. B. Nordkorea oder Myanmar) und einer totalen Öffnung zum Weltmarkt (z. B. Singapur) liegt eine Reihe von Mischformen.
Die Isolation vom Weltmarkt wird dann betrieben, wenn die Politiker eine negative Veränderung der Wirtschaftsstruktur ihres Landes befürchten. Stattdessen soll die Binnenversorgung ausschließlich durch einheimische Produktions- und Verteilungsstrukturen gesichert werden. Solche Strategien scheitern, weil die vorhandenen Rohstoffe nicht ausreichen oder Produktionsabläufe mit modernen Entwicklungen nicht mehr Schritt halten können.

Mit einer Öffnung zum Weltmarkt (Integration) ist die Hoffnung verbunden, das Land wirtschaftlich zu entwickeln, sei es durch ausländische Direktinvestitionen oder Einnahmen durch verstärkte Exporte. Nachteile der zu einseitig betriebenen Integration sind die zu starke Abhängigkeit von Weltmarktpreisen für die Exportprodukte und die Abhängigkeit von ausländischen Investoren.

Import- und Exportstrategien
Ein Staat, der von Importen unabhängiger werden möchte, muss diese Güter durch seine Inlandproduktion herstellen lassen und dafür die notwendigen Voraussetzungen schaffen (Importsubstitution). Um die eigene Industrie aufbauen zu können und heimischen Produkten Vorteile zu bieten, werden die ausländischen Waren durch Einfuhrzölle verteuert. Die höchsten Zölle müssen üblicherweise für fertige Produkte entrichtet werden, für Vorprodukte werden niedrigere Zölle fällig.
In- und ausländische Investoren können durch den Preisvorteil auf gute Absatzchancen ihrer Warenproduktion rechnen.
Wachstum der Wirtschaft entsteht auch durch den Ausbau der Exportwirtschaft. Die Sortimentsausweitung in der Wirtschaft kann darauf ausgerichtet sein, die Exportpalette zu erweitern, um unabhängig von nur einem Ausfuhrgut zu werden. Sie kann aber auch darauf gerichtet sein, nicht mehr vorrangig Primärgüter auszuführen, sondern aus ihnen Fertigprodukte herzustellen. So wird nicht mehr Baumwolle exportiert, sondern fertige Kleidung angeboten, statt leicht verderblicher Früchte gelangen Konserven auf den Markt.

M 24.1 Singapur, Hafen mit dem weltweit größten Containerumschlag (2008)

Containerumschlag in TEU (Twenty Foot Equivalent Units)		
1.	Singapur	29 918 200
2.	Schanghai (China)	27 980 000
3.	Hongkong (China)	24 248 000
4.	Shenzhen (China)	21 413 888
5.	Pusan (Südkorea)	13 425 000
6.	Dubai (Vereinigte Arabische Emirate)	11 827 299
7.	Ningbo	11 226 000
8.	Guangzhou	11 001 300
9.	Rotterdam (Niederlande)	10 783 825
11.	Hamburg (Deutschland)	9 737 110

M 24.2 Weltweit bedeutendste Containerhäfen (2008, nach: www.hafen-hamburg.de)

Industrialisierung durch Importsubstitution war die erste Strategie, welche einige Entwicklungsländer […] zur Erweiterung ihrer inländischen Produktionsstruktur einschlugen. Sie […] reagierte auf die Auswirkungen der Weltwirtschaftskrise, den Rückgang der Exporterlöse und die daraus resultierenden Importengpässe. Der Aufbau einer heimischen Industrie folgte dem Muster der bislang importierten Konsumgüter […], war also weder verbunden mit dem Aufbau einer Investitionsgüterindustrie noch mit Produktion für die breite Bevölkerung, noch mit einer solchen für den Export. Das hatte zur Folge, dass 1. eine gesteigerte Nachfrage für Investitionsgüter, Rohstoffe und Halbfertigwaren entstand […], 2. die nachgefragte Menge so gering blieb, dass im Vergleich zum Weltmarkt nur kostenungünstig produziert werden konnte, sodass die betroffenen Industrien vor ausländischer Konkurrenz durch hohe Zölle […] geschützt werden mussten. […]

Die Strategie der Importsubstitution hat zwar in einigen Entwicklungsländern Wachstumseffekte erzielt und die Krise traditionell vorherrschender Wirtschaftssektoren (Bergbau, Landwirtschaft) gesamtwirtschaftlich aufzufangen vermocht. Sie barg jedoch bereits im Konzept selbst jene Begrenzungen, die sie als Industrialisierungsstrategie scheitern ließ.

Quelle: Dieter Nohlen (Hrsg.): Lexikon Dritte Welt, 2002, S. 382

M 25.1 Das Scheitern der Importsubstitution

	Import des Fertigprodukts	Import der Vorprodukte, Fertigung im Zielland
Materialkosten für die Vorprodukte	60	60
Produktionskosten im Ausland	40	–
Gesamtkosten bei Import	100	60
Zoll für Fertigprodukte 20 %, für Material 5 %	20	3
Produktionskosten im Zielland	–	40
Verkaufspreis im Zielland	120	103

M 25.2 Wirkung unterschiedlicher Zollhöhen

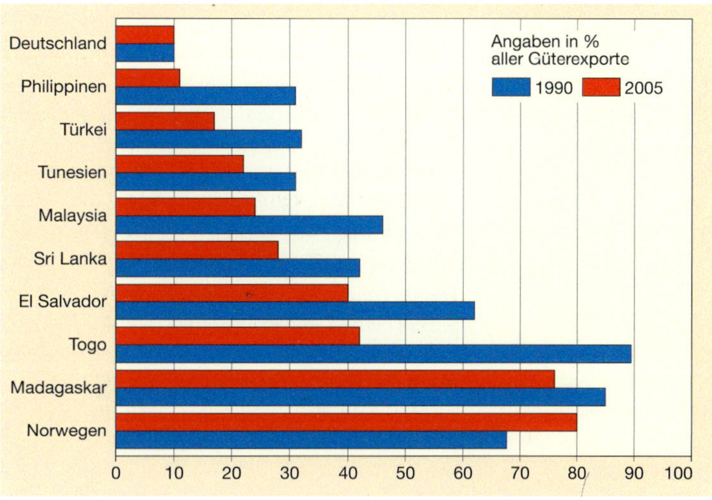

M 25.4 Veränderung der Anteile der Exporte von Primärgütern

M 25.3 Lizenz zum Schlachten, Karikatur vom 2. August 2004

M 25.5 Die WTO-Verhandlungen, Karikatur vom 13. Dezember 2005

1 Fassen Sie die Strategien der Außenwirtschaft und der Industrialisierung zusammen.
2 Diskutieren Sie die Idee sowie mögliche Erfolge, Risiken und Misserfolge der Importsubstitution.
3 Erläutern Sie die Funktionen, die Schutzzölle in den verschiedenen Stadien der wirtschaftlichen Entwicklung von Ländern haben.

Strategien der Armutsbekämpfung

Die 189 Mitgliedsstaaten der Vereinten Nationen (UNO) beschlossen im Jahr 2000 die Millenniums-Entwicklungsziele (MDG):
- Beseitigung der extremen Armut und des Hungers
- Verwirklichung der allgemeinen Schulbildung
- Förderung der Gleichstellung der Geschlechter und Stärkung der Rolle der Frauen
- Senkung der Kindersterblichkeit
- Verbesserung der Gesundheit von Müttern
- Bekämpfung von HIV/AIDS, Malaria und anderen Krankheiten
- Sicherung der ökologischen Nachhaltigkeit
- Aufbau einer weltweiten Entwicklungspartnerschaft.

M 26.1 MilleniumsEntwicklungsziele der UN 2000 bis 2015

Wege der Armutsbekämpfung

In den Ländern Afrikas und Asiens gab es nach ihrer Befreiung von der jeweiligen Kolonialmacht keine Industriebetriebe. Durch riesige Plantagen mit Monokulturen für den Export waren die Landwirtschaftsflächen, auf der Nahrungsmittel für die Bevölkerung angebaut werden konnten, stark eingeschränkt.

In den Industrieländern sah man in den 1970er-Jahren das Problem der Armutsbekämpfung in den ehemaligen Kolonien rein wirtschaftlich: In vielen Ländern wurden große Industrie- und Infrastrukturprojekte, wie z. B. der Staudammbau, unterstützt. Die Armut der Menschen wurde nicht beseitigt. Hungersnöte wurden durch Nahrungsmittellieferungen beantwortet – diese retteten Menschenleben – aber es wurden auch Abhängigkeiten hergestellt. In den 1990er-Jahren hat sich die Situation geändert: Das Schlagwort „Hilfe zur Selbsthilfe" tauchte auf und immer mehr Nichtregierungsorganisationen (NROs) engagierten sich in armen Ländern.

Heute gehen die Hilfsorganisationen möglichst viele Themen an. So unterteilt die Welthungerhilfe 2008 ihre Projekte in zwölf Kategorien: Bildung, Ernährung, Frauen, Gesundheit, Katastrophen, Kinder, Kriegsfolgen, Landwirtschaft, Nothilfe, Selbsthilfegruppen, Straßenbau und Wasser.

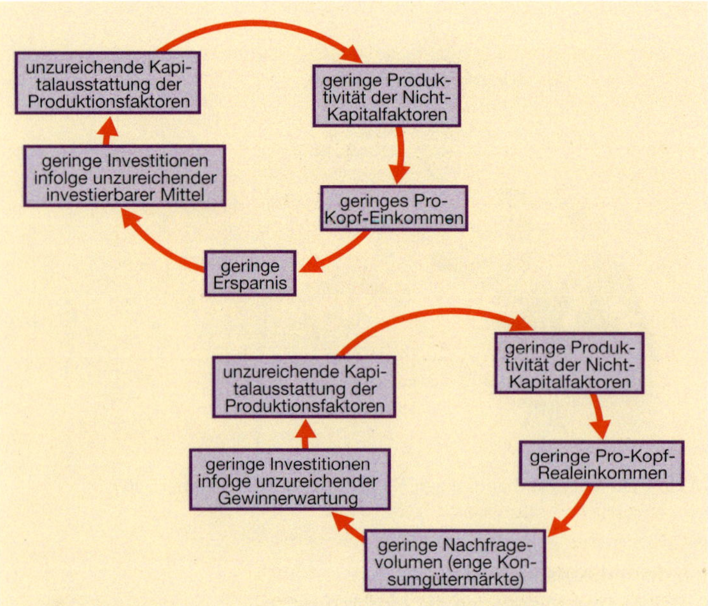

Ein negativer Faktor führt zu negativen Effekten in anderen Bereichen.
Die Teufelskreise bewirken, dass negative Faktoren einander verstärken.

M 26.2 Teufelskreise

Wege aus der Unterentwicklung

In der Entwicklungszusammenarbeit sind über einen längeren Zeitraum im Wesentlichen drei Entwicklungstheorien (siehe S. 18) angewendet worden:

Die Wachstumstheorie hoffte auf Durchbrechung des Teufelskreises der Armut durch ökonomische Wachstumsraten und Akkumulation von Kapital und sah Parallelen zu dem für die Bundesrepublik Deutschland so entscheidenden Marshall-Plan in den 1950er-Jahren.

Die Modernisierungstheorie glaubte an nachholende Entwicklung, die zu ähnlichen Strukturen wie denen in Industrieländern führen würde.

Die Dependenztheorie stellte die Überwindung der Abhängigkeit der Entwicklungsländer von den Industrieländern in den Vordergrund.

Diese drei Theorien haben sich nicht bewährt.

Die Wachstumstheorie scheiterte daran, dass wirtschaftliche Intensivierung nur kleinen Gruppen zufloss und der „Trickle-down-Effekt" für die Armen weitgehend ausblieb.

Die Modernisierungstheorie verkannte die individuellen und andersartigen Strukturen und damit auch Entwicklungswege der Entwicklungsländer.

Die Dependenztheorie hatte die Hemmnisse in den Entwicklungsländern drastisch unterschätzt.

Die erst in den 1990er-Jahren aufgebrachte Theorie der fragmentierenden Entwicklung geht mehr von der sozialen, wirtschaftlichen, kulturellen und politischen Unterschiedlichkeit von Regionen in den Entwicklungsländern aus: Arm und Reich, traditionell und modern, auf sich gestellt und global vernetzt liegen eng nebeneinander.

Entwicklungsländer werden dabei als Mosaike ganz unterschiedlicher Wirtschaftskraft, Entwicklungsstufen und Chancen gesehen: In manchen Regionen herrscht Entwicklungsstillstand und andere weisen eine atemberaubende Dynamik auf.

Entwicklungszusammenarbeit war anfangs als Hilfe von außen konzipiert. Planung, Geld, Infrastruktur, Projektarbeit erreichten die Entwicklungsländer als Geschenk der Industrieländer. Dies führte zur Lähmung eigener Initiativen und förderte die Entwicklung einer erwartungsvollen Nehmermentalität. Allmählich, mit vielen engagierten Ansätzen und häufigen Rückschlägen, entstand eine echte Zusammenarbeit zwischen Industrieländern und Entwicklungsländern.

In Deutschland gibt es eine große Zahl von Nichtregierungsorganisationen (NRO), die in internationalen Projekten zur Armutsbekämpfung

tätig sind. Die NROs können flexibel und unabhängig auftreten. Sie gewinnen einen Teil ihrer Einnahmen durch Spenden.
Zu den wichtigsten größten Organisationen gehört die 1975 gegründete Gesellschaft für Technische Zusammenarbeit (GTZ), deren Zielstellung „die internationale Zusammenarbeit für nachhaltige Entwicklung" ist.

Die bundeseigene GTZ ist eng an das Bundesministerium für wirtschaftliche Zusammenarbeit und Entwicklung gekoppelt. Zu den Auftraggebern zählen auch Vereinte Nationen und Weltbank. Die GTZ berät und finanziert Projekte, bildet Fachkräfte vor Ort aus, ist in über 120 Ländern mit Mitarbeitern vertreten und hat in 67 Ländern eigene Büros.

- umfassende, präzise Studie der Ausgangssituation als Grundlage für die Projektkonzeption
- Unabhängigkeit von dauernder Zufuhr von Geld in großen Mengen
- möglichst lange Laufzeit der Kooperation
- Einbettung der Projekte in den lokalen kulturellen Kontext
- Planung aller Aktivitäten zusammen mit allen Projektpartnern
- Vermeidung von Korruption (Minimierung der Zweckentfremdung von Geld und Macht)
- vertrauensvolle und zielgerichtete Arbeit im Projektteam
- dauernde Anpassung der Arbeitsplanung an sich verändernde Bedingungen im Projektumfeld

M 27.1 Kennzeichen erfolgreicher Projekte

Äthiopien: Wissen schafft Essen
Bolivien: Mit biologischen Produkten in den Fairen Handel
Brasilien: Frauenpower in Neu Freiburg
Guatemala: Wiederaufforstung im Land der Bäume
Kamerun: Eine Schule für Mädchen in Maroua
Kolumbien: Kampf um Land, Würde und Selbstbestimmung
Papua-Neuguinea: Die Entwicklung selbst bestimmen
Papua-Neuguinea: Kluge Bauern haben gute Ernten
Philippinen: Slumbewohner(innen) organisieren sich
Tansania: Biogas statt Feuerholz
Togo: Ausbildung statt Ausbeutung

M 27.3 Beispielprojekte von Brot für die Welt

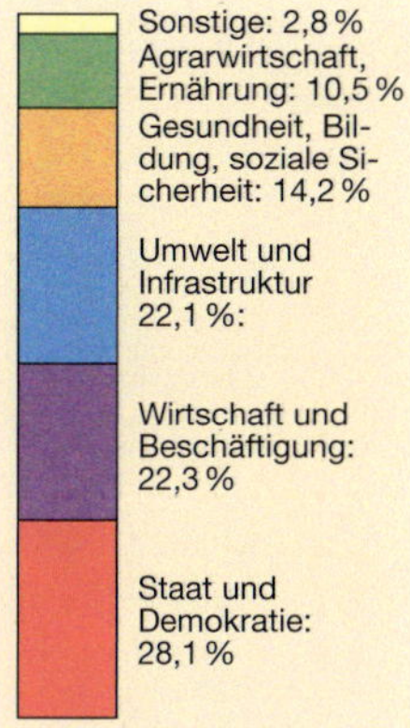

M 27.5 Deutsche Gesellschaft für Technische Zusammenarbeit (GTZ)/Anteile des Personals an den Projekten der GTZ (2006)

Deutsche Welthungerhilfe
Einnahmen 2008: 147,4 Mio. €, u. a. vom Welternährungsprogramms der EU und des Bundesministeriums für wirtschaftliche Zusammenarbeit und Entwicklung, 37,1 Mio. € Spenden, finanziert wurden 321 Projekte in 46 Ländern
Misereor
Einnahmen 2008: 161,3 Mio. €, Spenden, kirchliche Haushaltsmittel, staatliche Mittel der Katholischen Zentralstelle für Entwicklungshilfe, finanziert wurden seit 1958 mehr als 96 000 Projekte
Plan International
Einnahmen 2009: 86,8 Mio. €; Plan Deutschland: Betreuung von 279 633 Patenkindern auf allen Kontinenten
Brot für die Welt
Einnahmen 2008: 51,4 Mio. €, Förderung von 1 132 Projekten in 80 Ländern
Kindernothilfe
Einnahmen 2008: 55,6 Mio. €, davon 47,6 Mio. € Ausgaben für 1017 Projekte in 28 Ländern, in denen über 568 245 Kindern und Jugendlichen geholfen wird

M 27.2 Große deutsche Nichtregierungsorganisationen (2008/2009) und ihre Finanzierung

M 27.4 Kinder im Norden Namibias

1 Zeigen Sie die wichtigsten Probleme eines selbst gewählten Entwicklungslandes und was geschehen müsste, um Lösungen zu erreichen.
2 Begründen Sie, dass Entwicklungszusammenarbeit eine Aufgabe der Industrieländer ist.
3 Recherchieren Sie mithilfe der Jahresberichte und Homepages von drei NROs Gemeinsamkeiten und Unterschiede der Projektarbeit (www.bmz.de, www.gtz.de, www.venro.de, www.brot-fuer-die-welt.de, www.misereor.de, www.plan-deutschland.de, www.kindernothilfe.de, www.welthungerhilfe.de).
4 Stellen Sie die wesentlichen Entwicklungstheorien der Vergangenheit vor. Belegen Sie an einem Beispiel, aus welchen Gründen sich der erwartete Erfolg nicht einstellte.

Wachstumspole und raumwirtschaftspolitische Strategien

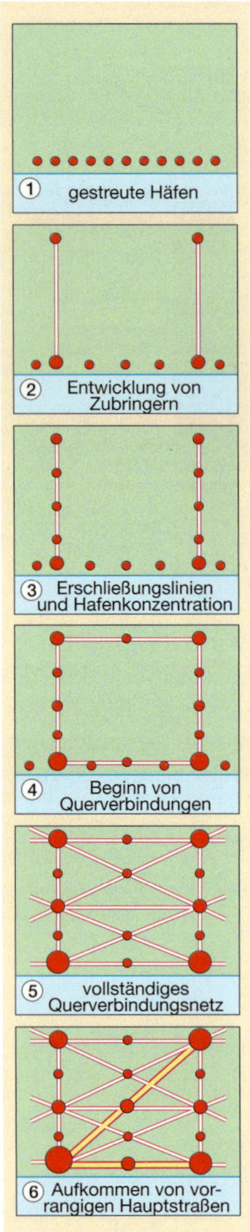

M 28.1 Idealtypische Abfolge der Verkehrsentwicklung

Zentrum und Peripherie

In vielen Entwicklungsländern stehen den wenigen ökonomisch starken Zentren periphere, das sind unterentwickelte, strukturschwache Gebiete gegenüber, die in ihrer wirtschaftlichen Entwicklung weit voneinander entfernt liegen.

Oft sind die stark wachsenden Zentren die Hauptstädte, die immer mehr Betriebe und Bevölkerung anziehen und sich so zu Primatstädten entwickeln.

Andere wirtschaftliche Zentren entstehen in der Nähe von Bergbaustandorten oder auch an Häfen, die bedeutend für den globalen Handel sind. Dabei kann ein solcher Boom nicht nur einzelne Städte, sondern ganze Regionen erfassen.

Das Gefälle zwischen Zentrum und Peripherie behindert die Entwicklung eines Landes. Nicht nur die Bewohner entscheiden sich gegen die unterentwickelte Region (Peripherie), in der es an Infrastruktur und potenziellen Arbeitskräften fehlt, auch in- und ausländische Investoren finden nicht ihren Weg dorthin. Ein Ungleichgewicht zwischen armen und wohlhabenden Gebieten kann zu politischen Spannungen bis hin zum Bürgerkrieg führen.

Das nationale und internationale Interesse ist groß, solche Ungleichheiten oder Disparitäten mit raumwirtschaftspolitischen Maßnahmen auszugleichen. Ein entsprechender Forderungskatalog wurde z.B. 1994 anlässlich der dritten Weltbevölkerungskonferenz aufgestellt (Kairoer Aktionsprogramm, M 28.2).

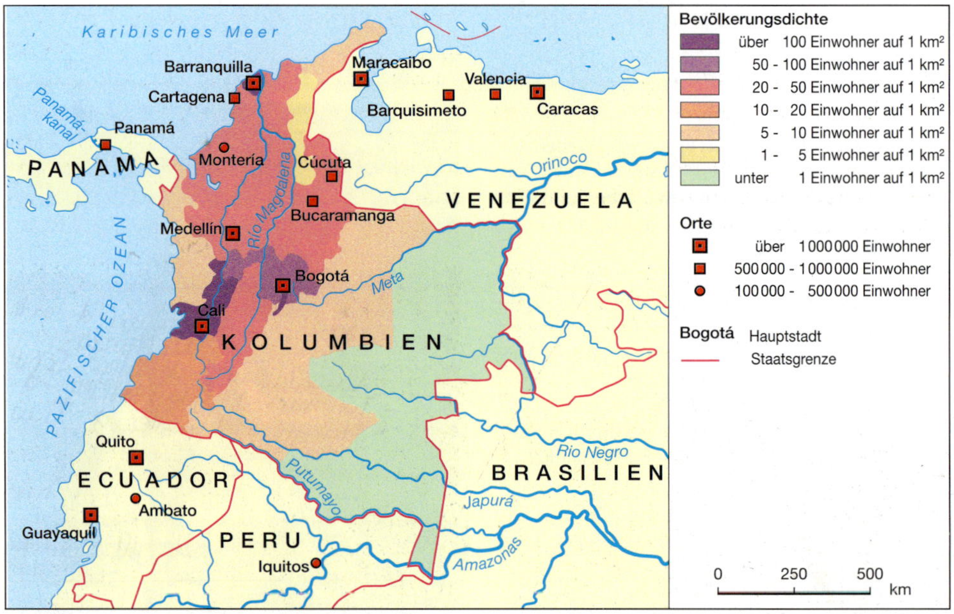

M 28.3 Bevölkerungsdichte in Kolumbien

Zur Erzielung einer besseren räumlichen Verteilung von Produktion, Beschäftigung und Bevölkerung sollten die Staaten Strategien für eine nachhaltige regionale Entwicklung und zur Förderung einer städtischen Konsolidierung, des Wachstums kleiner und mittlerer Mittelpunktstädte und der nachhaltigen Entwicklung ländlicher Gebiete einführen, einschließlich der Einführung arbeitsintensiver Projekte, von Maßnahmen zur Ausbildung von Jugendlichen in nichtlandwirtschaftlichen Berufen und von leistungsfähigen Verkehrs- und Kommunikationssystemen.

Zur Schaffung förderlicher Voraussetzungen für die örtliche Entwicklung einschließlich der Bereitstellung von Diensten sollten die Regierungen eine Dezentralisierung ihres Verwaltungssystems in Erwägung ziehen.

M 28.2 Kairoer Aktionsprogramm, Absatz 9.4

Stadt	seit	Einwohner	Jahr
Brasília	1960	2,5 Mio.	2007
Islamabad	1969	900 000	2007
Dodoma	1973	ca. 200 000	2007
Abuja	1991	1 500 000	2007

M 28.4 Beispiele für neue Hauptstädte

Land	Städte	Einwohner
Thailand	1. Bangkok	6,6 Mio.
	2. Chiang Mai	201 000
Indien	1. Mumbai	19 Mio.
	2. Delhi	15,9 Mio.
Uruguay	1. Montevideo	1,4 Mio.
	2. Salto	99 100
Indonesien	1. Jakarta	8,9 Mio.
	2. Surabaya	2,4 Mio.
Frankreich	1. Paris	9,6 Mio.
	2. Marseille	1,4 Mio.
Großbritannien	1. London	8,3 Mio.
	2. Birmingham	970 900
Deutschland	1. Berlin	3,4 Mio.
	2. Hamburg	1,7 Mio.
USA	1. New York/Newark	19 Mio.
	2. Los Angeles/ Long Beach/SantaAna	12,5 Mio.
Nepal	1. Kathmandu	671 800
	2. Patan	162 900
Südafrika	1. Johannesburg	7,4 Mio.
	2. Kapstadt	4,7 Mio.
Äthiopien	1. Addis Abeba	2,9 Mio.
	2. Dire Dawa	252 300
Chile	1. Santiago de Chile	5,4 Mio.
	2. Valparaíso/ Viña del Mar	787 100

M 29.1 Die beiden landesgrößten Städte, Stadt/Einwohnerzahl (Auswahl, 2007)

Phänomen Primatstadt

Mit dem Begriff „Primatstadt" wird eine Stadt bezeichnet, die sich durch ihre Größe und Wirtschaftsstärke deutlich von den anderen Städten des Landes abhebt.

In der Geschichte gibt es einige Beispiele, so war Athen im antiken Griechenland die herausragende Stadt. In Europa sind Paris und London Beispiele für solche Metropolen, die auch für die politische Führung, Verwaltung und das Verkehrssystem ihrer Länder eine zentrale Bedeutung haben.

Die meisten Primatstädte in Entwicklungs- und Schwellenländern sind jünger: Die indonesische Hauptstadt Jakarta wurde 1619 gegründet, die thailändische Hauptstadt Bangkok 1782. Auch Städte mit relativ wenigen Einwohnern können für ihre Länder Primatstädte sein, so wie in Nepal Kathmandu mit nicht einmal 700 000 Einwohnern.

Werden zur Entlastung neue Hauptstädte errichtet, so spielt sich in ihnen zwar das politische Leben ab, auch für Krankenhäuser und Schulen ist gesorgt, doch besonders zu Beginn sind solche Planstädte arm an kulturellen und sozialen Einrichtungen. Die traditionelle Kultur- oder Handelsmetropole bleibt für viele Einwohner attraktiver.

M 29.2 Primatstädte, links: Bauboom in Addis Abeba – nebeneinander stehen Hütten und Hochhäuser; rechts: neue Kathedrale im Zentrum von Brasilia

1 Geben Sie Beispiele für räumliche Disparitäten. Beziehen Sie Werte aus M 29.1 ein.
2 Beschreiben Sie die Lage von Zentrum und peripherem Raum in Kolumbien. Nutzen Sie dabei auch die Atlaskarte „Südamerika physisch" (M 28.3).
3 Beurteilen Sie die Schaffung der neuen Hauptstädte vor dem Hintergrund des Phänomens der Primatstadt (www.ded.de; www.epo.de).

Raumwirtschaftspolitik in Beispielen

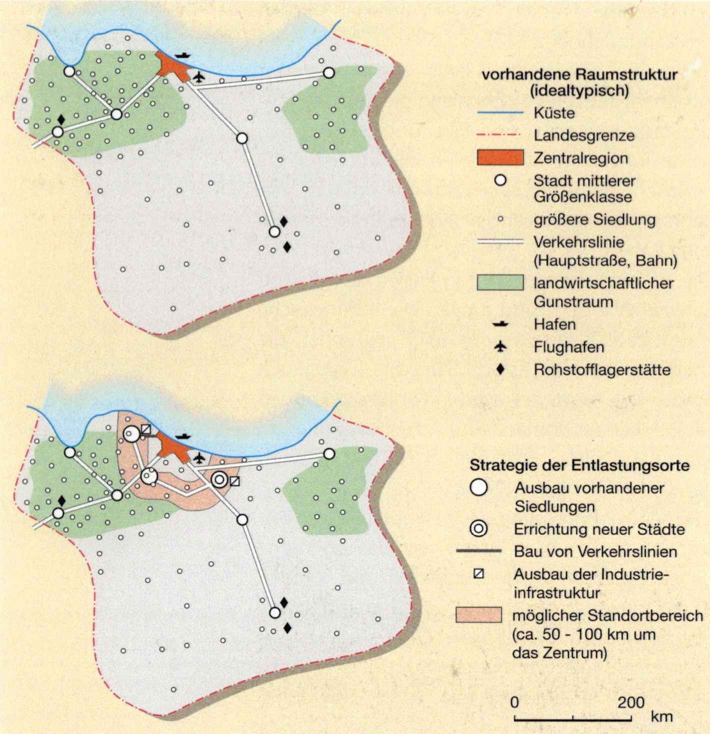

M 30.1 Idealtypische Raumstruktur eines Entwicklungslandes und Strategie der Entlastungsorte

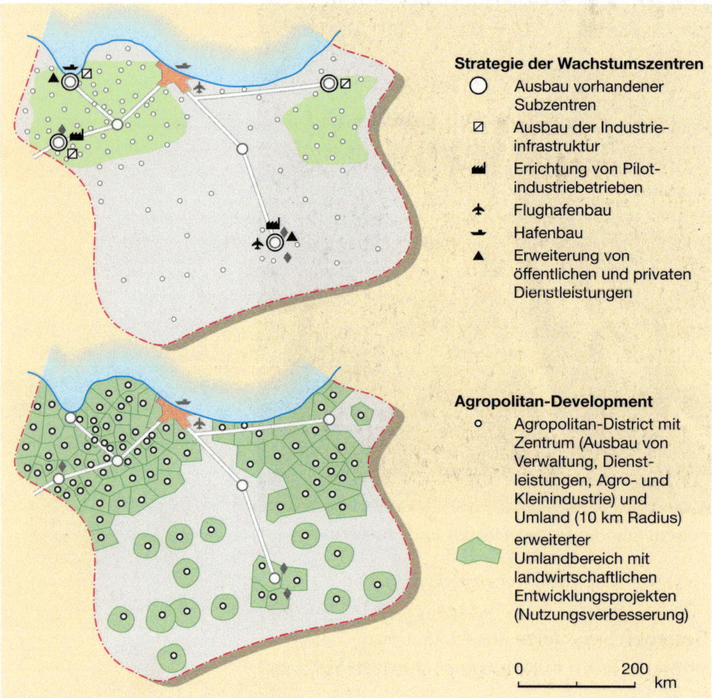

M 30.2 Strategien der Entlastungsorte, der Wachstumszentren und des Agropolitan Development

Möglichkeiten der Raumwirtschaftspolitik

Damit die Unterschiede zwischen dem Zentrum und der Peripherie geringer werden, wurden durch wissenschaftliche Arbeiten Strategien entwickelt und angewendet.

Eine Möglichkeit des Abbaus der Konzentration auf das überragende Zentrum sind Entlastungsorte, in denen neue Standorte errichtet oder ausgebaut werden. Allerdings entwickeln sich solche Orte oft nicht eigenständig und bleiben weiterhin abhängig.

Die Strategie der Wachstumszentren konzentriert sich dagegen darauf, nicht zentrumsnahe, sondern zentrumsfern gelegene Städte zu fördern.

Als Gefahr hat sich dabei in der Vergangenheit erwiesen, dass so geförderte große Industrieprojekte zu isoliert lagen, als dass sie ausgleichend wirken konnten.

Eine Reaktion auf eine solche Vereinzelung ist die Strategie der Entwicklungsachsen, die nicht nur punktuell ansetzt, sondern die Förderung der Verbindungen zum Ziel hat (vgl. S. 31).

Die Strategie der Mittelzentren stellt nicht ein einzelnes und überragendes Oberzentrum in den Mittelpunkt. Sie verlässt sich auf die Stärke der Regionen und ihrer entsprechend kleineren Zentren.

Zwei entgegengesetzte Strategien richten sich darauf, dass die peripheren Regionen sich nicht zwangsläufig an der Entwicklung des Zentrums orientieren müssen:

Bei der Strategie des Agropolitan Development werden kleine Regionen entwickelt.

Im Zentrum einer solchen Region steht ein Ort mit höchstens 25 000 Einwohnern – z. B. Weilheim in Oberbayern vergleichbar. Das ihn umgebende Umland ist überschaubar und hat einen Radius von rd. 10 km. Während der Ort im Idealfall auch über nichtlandwirtschaftliche Einrichtungen, wie Schulen oder Geschäfte, verfügt, versorgt das Umland die gesamte Region mit landwirtschaftlichen Produkten.

Die Strategie der selbstzentrierten Regionalentwicklung setzt ebenfalls auf die Stärkung der Region, allerdings bei Gebieten, die wesentlich größer sind und entsprechend mehrere zentrale Orte aufweisen müssen, damit sie funktionieren können. Beide Strategien sind bisher nicht in der Praxis angewandt worden. Als Kritik wird u. a. formuliert, dass sich landesweit die Unterschiede zwischen Zentrum und Peripherie noch verstärken können.

In den meisten Entwicklungsländern ist das Verkehrsnetz außerhalb der großen Städte schlecht ausgebaut, es gibt nur wenige befestigte Straßen, Eisenbahnlinien, Strom-, Telefon- und andere Versorgungsleitungen. Ein Austausch zwischen Zentrum und Peripherie ist somit schwer möglich.
Bei der Strategie der Entwicklungsachsen wird nicht nur in die Wege und Leitungen selbst investiert.
Entlang dieser neu entstehenden oder ausgebauten Achsen sollen im Idealfall eigenständige Siedlungen entstehen. Von ihnen sollen wirtschaftliche Impulse für die nähere Region ausgehen.
In der Realität ist dies jedoch noch zu selten wirksam. Außer einer ausgebauten Straße sind weitere Anreize für Ansiedler und Investoren notwendig.

Strategie	Standorte	Instrumente
Entlastungsorte	Städte im Bereich von 50–80 km um das Zentrum	Ausbau von Infrastruktur und Siedlungen; Anreize für Privatwirtschaft
Wachstumszentren	begrenzte Zahl großer Zentren in der Peripherie	staatliche Pilotbetriebe oder Förderung privater Großindustrie, Ausbau von Infrastruktur und Siedlungen
Entwicklungsachsen	Zentren in der Peripherie und sie verbindende Wege	Anreize in den Zentren, Ausbau der Verkehrs- und Kommunikationsverbindungen
Mittelzentren	größere Zahl mittelgroßer Siedlungen in der Peripherie	Anreize für Privatwirtschaft, Beratung, Ausbildung

M 31.2 Raumpolitische Strategien (nach: Elmar Kulke, Wirtschaftsgeographie)

M 31.1 In Nepal – Straße nach einem starken Monsunregenfall

1 Diskutieren Sie Vor- und Nachteile der im Text erwähnten Entwicklungsstrategien.
2 Skizzieren Sie mit der Vorlage der idealtypischen Raumstruktur die Strategie der selbstzentrierten Regionalentwicklung und die Strategie der Entwicklungsachsen (**M 30.1**).
3 Stellen Sie in einem kleinen Vortrag das Foto aus Nepal (**M 31.1**) in einen Zusammenhang mit der Strategie der Entwicklungsachsen.
4 Recherchieren Sie Beispiele aus Bayern, in denen raumpolitische Strategien angewandt wurden oder Ihrer Meinung nach angewandt werden sollten. Begründen Sie Ihre Auswahl.

Merkmale und Ursachen unterschiedlicher Entwicklung

Ob von „Erster" und „Dritter" Welt die Rede ist oder von Industrieländern und Entwicklungsländern, betroffen ist immer „Eine Welt", in der sich das Leben der Menschen stark unterscheidet. Die durchschnittliche Lebenserwartung der Bevölkerung liegt im Ländervergleich zwischen 40 und 80 Jahren, der Anteil der Analphabeten ist klein oder groß, das Bruttonationaleinkommen ist gering oder hoch.

Organisationen wie die Weltbank oder das Entwicklungsprogramm der Vereinten Nationen, UNDP, haben aus solchen Angaben Indikatoren entwickelt, mit denen Länder in Gruppen unterteilt werden können. Dabei gibt es solche mit niedrigem, mittlerem und hohem Einkommen sowie Gruppen mit niedriger, mittlerer und hoher menschlicher Entwicklung.

Wie es zu solchen unterschiedlichen Entwicklungen kommen konnte, ist seit Jahrzehnten umstritten. Sind es negative Umstände innerhalb eines Landes, die nur überwunden werden müssen, damit auch dort das Zeitalter des Massenkonsums eintreten kann? Sind aufgrund der langen Kolonialzeit die Entwicklungsländer in Abhängigkeiten von den Industrieländern geraten, die aufgebrochen werden müssen, indem sie fairen Zugang zum Weltmarkt bekommen? Noch besteht ein großes Gefälle im wirtschaftlichen, sozialen und politischen Leben.

Nicht abzustreiten ist eine wirtschaftliche Abhängigkeit des „Südens" vom „Norden". Sie äußert sich in einseitigen Handelsbeziehungen und Schuldendiensten, aus denen sich zahlreiche arme Staaten nicht aus eigener Stärke befreien können. Die meisten Länder mit niedrigem Einkommen und schlechten Lebensbedingungen für den größten Bevölkerungsteil liegen in Afrika, südlich der Sahara. Das sind nicht nur agrarisch geprägte Staaten, sondern auch solche, die z. B. durch Erdölfunde einen kurzlebigen wirtschaftlichen Boom erlangen konnten.

Sie haben kein breit gestreutes Angebot an Waren und Dienstleistungen, mit denen sie auf dem Exportmarkt Gewinne erzielen könnten. Oft ist es die fehlende Infrastruktur, die eine Entwicklung verhindert: Es fehlen Straßen, Bahnlinien, das Netz an Kommunikationstechniken wie Telefon, Mobiltelefon, Internet und die Häfen haben zu geringe Kapazitäten. Darüber hinaus konzentriert sich die Wirtschaft vieler Entwicklungsländer auf eine führende Metropole, die so genannte Primatstadt. Während sie prosperiert, geht es weiten Teilen der Bevölkerung schlecht. Ziel von einer auf Zukunft ausgerichteten Raumwirtschaftspolitik muss es sein, solche Defizite zu beseitigen und z. B. einige gleichrangig starke Wirtschaftszentren aufzubauen, die angemessen miteinander verbunden sind, um an der „Einen Welt" teilhaben zu können.

M 32.1 In einem Dorf in Äthiopien, einem der fünf ärmsten Länder der Erde. Hier herrscht Mangel: an Wasser, an Nahrungsmitteln, auch an Bildung und medizinischer Versorgung – Schulen und Ärzte sind weit weg.

M 32.2 Esfahan liegt ca. 400 km südlich von Teheran (Iran). Es ist eine muslimisch geprägte Stadt in einem Erdöl exportierenden Land.

M 32.3 In Moskau – Russlands Hauptstadt entwickelt sich rasant.

Aufgabe: Die Fotos auf dieser Seite sind Momentaufnahmen aus drei Ländern. Kommentieren Sie die abgebildeten Merkmale, stellen Sie die Entwicklung der betreffenden Regionen im Zusammenhang dar.

Eine Welt				
Weltbank	Mobilfunknetz	Unter-ernährung	Wirtschafts-entwicklung	Modernisie-rungstheorien
Lebens-erwartung	Bildung	Verschuldung	Arme Länder	Lebensstandard
Hohe menschliche Entwicklung	Dritte Welt	Kluft zwischen Arm und Reich	UNDP	Kleinstkredite
Least Developed Countries (LDCs)	Dependenz-theorien	Zentrum und Peripherie	Reiche Länder	Bruttoinlands-produkt
Cash Crops	Nord- und Süd-halbkugel	Gruppe der 77	Hilfe zur Selbsthilfe	Entwicklungs-land
Kolonien	Zugang zu sauberem Wasser	Weltmarkt	Analphabeten-rate	Verschuldung
Direkt-investitionen	Zeitalter des Massenkonsums	Agrar-gesellschaft	Blockfreie Staa-ten	Wirtschaftlicher Dualismus
Industrienation	Exportwirt-schaft	Human Develop-ment Index		

M 33.1 Muster für Pinnwandkarten

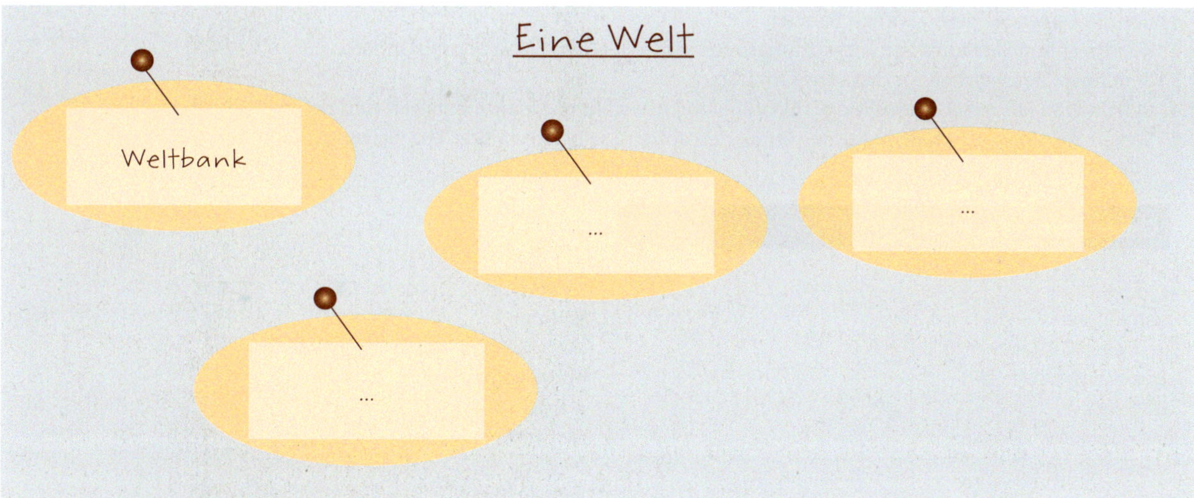

M 33.2 Muster für die Pinnwand

Aufgabe: Auf den Pinnwandkarten (**M 33.1**) finden Sie für das Thema „Eine Welt" wichtige Begriffe. Sortieren Sie die Karten nach Themenbereichen und finden Sie Oberbegriffe. Notieren Sie anschließend in Tabellenform unter diesen Oberbegriffen die Karteninhalte nach einer von Ihnen festgelegten Rangfolge. Ergänzen Sie gegebenenfalls fehlende Aspekte. Halten Sie mithilfe Ihrer Aufzeichnungen ein Referat, in dem Sie die Vergangenheit, Gegenwart und eine eventuelle Zukunft darstellen.

Zusammenfassung

Seit dem Ende der Kolonialzeit werden die Länder der Erde in arme und reiche Länder aufgeteilt. Dieses Denken ist in der Öffentlichkeit verfestigt, die Begriffe „Dritte Welt" und „Entwicklungsländer" stehen für die armen Länder. Dagegen setzen neue Ansätze darauf, nur noch von der „Einen Welt" zu sprechen.

Im Zeitalter der Globalisierung ist es zu einfach, die Schublade „Industrieland" aufzuziehen und dort pauschal alle Länder hineinzustecken, die nicht dem „Süden" angehören. Ist es z. B. gerechtfertigt, Albanien, nicht aber Brasilien als wirtschaftlich fortgeschritten zu klassifizieren?

Die wirtschaftliche und politische Weltordnung ist in Bewegung geraten, bevölkerungsstarke und wirtschaftlich wachsende Länder wie China, Indien, Indonesien, Brasilien, Mexiko und Südafrika fordern auf der internationalen Ebene größere Rollen ein und wollen sich nicht mehr nur als „Schwellenländer" einordnen lassen.

In der langfristigen Perspektive müssen einseitige Abhängigkeiten von Handelgütern (Rohstoffe, z. B. Erdöl, oder landwirtschaftliche Produkte, z. B. Kaffee) überwunden werden.

Weder für die Nehmer noch für die Geberländer ist es sinnvoll, mit Schuldendiensten und Projekten der Armutsbekämpfung für Ausgleich zu sorgen. Stattdessen wird daran gearbeitet, armen Ländern faire Zugänge zum Welthandel zu ermöglichen, ihre Wirtschaftsstrukturen zu diversifizieren und innerhalb des Landes Infrastrukturen zu schaffen, die eine internationale Teilhabe überhaupt erst ermöglichen.

Das Ziel für alle Länder der „Einen Welt" muss es sein, nachhaltige Strukturen zu schaffen, die es jedem Land ermöglichen, im Rahmen der Globalisierung Fortschritte zu erreichen.

Prüfen Sie sich selbst

1 Wirtschaftlicher Entwicklungsstand

1.1 Benennen Sie die Indikatoren des HDI zur Feststellung des Entwicklungsstandes eines Landes. Bewerten Sie die Eignung des HDI-Index.

1.2 Erklären Sie den Wandel in der Struktur der Wirtschaftssektoren im Zuge der wirtschaftlichen Entwicklung an einem selbst gewählten Beispiel.

1.3 Ordnen Sie die besondere Rolle des informellen Sektors in den Entwicklungsländern in diesen Zusammenhang ein.

1.4 Geben Sie einen Überblick über die Strategien der Armutsbekämpfung. Recherchieren Sie Beispiele und stellen Sie ein ausgewähltes Beispiel vor.

2 Räumliche Disparitäten

2.1 Vergleichen Sie die Strategien zur wirtschaftlichen Entwicklung, die in den verschiedenen Ländern angewendet werden. Bewerten Sie deren Erfolgschancen.

2.2 Kennzeichnen Sie räumliche Entwicklungsunterschiede in den Entwicklungsländern.

2.3 Benennen Sie Ursachen für diese Disparitäten.

2.4 Reflektieren Sie verschiedene Möglichkeiten von Entwicklungszusammenarbeit und deren Erfolgsaussichten.

2.5 Stellen Sie raumwirtschaftspolitische Strategien anhand selbst gewählter Beispiele vor.

Grundlegende Begriffe

Agrargesellschaft
Blockfreie Staaten
Bruttonationaleinkommen (BNE)
Bruttoinlandsprodukt (BIP)
Cash Crops
Demographischer Übergang
Dependenztheorie
Disparität
Dritte Welt
Eine Welt
Entwicklungsachsen
Entwicklungstheorie
Exportdiversifikation
Fragmentierte Entwicklung
Importsubstitution
Indikatoren
Kolonie
Kolonialsystem
Kolonialherrschaft
Mangelernährung
Modernisierungstheorie
Primärgut
Primatstadt
Schwellenland
Subsistenzwirtschaft
Subventionen
Wachstumstheorie
Wachstumszentrum
Wirtschaftssektoren
Zweite Welt

Bevölkerungsentwicklung und Verstädterung

Städte sind mit ihren Bauwerken, Straßen, Plätzen, Parks, Wirtschafts- und Verkehrseinrichtungen diejenigen Areale auf der Erde, in denen der Mensch die Natur am stärksten verändert. Eine ökologisch nachhaltige Raumordnungspolitik soll dazu beitragen, künftigen Generationen die räumlichen Existenzbedingungen zu sichern.

Bevölkerungsentwicklung und Verstädterung

Der Siedlungs- und Wirtschaftsraum des Menschen wird auch als Ökumene bezeichnet. Er erstreckt sich über alle Geosysteme der Erde und deren Landschaften, die innerhalb der Kälte- und Trockengrenzen sowie unterhalb der Höhengrenzen des Anbaus liegen und deshalb dauernd von Menschen besiedelt und bewirtschaftet werden können. Die unbesiedelten Landschaften gehören dagegen zur Anökumene.
Seit seinem Sesshaftwerden erschloss der Mensch immer neue Siedlungsräume. Er schuf unterschiedliche Siedlungsformen. So bilden Städte und Dörfer für die meisten Menschen die Orte, in denen sie wohnen, arbeiten, sich versorgen, sich bilden und ihre Freizeit gestalten.
Die Siedlungsentwicklung unserer Zeit ist weltweit durch die Tendenz zu städtischen Siedlungen gekennzeichnet. Damit verbunden sind differenzierte Prozesse (Urbanisierung, Metropolisierung), die entscheidenden Einfluss auf eine nachhaltige Entwicklung des Siedlungs- und Lebensraumes des Menschen nehmen.
Die Stadt hat in vielen Teilen der Erde unbestreitbar Vorteile (Pull-Faktoren) gegenüber dem ländlichen Raum (Push-Faktoren). Sie birgt aber auch viele Probleme in sich. Es bleibt die Frage zu beantworten, ob Städte die primäre Siedlungsform der Zukunft sein können.

M 36.2 Fußgängerfreundliche Innenstadt – Madrid

Aufgabe: Diskutieren Sie über Maßnahmen zur Gestaltung einer fußgängerfreundlichen Innenstadt.

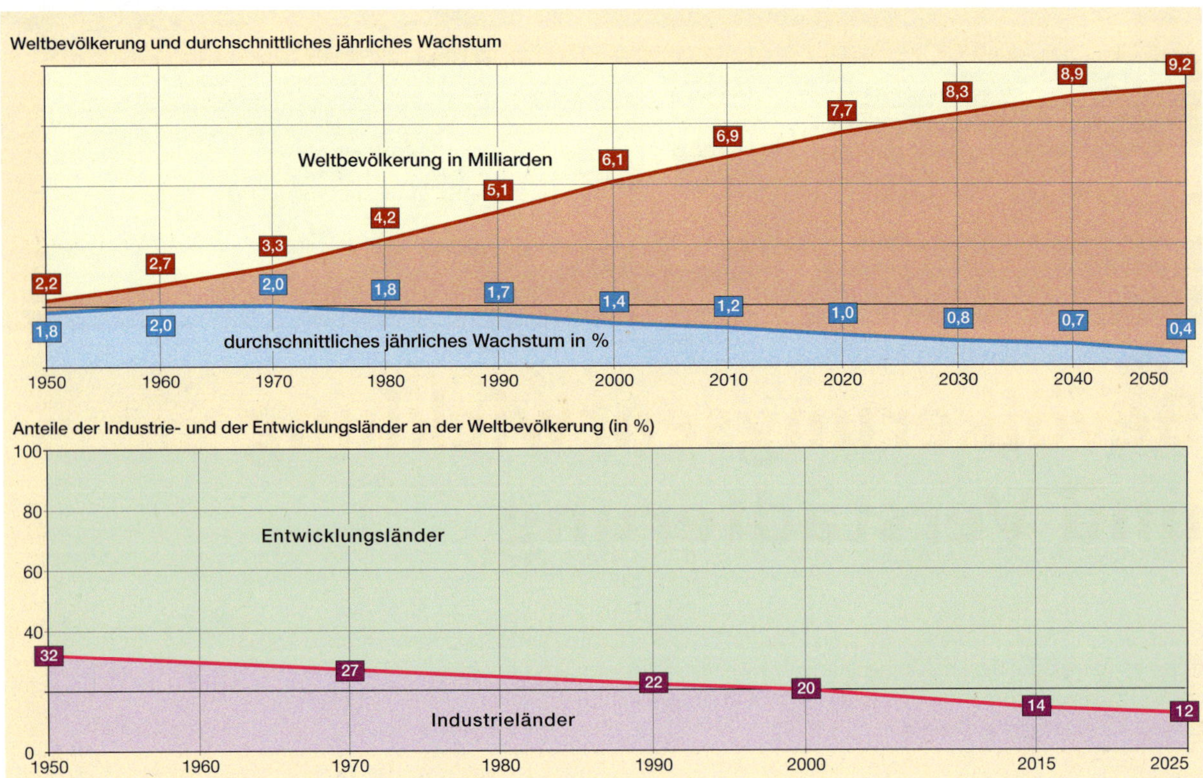

M 36.1 Entwicklung und Verteilung der Weltbevölkerung

Aufgabe: Erläutern Sie, welche Konsequenzen für die Entwicklung der Städte das weitere Wachstum der Weltbevölkerung hat.

Grundbegriffe

Die Zusammenstellung enthält einige grundlegende Begriffe, die Sie aus früheren Jahrgangsstufen kennen sollten:

Agglomeration
Binnenwanderung
Globalcity
Informeller Sektor: Ein für Entwicklungsländer typischer, vom Staat nicht erfasster Bereich des Klein- und Dienstleistungsgewerbes, z. B. Straßenhandel, Schuhputzen.
Landflucht
Marginalsiedlung: Siedlung am Stadtrand, z. B. auf Müllhalden oder an Steilhängen, deren Bewohner meist deutlich unterhalb der Armutsgrenze leben.
Megacity
Megalopolis
Metropole: Großstadt, politischer, wirtschaftlicher und gesellschaftlicher Mittelpunkt eines Landes. Insbesondere zentralistisch regierte Staaten und Entwicklungsländer weisen eine alle anderen Großstädte an Größe und Bedeutung weit überragende Metropole auf.
Migration: Jegliche Art der Verlagerung des Wohnstandortes auf Dauer. Migrationen können über kurze Entfernungen stattfinden, regionalen, internationalen oder globalen Charakter haben.
Naherholungsgebiet
Segregation: Räumliche Trennung von sozialen oder ethnischen Bevölkerungsgruppen in Städten. Hieraus entsteht z. B. in nordamerikanischen Städten die strikte Trennung der Stadtviertel.
Siedlung: Menschliche Niederlassung mit Behausungen zum Zwecke des Wohnens, Arbeitens und sozialen Lebens. Die typische Ausprägung reicht vom einfachen Windschirm bis zur modernen Großstadt.
Stadtviertel
Suburbanisierung: Verlagerung von Standorten des Wohnens und Arbeitens aus der Innenstadt in das städtische Umland.
Urbanisierung: Ausbreitung und Verdichtung städtischer Siedlungen und Lebensformen.
Verdichtungsraum
Zentraler Ort: Städtische Siedlung mit Versorgungsaufgabe für das Umland.

Aufgabe: Vergewissern Sie sich, dass Sie alle im Begriffscontainer enthaltenen Begriffe erklären können. Definieren Sie selbstständig die nicht erklärten Begriffe.

Methoden

Die Zusammenstellung enthält grundlegende geographische Arbeitsmethoden, die Sie sicher beherrschen sollten:
- Auswertung und Interpretation von Luft- und Satellitenbildern
- selbstständiges Anfertigen von Strukturskizzen sowie graphische Darstellung von Wirkungszusammenhängen
- Durchführung und Ausführung von Unterrichtsgängen

Aufgabe: Überprüfen Sie selbstständig (z. B. durch das Erstellen von Checklisten), ob Sie die genannten Methoden sicher beherrschen.

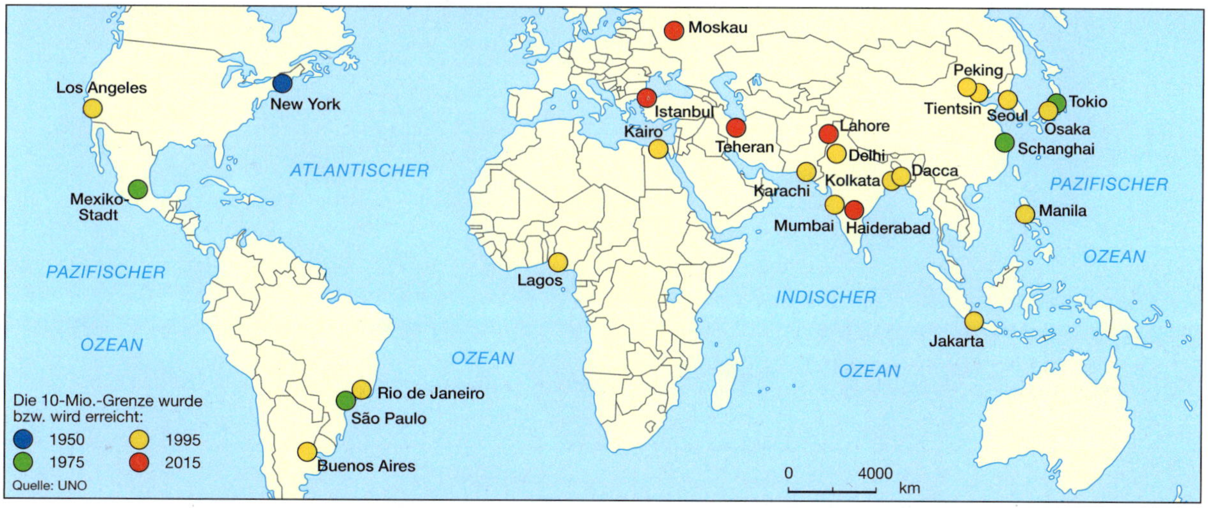

M 37.1 Globalcities und Megacities 1950, 1975, 1995 und 2015

Aufgabe: Unterscheiden Sie mithilfe obiger Karte Globalcities und Megacities. Diskutieren Sie die Bedeutung der deutschen Hauptstadt Berlin.

Wachstum und Verteilung der Weltbevölkerung

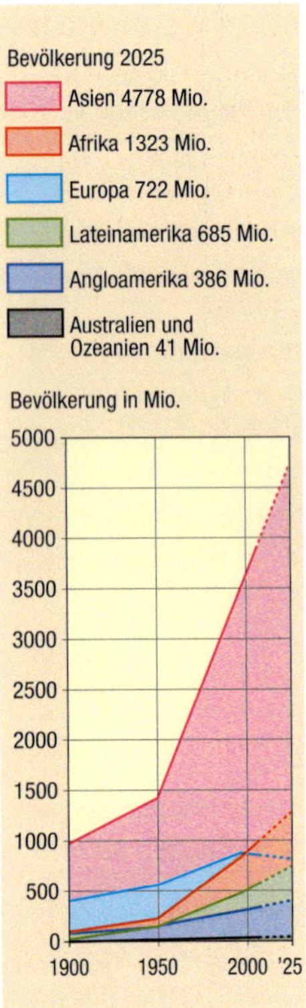

M 38.1 Bevölkerungswachstum nach Kontinenten

Natürliches Wachstum und Verteilung der Weltbevölkerung

Auf der Erde lebten 2009 6,8 Milliarden Menschen, davon 80 % in Entwicklungsländern und 20 % in Industrieländern. Die Weltbevölkerung war 2007 im Durchschnitt 26 Jahre alt. Der jährliche Zuwachs beträgt 78 Millionen Menschen. Bis zum Jahr 2050 werden 9,2 Milliarden Menschen auf der Erde leben. Allerdings sind Bevölkerungswachstum und Altersstruktur weltweit sehr unterschiedlich. Es lassen sich zwei gegenläufige Trends erkennen: In den Industrieländern werden jährlich etwa drei Millionen Kinder geboren, die Bevölkerungszahl nimmt ab.

In den Entwicklungsländern wächst die Bevölkerungszahl sehr schnell. Die Zahl der Kinder und Jugendlichen ist hoch. In Afrika südlich der Sahara sind 45 % der Menschen jünger als 15 Jahre, in Asien sind es 35 %, in Südamerika 33 %. In den 50 ärmsten Ländern der Welt wird sich die Bevölkerungszahl bis 2050 verdoppeln bis verdreifachen.

Die Weltbevölkerung wächst weiter schnell

Das Weltbevölkerungswachstum gehört auch im 21. Jahrhundert zu den großen Herausforderungen nachhaltiger Entwicklung. Im 20. Jahrhundert hat sich die Weltbevölkerung nahezu vervierfacht. Sie ist damit schneller gewachsen als je zuvor in der Menschheitsgeschichte.

Allein in der zweiten Hälfte des 20. Jahrhunderts stieg die Weltbevölkerungszahl von 2,5 Milliarden (1950) auf 6,1 Milliarden im Jahr 2000. Dabei nahm auch die Geschwindigkeit des Wachstums zu: Der Zuwachs von zwei auf drei Milliarden Menschen dauerte 33 Jahre, von drei auf vier Milliarden 14 Jahre, die fünfte Milliarde war nach weiteren 13 und die sechste nach weiteren zwölf Jahren erreicht. Zurzeit liegt die Wachstumsrate bei 1,3 % jährlich.

Ein weiterer Trend ist die deutliche Alterung der Weltbevölkerung. Weltweit wird sich die Anzahl von Menschen im Alter von über 60 Jahren von rund 670 Millionen im Jahr 2005 auf über zwei Milliarden im Jahr 2050 verdreifachen.

In Industrieländern wird der Anteil der über 60-Jährigen von 20 % (2007) auf über 33 % im Jahr 2050 steigen.

Die Geburtenrate berechnet die Zahl der Geburten eines bestimmten Gebietes , die Sterberate ist die Zahl der Gestorbenen eines bestimmten Gebietes bezogen jeweils auf 1000 Einwohner. Ist die Geburtenrate höher als die Sterberate, so entsteht ein Geburtenüberschuss; ist die Sterberate höher, so kommt es zu einem Sterbefallüberschuss.

Die Wachstumsrate einer Bevölkerung ergibt sich aus der Berechnung: Geborene minus Gestorbene je 1000 Einwohner.

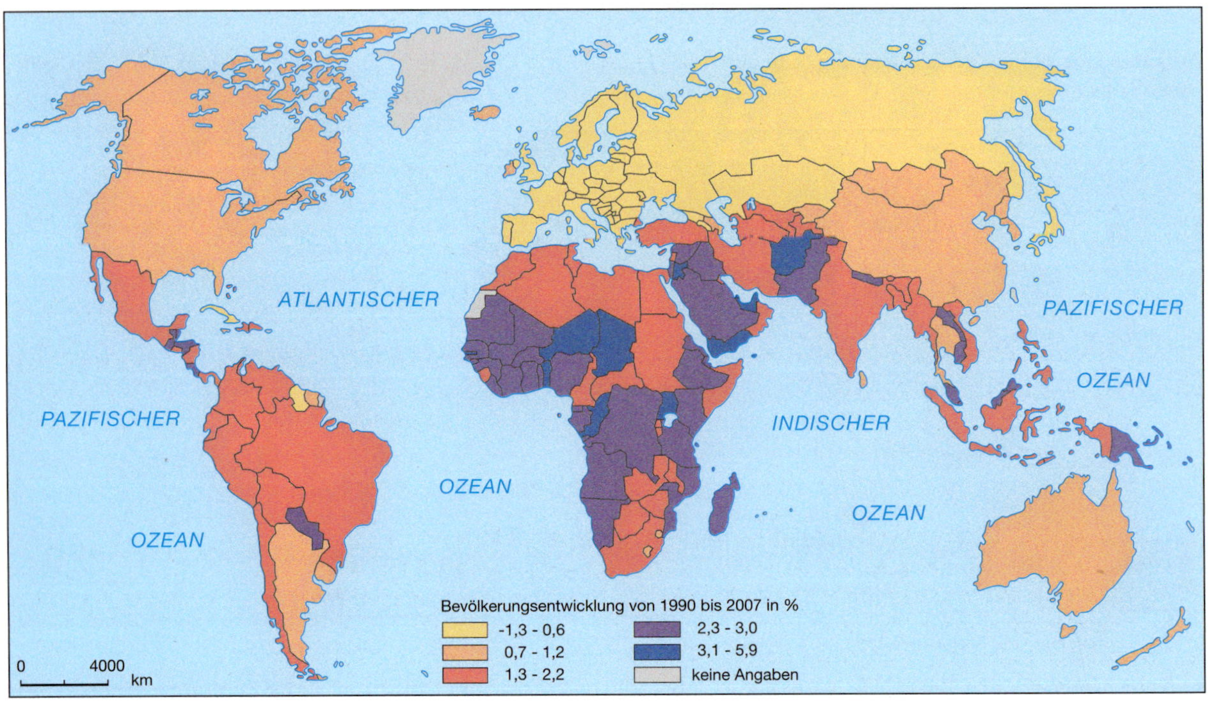

M 38.2 Bevölkerungswachstum

Vier-Phasen-Modell M 39.1

Zwischen den Phasen I und II verbessern sich die Lebensbedingungen, weil die medizinische Betreuung und Ernährung gesichert wird, dadurch sinkt die Sterberate, die Geburtenrate bleibt hoch. In der Phase II wächst die Bevölkerungszahl stark.

Die Lebensbedingungen in der sich bildenden städtisch-industriellen Gesellschaft führen zur Phase III, in der die Kinderzahl pro Familie sinkt. In Phase IV überwiegt in den Industrieländern die Kleinfamilie, die einen höheren Lebensstandard und Berufstätigkeit beider Eltern ermöglicht. Durch Rentensysteme wird die Altersversorgung der Eltern unabhängig von der Kinderzahl.
Bevölkerungsforscher erwarten, dass mit wachsender Industrialisierung und Verstädterung sowie durch eine allgemeine Verbesserung des Lebensstandards gegenwärtig in Entwicklungsländern die Zahl der Kinder pro Familie sinken wird. Familienplanung und Geburtenkontrolle sollen diese Entwicklung beschleunigen.

Ein Zitat aus einer Beratung der Weltkommission für Umwelt und Entwicklung gibt die wünschenswerte Entwicklung vor:
„Eine stabile Entwicklung kann leichter erreicht werden, wenn sich die Bevölkerungsgröße auf einem Niveau stabilisiert, das mit der produktiven Kapazität des Ökosystems übereinstimmt."

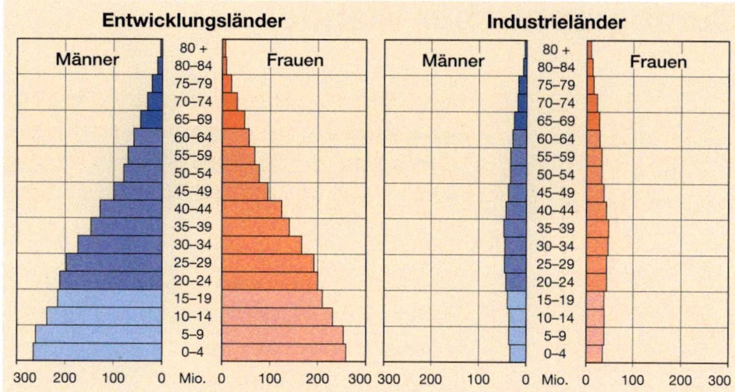

M 39.2 Bevölkerungspyramiden in Entwicklungs- und Industrieländern

Position	Land 2008	Bevölkerung	Land 2050*	Bevölkerung
1	China	1324	Indien	1628
2	Indien	1149	China	1437
3	USA	304	USA	420
4	Indonesien	239	Indonesien	309
5	Brasilien	195	Nigeria	307
6	Pakistan	173	Bangladesch	280
7	Nigeria	148	Pakistan	295
8	Bangladesch	147	Kongo (Dem. Rep.)	181
9	Russland	142	Äthiopien	173
10	Japan	128	Brasilien	221

M 39.3 Die zehn bevölkerungsreichsten Länder 2008 und 2050* (in Mio., *Prognose)

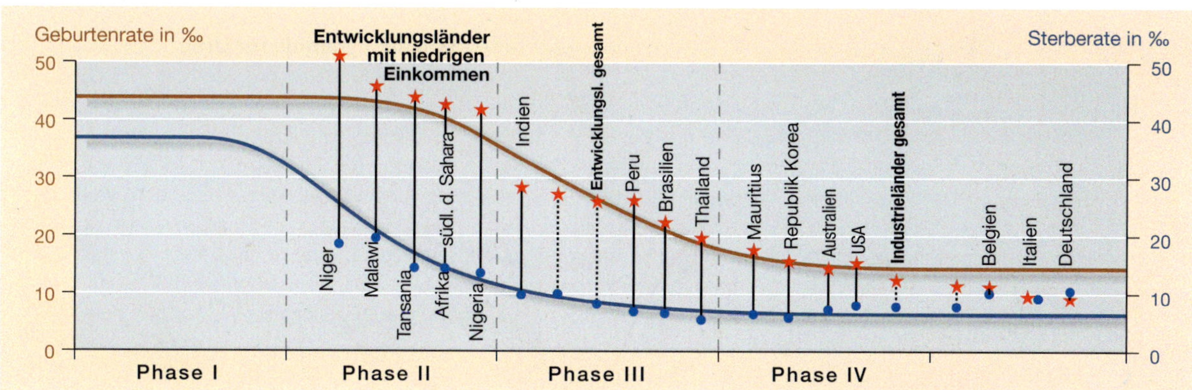

M 39.1 Das Vier-Phasen-Modell

1 Beschreiben Sie die Entwicklung der Weltbevölkerung und vergleichen Sie das Bevölkerungswachstum auf den Kontinenten. Beziehen Sie geeignete Atlaskarten ein (M 38.1, M 38.2).
2 Analysieren Sie die vier Phasen im M 39.1. Ordnen Sie von jedem Kontinent ein Land den Phasen zu und begründen Sie Ihre Einordnung.
3 Vergleichen Sie die Bevölkerungsentwicklung in Industrie- und Entwicklungsländern und erläutern Sie die Unterschiede (M 39.2).
4 **Referat-Tipp:** Die Konsequenzen des Bevölkerungsrückgangs für ein Land.

Demographischer Wandel

1901/10	48,3
1924/26	58,8
1949/51	68,5
1965/67	73,6
1975/77	75,2
1986/88	78,7
1996/98	80,3
2002/04	81,5
2006/10	82,4

M 40.1 Lebenserwartung von neugeborenen Mädchen in Deutschland (in Jahren; Quelle: Statistisches Bundesamt)

Das Modell des demographischen Übergangs entstand aus Beobachtungen über einen regelhaften Verlauf der Bevölkerungsentwicklung in Europa in den vergangenen 200 Jahren. Es beschreibt eine Entwicklung von hohen zu niedrigen Geburten- und Sterberaten.

Vor Jahrhunderten waren die Geburtenrate und die Sterberate etwa gleich hoch. Dadurch war das Bevölkerungswachstum gering. Ernährung und medizinische Versorgung wurden besser, es sanken die Sterberaten. In den Industrieländern begann dieser Prozess schon um 1900.

Die Geburtenraten sanken erst später und auch weniger rasch als die Sterberaten. Zurzeit befinden sich viele Entwicklungsländer in dieser Übergangsphase. Während dieser Periode, in der die Geburten- und die Sterberate auseinanderklaffen, wächst eine Bevölkerung sehr schnell. In den Ländern, in denen diese Entwicklung erst im 20. Jahrhundert einsetzte, ging sie – auch bedingt durch medizinische Fortschritte – erheblich schneller vor sich.

Seit 1972 sterben in Deutschland dauerhaft mehr Menschen, als Babys geboren werden („Pillenknick").

Die Bevölkerungsschere

Die Entwicklung der Bevölkerung eines Landes hängt von den Geburten- und Sterberaten, der Lebenserwartung sowie den Zu- und Abwanderungen ab. Da sich diese Faktoren dauernd ändern, ist eine Bevölkerung nie gleich zusammengesetzt, man spricht vom demographischen Wandel.

Auffällig ist ein solcher Wandel besonders während Krisenzeiten. So sind noch an der heutigen Bevölkerungspyramide von Deutschland die Folgen des Zweiten Weltkrieges abzulesen. Damals starben besonders viele Männer als Soldaten. Außerdem wurden relativ wenige Kinder geboren.

Beispiel Deutschland

Die Geburtenrate sank bereits Ende der 1960er-Jahre unter 2,1 Kinder pro Frau. Damit wurde die Schwelle unterschritten, die notwendig ist, um eine gleichbleibend hohe Bevölkerungszahl garantieren zu können. Die Anzahl der Menschen hätte abnehmen müssen, wurde jedoch durch Zuwanderer aus dem Ausland aufrechterhalten.

Heute bekommt jede in Deutschland lebende Frau durchschnittlich 1,3 Kinder. Das bedeutet, dass jede folgende Generation weniger Menschen hat. Weil auch immer mehr Menschen sterben, wird die Bevölkerungszahl nicht mehr durch Zuwanderer ausgeglichen werden können. Bis zum Ende des 20. Jahrhunderts hatte Deutschland pro Jahr eine Nettozuwanderung von rund 200 000 Menschen, zu Beginn des 21. Jahrhunderts sank die Zahl auf knapp über 80 000.

Gleichzeitig werden die Menschen immer älter. Im Deutschen Reich betrug 1871–1881 die durchschnittliche Lebenserwartung für ein neugeborenes Mädchen 38,5 Jahre. Heute liegt die Lebenserwartung mehr als doppelt so hoch.

Beispiel Nigeria

Die Bevölkerungszahl wächst vor allem in den Entwicklungsländern. Länder, die noch vor einigen Jahrzehnten eine relativ geringe Bevölkerungszahl hatten, werden in naher Zukunft zu den bevölkerungsreichsten gehören. So Nigeria: 1975 lebten dort 63 Mio. Einwohner, 2009 waren es 145 Mio., 2025 werden es voraussichtlich 200 Mio. sein. Zu Beginn des 21. Jahrhunderts wurde vorhergesagt, dass sich Nigerias Bevölkerung in nur 30 Jahren verdoppelt haben würde.

In den meisten Industrieländern sind solche Verdopplungszeiten reine Rechenspielereien. Für die Schweiz werden beispielsweise 410 Jahre angegeben, für Portugal gar 1733 Jahre. Für Deutschland ist keine Verdopplung zu erwarten. Im Gegenteil: Im Jahr 2050 wird die Bevölkerung von derzeit 82,1 Mio. auf voraussichtlich 75,1 Mio. abgenommen haben. Andere Modellrechnungen gehen sogar von 65 Mio. aus.

Von der Pyramide zur Urne

Bei der Betrachtung des demographischen Wandels geht es nicht nur um die Veränderung der Bevölkerungszahlen, sondern auch um die Entwicklung der Altersstruktur: Viele Rentner müssen von relativ wenigen Arbeitnehmern finanziert werden. Gibt es viele Junge, so sind in den nächsten Generationen auch viele Kinder zu erwarten.

Jahr	Geburtenrate/1000 Einwohner	Sterberate/1000 Einwohner	Natürliche Wachstumsrate
1785–1790	38	32	+0,6 %
1825–1830	38	24	+1,4 %
1910–1915	29	17	+1,2 %
2005–2010	11	9	+0,2 %

M 40.2 Das Beispiel Finnland (Quelle: Arthur Haupt und Thomas T. Kane: Handbuch Weltbevölkerung. Begriffe, Fakten, Konzepte. Stuttgart 1999, S. 75, ergänzt nach Statistisches Jahrbuch 2009)

Abzulesen sind die Altersstrukturen an Bevölkerungspyramiden. Während sich eine junge Gesellschaft mit wachsender Einwohnerzahl in einer Pyramidenform darstellen lässt, nimmt die Grafik bei einer überalterten Gesellschaft eine Urnenform an.
Die extremsten Unterschiede in der Altersstruktur von Ländern bestehen 2009 zwischen Uganda und Japan. Im ostafrikanischen Entwicklungsland waren 49 % der Bewohner jünger als 15 und lediglich 3 % älter als 65 Jahre. Im asiatischen Industrieland lebten dagegen 13 % junge und 23 % alte Menschen (Deutschland: 14 bzw. 20 %). Auch bei den 15- bis 24-Jährigen variierten die Anteile stark: Mit 20 % hatte Uganda einen fast doppelt so hohen Anteil wie Japan mit 11 % (Deutschland: 12 %).

Viele Staaten steuern die Bevölkerungsentwicklung (Zunahme und Struktur) politisch. So wird in China seit 1979 jedem Paar nur noch ein Kind zugestanden. China wird 2050 mit 1,44 Mrd. Menschen nicht mehr der bevölkerungsreichste Staat der Erde sein, sondern Indien mit 1,63 Mrd. Einwohnern. Aber die Bevölkerung wird immer älter, schon 2010 wird es in China zu Engpässen in der Alters- und Gesundheitsversorgung kommen.

Südkorea	1,1
Gabun	4,3
Deutschland	1,32
Guinea	5,7
Griechenland	1,38
Afghanistan	6,8
China	1,7
Niger	7,9
Finnland	1,83
USA	2,0
Brasilien	1,9
Indonesien	2,1
Südafrika	2,5
Welt	2,7
Industrieländer	1,6
Entwickl.-länder	2,9

M 41.4 Fruchtbarkeitsraten 2005–2010 (Quelle: Statistisches Jahrbuch 2009)

M 41.1 Kinder einer Familie in Südafrika

M 41.3 Alte in Griechenland

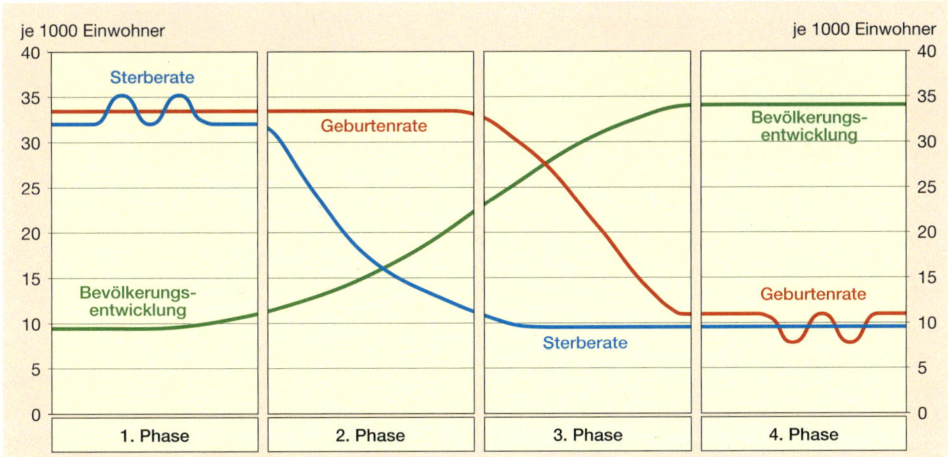

M 41.2 Modell des demographischen Übergangs

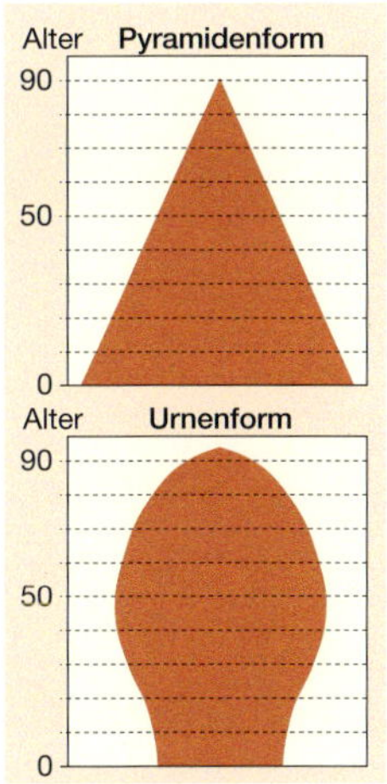

M 41.5 Extreme Formen von Alterspyramiden (Anteil in %)

1 Erläutern Sie das Modell des demographischen Übergangs an den Beispielen Deutschland und Finnland (**M 40.2**, **M 41.2**).

2 Stellen Sie die Unterschiede und Gemeinsamkeiten der demographischen Entwicklungen in Entwicklungsländern und Industrieländern zusammen.
www.weltbevoelkerung.de www.berlin-institut.org

3 Skizzieren Sie die Vorteile einer ausgeglichenen Altersstruktur in einer Gesellschaft.

Demographie und die Zukunft

Die Politik und Gesellschaft in Deutschland und in Ländern mit vergleichbarer Altersstruktur werden sich bisher nicht gekannten Herausforderungen stellen müssen. Im Brennpunkt stehen dabei die sozialen Sicherungssysteme. Noch erwirtschaften die geburtenstarken Jahrgänge der in den 1960er-Jahren Geborenen die Altersversorgung der zunehmenden Zahl der Senioren. Wenn sie jedoch in zwanzig Jahren selbst Senioren sein werden, wird ihre hohe Zahl die dann geringe Zahl der Jüngeren über Gebühr belasten. Es wird damit gerechnet, dass sich die Gesellschaft schärfer in Arme und Wohlhabendere spaltet.

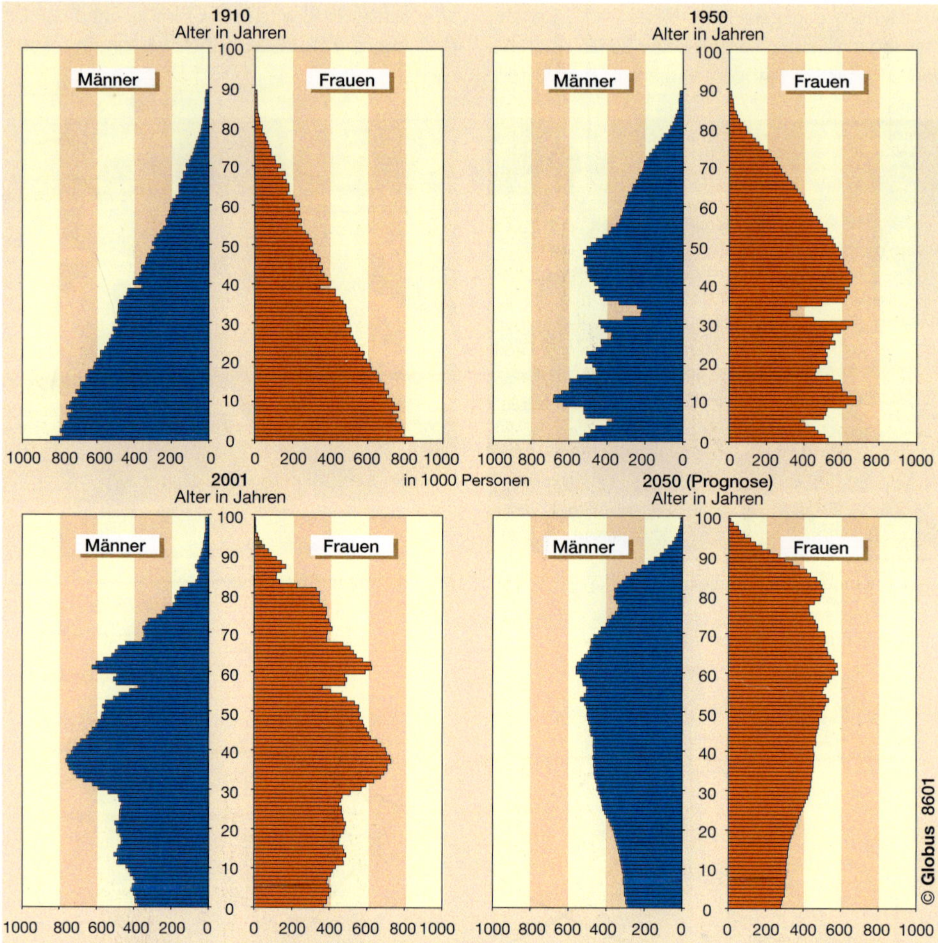

M 42.1 Bevölkerungspyramiden für Deutschland (1910–2050)

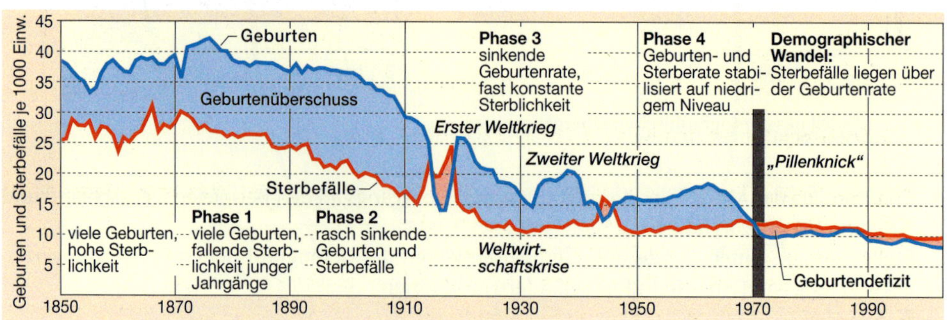

M 42.2 Demographischer Wandel in Deutschland (ab 1850)

Ist die Rente sicher?

Die deutsche Bundesregierung hält die gesetzliche Rentenversicherung auch angesichts des demographischen Wandels für die wichtigste Basis der Altersversorgung.

Nach Angaben des Bundesministeriums für Arbeit und Soziales kamen 2008 dreieinhalb Jüngere für einen Rentner auf. In rund 30 Jahren werden es nur noch zwei Beschäftigte sein.

Das Verhältnis zwischen Beitragszahlern und Beitragsempfängern gerät also ins Schwanken – und mit ihm das traditionelle Rentensystem.

Eine heute 65-jährige Frau lebt durchschnittlich weitere 22 Jahre. Vor zwei Jahrzehnten lag die Lebenserwartung noch sechs Jahre darunter. Bis zum Jahr 2030 wird sich die Lebenserwartung bei dann 65-jährigen Frauen um mehr als drei Jahre erhöht haben. Die Rentenbezugsdauer steigt also immer weiter an.

Angesichts dieser Perspektiven wird den heute Beschäftigten dazu geraten, sich über die gesetzliche Rente hinaus um private Absicherungen für ihren Lebensabend zu kümmern, z. B. Lebensversicherungen abzuschließen.

Auch für die medizinische Versorgung und Pflege Älterer werden durch diese Entwicklung höhere Kosten anfallen.

Der Anteil der berufstätigen Frauen in Baden-Württemberg zwischen 20 und 60 betrug 1985 noch 59 %, 2002 war er auf 73 % gestiegen. Der Anteil der arbeitenden Mütter stieg dabei von 49 % auf 68 %. Doch erst Ende der 1990er-Jahre begann das Bundesland damit, mehr Kinderbetreuungsplätze zu schaffen. Erst zu Beginn des 21. Jahrhunderts konnte Baden-Württemberg dann für jedes drei- bis sechsjährige Kind einen Halbtagskindergartenplatz garantieren. Der neuen Landesregierung reichte das nicht. Damit die Menschen nicht mehr „zwischen kinderlos und arbeitslos" wählen müssen und Baden-Württembergs gute wirtschaftliche Stellung gesichert bleiben kann, sollen Zahl und Qualität der Betreuungsplätze erhöht werden.

nach: Berlin-Institut für Bevölkerung und Entwicklung

M 43.1 Kinder und Wirtschaft

M 43.3 Karikatur zum demographischen Wandel

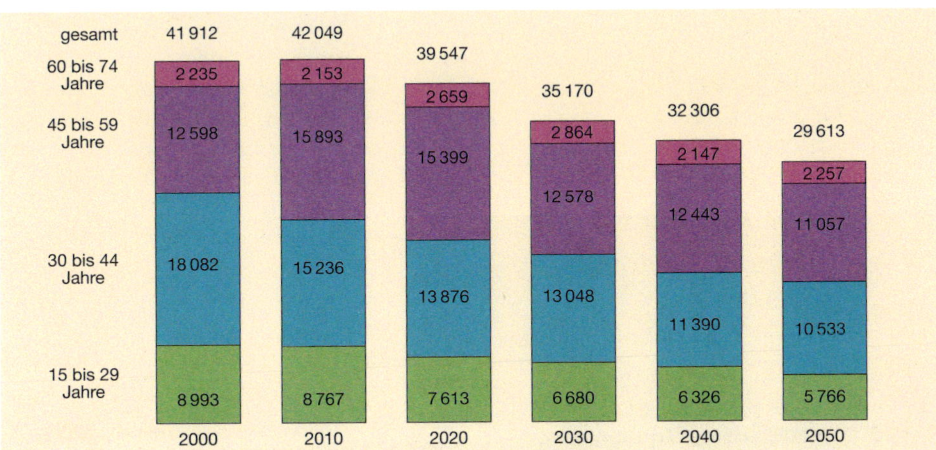

M 43.2 Erwerbspersonenpotenzial in Deutschland 2000–2050 (in Mio.)

1 Nennen Sie die Zusammenhänge zwischen dem demographischen Wandel in Deutschland und der Prognose zum Erwerbspersonenpotenzial im Land.
www.destatis.de www.aktion2050.de www.bmas.bund.de

2 Diskutieren Sie, inwiefern Zuwanderer eine Gesellschaft stabilisieren können.

3 Interpretieren Sie die Karikatur „Der letzte Deutsche". Erläutern Sie den Zusammenhang mit den Alterspyramiden und der Rentensituation in Deutschland (M 42.1, M 43.3).

Internationale Migration

Anwerbekampagnen, „Green-Card"-Aktionen, Stellenausschreibungen, Personalabteilungen internationaler Konzerne, Massenmedien, Werbung von Transportunternehmen, Schleuser-Organisationen, Familien- und Nachbarschaftskontakte, Migrantenvereine, humanitäre Organisationen

Quelle: Mammey 2001, Geographische Rundschau, Heft 53, S. 32

M 44.1 Migrationsnetzwerke

Das 19. Jahrhundert war ein Zeitraum ausgeprägter weltweiter Migration. Vor allem die Staaten in Nord- und Südamerika boten neu zu erschließende Flächen und vielfältige Beschäftigungsmöglichkeiten in expandierenden Wirtschaftszweigen. Insbesondere aus den europäischen Staaten mit hohem natürlichem Geburtenüberschuss wanderten viele junge Leute in die Länder der neuen Welt. Während der Weltkriege in der ersten Hälfte des zwanzigsten Jahrhunderts und auch noch zu Zeiten des Kalten Krieges kam es zu umfangreichen politisch begründeten Wanderungen. Leute aus den Staaten mit diktatorischen Regimen flohen in die demokratisch-freiheitlichen Länder. In der gegenwärtigen Phase der Globalisierung bilden wirtschaftliche Überlegungen den entscheidenden Grund für internationale Migration (M 44.3). Im Jahr 2008 sind rund 90 % der Wanderungen über Grenzen wirtschaftlich motiviert und nur etwa 10 % basieren auf politischen Gründen.

Umfang der Migration

Auch wenn uns Pressemeldungen und Aussagen von Politikern den Eindruck vermitteln, dass in Zeiten der Globalisierung der Umfang der Wanderungen stark zunimmt, hat sich dieser doch seit dem Zweiten Weltkrieg kaum verändert. Seit über fünfzig Jahren liegt der Anteil der internationalen Migranten an der Weltbevölkerung ziemlich konstant bei 2 %; im Jahr 2008 lebten etwa 190 Millionen Menschen nicht mehr in ihrem Geburtsland.

Allerdings besteht ein sehr hoher Wanderungsdruck aus Ländern mit niedrigem Entwicklungsstand in hoch entwickelte Länder. Diese beschränken seit den 1970er-Jahren mit Regelungen die Zuwanderungsmöglichkeiten, wobei sie sich meist an Nützlichkeitskriterien orientieren. Während für hoch qualifizierte Fachkräfte relativ liberale Regelungen gelten, wird die Zuwanderung von unqualifizierten Arbeitskräften stark beschränkt.

Formen und Netzwerke der Migration

Deutlich zugenommen hat in der Phase der Globalisierung die Migration hoch qualifizierter Personen, die von den meisten Ländern erlaubt wird. Innerhalb der multinationalen Unternehmen erfolgt ein häufiger internationaler Austausch von Personal der Management-, Forschungs- und Technikebene. Und die Unternehmen werben weltweit hoch qualifizierte Personen an; dies erfolgt über Ausschreibungen, aber auch über professionelle Vermittlungsagenturen für Personal (so genannte „Headhunter"). Die Anwerbepraxis begünstigt den „Braindrain" aus Entwicklungsländern, d.h., dass die dortigen Bildungseliten in hoch entwickelte Länder abwandern und damit den Bestand an Humankapital ihrer Länder verringern.

Parallel dazu finden Wanderungen von gering qualifizierten Personen statt, die jedoch überwiegend illegal sind. Hierfür besitzen Netzwerke (M 44.1) wie Familienkontakte, die Einreisen als Touristen erlauben, und vielfältige Schleuser-Organisationen große Bedeutung. Die illegalen Wanderungen sind mit hohen Kosten und erheblichen persönlichen Risiken verbunden (M 44.2). In den Zuwanderungsländern drohen Abschiebung oder ein Leben in unsicheren Arbeits- und Lebensverhältnissen. Die meisten Zuwanderer hoffen aber, dass sie nach einer gewissen Zeit eine unbefristete Aufenthaltserlaubnis erlangen.

M 44.2 Flüchtlingsboot: Über 25 000 illegale Einwanderer – der größte Teil aus Afrika – landeten 2006 auf den Kanarischen Inseln.

Ökonomisch induzierte Migration	
Push-Faktoren	Arbeitslosigkeit, Unterbeschäftigung, geringes Lohnniveau, schlechte Lebensbedingungen
Pull-Faktoren	Arbeitskräftemangel, Anwerbekampagnen, hohes Lohnniveau, bessere Lebensbedingungen
Nicht-ökonomisch induzierte Migration	
Push-Faktoren	ökologische und Hungerkatastrophen, Verfolgung/Vertreibung aus politischen und/oder religiösen Gründen, Kriege
Pull-Faktoren	Familienzusammenführung, Eheschließungen

M 44.3 Migrationsbestimmende Faktoren (Quelle: nach Mammey 2001, wie M 44.1)

Quell- und Zielgebiete der Migration

Die Migration qualifizierter Beschäftigter erfolgt überwiegend zwischen den hoch entwickelten Ländern in Nordamerika, Europa und Ostasien. Seit der politischen Transformation in Osteuropa wandern von dort auch zahlreiche Hochqualifizierte ab.

Räumlich wesentlich weiter gestreut sind die Migrationsströme gering qualifizierter Beschäftigter. Die Zahl der Abwanderungsländer hat in den letzten Jahrzehnten stark zugenommen; die höchsten Quoten weisen Länder in Lateinamerika, Nordafrika und Süd-/Südostasien auf. Migrationsziele sind die USA (25 Mio.), Deutschland (5 Mio.), Frankreich (4 Mio.) und Großbritannien (4 Mio.). Aber mit der Entstehung neuer Wirtschaftszentren erfolgt in immer mehr Länder eine Zuwanderung. Länder am Persischen Golf (z. B. Saudi-Arabien) und in Südostasien (z. B. Singapur, Malaysia) lassen eine zeitlich befristete Zuwanderung von einfachen Beschäftigten (z. B. Arbeiter in Landwirtschaft, Industrie; weibliche Haushaltsbeschäftigte) zu. Für die Heimatländer besitzen diese Arbeitskräfte aufgrund ihrer Transferzahlungen an Familienmitglieder große wirtschaftliche Bedeutung.

Die Beschreibung des Flüchtlingslebens in Spanien klingt verlockend und ganz nach einem Paradies: „Dort wirst Du besser essen als in Senegal, hast eine kostenlose Unterkunft und wirst auch noch gratis telefonieren können.“ Mit solchen Sprüchen werben afrikanische Internetseiten für eine Auswanderung nach Europa. Kein Wunder, dass angesichts solcher Verheißungen vom gelobten Land die Zahl der Wirtschaftsflüchtlinge, die auf den Kanarischen Inseln ankommen, immer mehr zunimmt. 500 bis 600 illegale Immigranten landen derzeit täglich auf den Urlaubsinseln. Auch wird den Immigranten geraten, ihre Personalpapiere wegzuwerfen. „Nicht identifizierbar zu sein, ist der Schlüssel zum Erfolg.“ In der Tat können die spanischen Behörden derzeit nur rund zehn Prozent der illegalen Zuwanderer abschieben. Die große Mehrheit muss nach 40 Tagen auf freien Fuß gesetzt werden.
Nach offiziellen Angaben sind bei den gefährlichen Überfahrten in diesem Jahr etwa 600 Bootsflüchtlinge ertrunken.

nach Quelle: Der Tagesspiegel, 6. 9. 2006

M 45.2 Zeitungsmeldung „Ins gelobte Land“

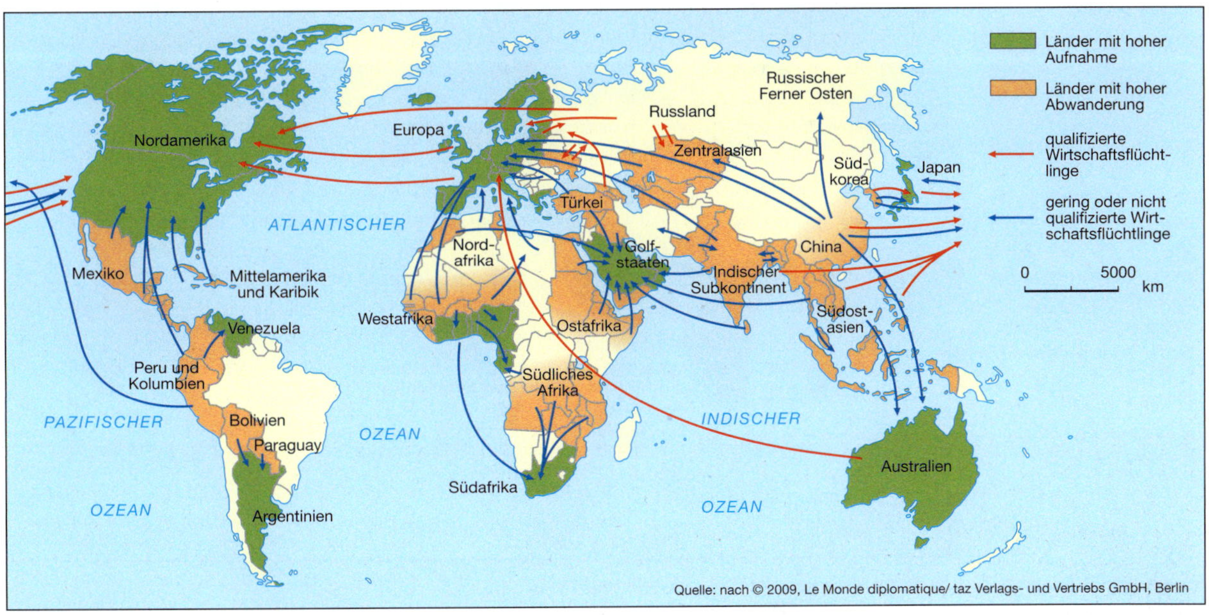

M 45.1 Auf der Suche nach Arbeit 2007

1 Erläutern Sie historische Phasen der Migration in den letzten Jahrhunderten (Atlas, Text).
2 Erklären Sie, warum der Anteil von Migranten in den letzten Jahrzehnten nicht wesentlich zugenommen hat (**M 45.1**, Text).
3 Diskutieren Sie die Bedeutung von Netzwerken für unterschiedliche Formen der Migration (**M 44.3**).
4 Erklären Sie die besondere Bedeutung der Migration von hoch qualifizierten Personen in der Phase der Globalisierung (Text).
5 Erläutern Sie Ströme, Motive und Probleme von „Wirtschaftsflüchtlingen“ (**M 45.1**, **M 45.2**).

Verstädterung und Binnenwanderung

Verstädterung im Wandel der Zeit

Im Jahr 1800 lebten 980 Mio. Menschen auf der Erde. Die Gesellschaften waren ländlich geprägt; nach Schätzungen wohnten höchstens 3 % der Weltbevölkerung in Städten.

Mit dem Beginn der Industrialisierung gewannen die Städte an Bedeutung. Sie boten Arbeitsplätze und, im Vergleich zur Landwirtschaft, meist ein gesichertes Einkommen. Verbesserte Lebensbedingungen ließen die Bevölkerungszahl in den Industrieländern anwachsen. 1910 lebten weltweit 1,75 Mrd. Menschen, im selben Jahr war die Rate der städtischen Bevölkerung im Deutschen Reich auf 35 % gewachsen.

Als Verstädterung oder Urbanisierung bezeichnet man drei Dinge: erstens die Zunahme der Stadtbevölkerung im Laufe der Zeit, zweitens den Anteil der Stadtbevölkerung an der Gesamtbevölkerung (Verstädterungsquote) und drittens die Veränderung der Gesellschaft, die immer mehr städtische Verhaltensweisen übernimmt.

In den Entwicklungsländern setzte die Urbanisierung erst im 20. Jahrhundert ein und vollzieht sich seitdem relativ schnell.

1950 lebten erst 17 % ihrer Bewohner in Städten, 50 Jahre später lag die Quote bei über 40 %. So wie vor über 100 Jahren Europas Landbevölkerung in die Städte zu ziehen begann, ist heute in den Entwicklungsländern eine Landflucht zu beobachten (M 47.1). Viele Städte geraten dabei an die Grenzen ihrer Kapazität, vom „Glück" in der Stadt kann nicht mehr die Rede sein.

Die Bevölkerungszahl von Städten, insbesondere der Hauptstädte, in Südamerika, Asien oder Afrika wuchs in zwei bis drei Jahrzehnten auf über das Zehnfache an.

Small cities with less than 500 000 inhabitants and intermediate cities with between 1 and 5 million inhabitants, not megacities (defined as cities with 10 million or more people), will continue to absorb most of the urban population around the world well into the future. More than 53 per cent of the world's urban population lives in cities of fewer than 500 000 inhabitants, and another 22 per cent of the global urban population lives in cities of 1 to 5 million inhabitants.

Quelle: Presseerklärung UN-Habitat 2006

M 46.1 Distribution of Urban Population

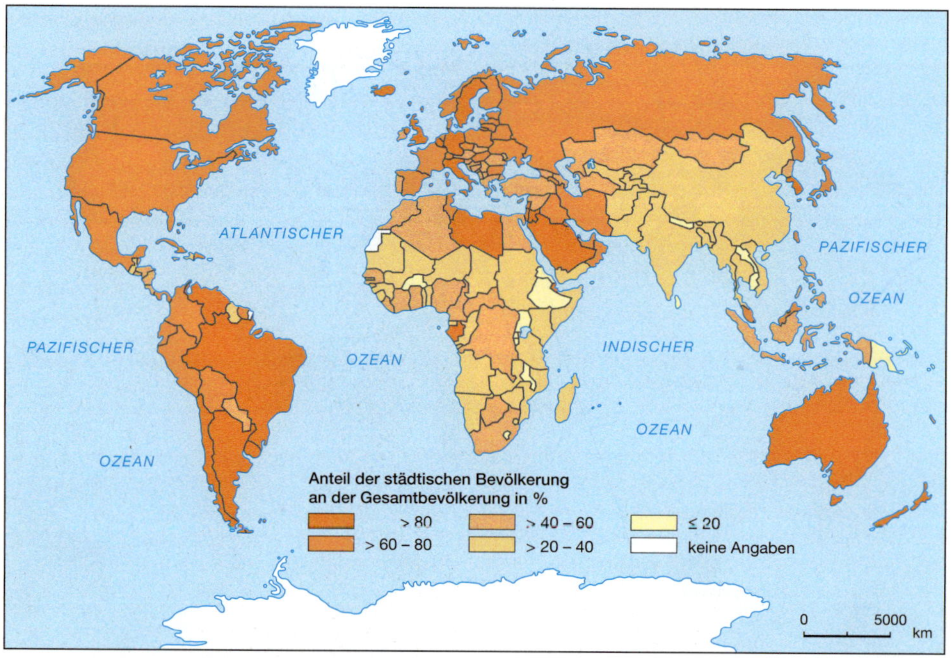

M 46.2 Urbanisierungsgrad weltweit 2008

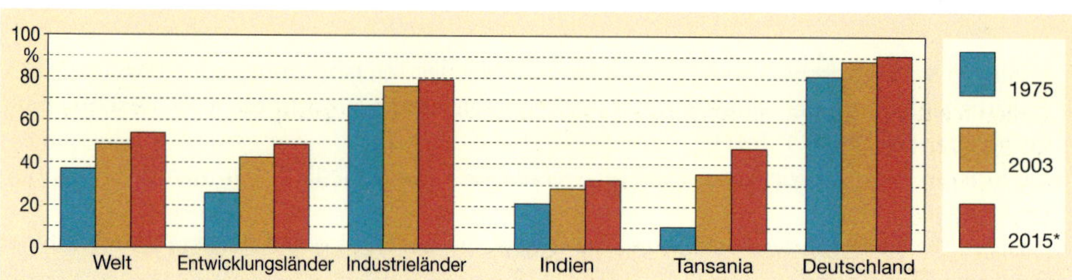

M 46.3 Städtische Bevölkerung 1975–2015* (* Prognose), UNDP

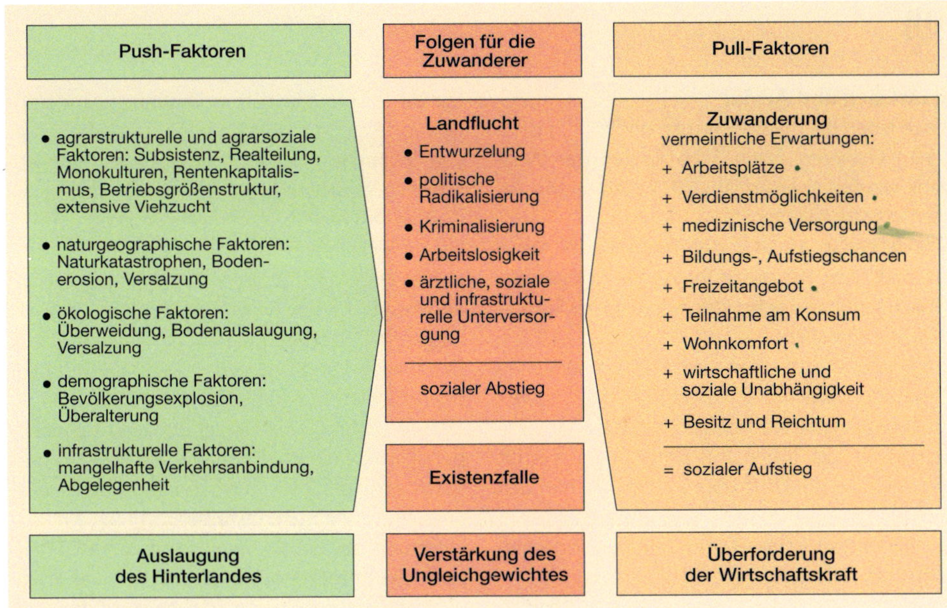

M 47.1 Push- und Pull-Faktoren der Land-Stadt-Wanderung

Weniger pro Tag als	1 US-$	2 US-$
Mali	72,3	77
Nigeria	70,2	84
Niger	61,4	86
Sierra Leone	57,0	76
Nicaragua	45,1	32
Indien	34,7	76
Côte d'Ivoire	10,8	47
Mexiko	9,9	5
Brasilien	8,2	18
Sri Lanka	7,6	40

M 47.4 Einkommen der Bevölkerung (%; 1990–2009), nach DSW Datenreport

Landknappheit und Landlosigkeit sind in Bolivien häufige Ursachen für Verarmung und Abwanderung in städtische Zentren, die durch Arbeitslosigkeit und soziales Elend der Migranten geprägt sind. Im ostbolivianischen Tiefland bedeutet das Fehlen rechtsgültiger Landtitel, dass die indigene und kleinbäuerliche Landbevölkerung ihr Terrain ständig durch den Landhunger der Großgrundbesitzer bedroht sieht. Zudem stellt die Rechtsunsicherheit ein Hindernis für notwendige Investitionen dar. Sie könnten den Familien mehr Einkommen, beispielsweise durch den Anbau von Biokaffee oder Nüssen, sowie eine größere ökologische Nachhaltigkeit durch Dauerkulturen ermöglichen. Deshalb soll durch die Absicherung der kollektiven Landansprüche eine rechtliche Grundlage für das langfristige wirtschaftliche, soziale und kulturelle Überleben der kleinbäuerlichen, indigenen Bevölkerung geschaffen werden.

Quelle: Gabriele Beckmann: „Die Erde, die ich bearbeite, gehört mir!", in: ded-Brief 3/2003

M 47.2 Wegen Landlosigkeit auf der Flucht

M 47.3 Aufgegebene Siedlung in Namibia

1 Stellen Sie die regionalen Unterschiede und die zeitliche Entwicklung bei der weltweiten Verstädterung dar (M 46.2, M 46.3).
2 Analysieren Sie die Entwicklung der städtischen Bevölkerung 1975–2015 in den drei angegebenen Ländern (M 46.3).
3 Erörtern Sie den Zusammenhang, den es zwischen Armut und Verstädterung gibt.
4 Bewerten Sie, wie realistisch die Erwartungen bei den Pull-Faktoren der Land-Stadt-Wanderung in die Städte der Entwicklungsländer sind.

Metropolisierung

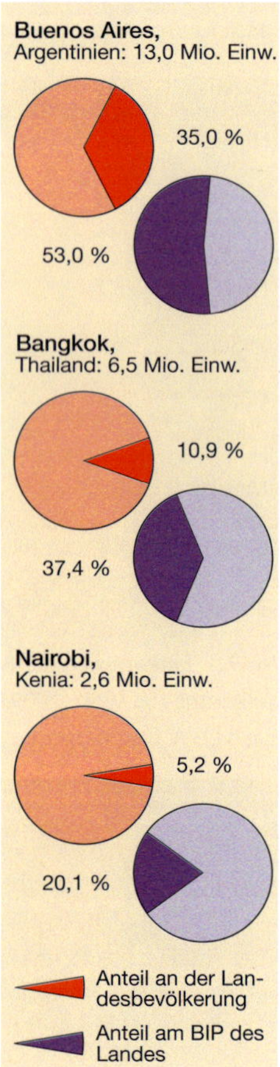

M 48.1 Bevölkerungs- und Wirtschaftsanteil ausgesuchter Städte, UN-Habitat 2004

Stadtleben und Armut

Noch leben die meisten Armen der Welt in ländlichen Gebieten. Nach Schätzungen der Weltbank werden aber im Jahr 2035 die meisten Armen in Städten leben.

2006 lebten in Afrika in den Städten 43 % Arme, im ländlichen Raum lag ihr Anteil dagegen bei 59 %. Allerdings wächst der Anteil armer Städter deutlich schneller.

In einigen afrikanischen Ländern am südlichen Rand und südlich der Sahara sind die weltweit höchsten Anteile städtischer Armut zu verzeichnen; in Tschad, Niger und Sierra Leone betrifft dies mehr als die Hälfte der Städter. Auch in den karibischen Staaten – in Kuba und Haiti – hat der Anteil der städtischen Armut den der ländlichen längst überschritten.

Die niedrigsten Anteile städtischer Armut in den Entwicklungsländern finden sich in nordafrikanischen und westasiatischen Ländern (höchstens 20 %). Mit 30 % hat Indien die höchste Rate städtischer Armut in Asien.

Probleme des Stadtlebens

Den Gründen der ländlichen Bevölkerung, ihre Heimat zu verlassen (Push-Faktoren) und in die Stadt zu ziehen, stehen Erwartungen gegenüber (Pull-Faktoren). Statt mit Reichtum und sozialem Aufstieg werden die meisten Zuwanderer in den Städten der Entwicklungsländer aber mit der Realität konfrontiert: Arbeitslosigkeit, mangelnde soziale Absicherung, schlechte hygienische Verhältnisse, lückenhafte Ver- und Entsorgung (Strom, Wasser, Abfall), Umweltbelastung.

Für die Länder bedeuten die Binnenwanderungen von Region zu Region neue Herausforderungen. Während sich in Boomregionen die Menschen konzentrieren, veröden andere Landstriche, weil sie ihre Bewohner verlieren. In extremen Fällen entwickeln sich Primatstädte, die im Vergleich zu den anderen Städten des Landes überragende Bedeutung haben. Beispiele für solche Entwicklungen sind Santiago in Chile oder Lagos in Nigria. Doch auch in Europa gibt es zentrale und periphere Gebiete, z. B. in Deutschland das West-Ost-Gefälle. Während die Länder der alten Bundesrepublik im Durchschnitt relativ wohlhabend sind, bestehen in den östlichen Ländern nach der Wiedervereinigung noch Defizite.

Innerhalb der Städte von Entwicklungsländern klafft ein immer größerer Spalt zwischen armer und reicher Bevölkerung. Sichtbar wird das nicht nur anhand von Slums oder anderen Marginalsiedlungen. Ein relativ junges Phänomen sind die Gated Communities. In solchen umzäunten und bewachten Wohnanlagen leben die wohlhabenden Menschen abgeschottet von der Mehrheit ihrer „Mitbewohner".

Es geht nicht nur darum, die Probleme in den Städten zu meistern. In den ländlichen Gebieten wächst die Zahl der Projekte, mit denen die Menschen zum Bleiben bewogen werden sollen. So werden moderne Methoden der Landwirtschaft propagiert, neue Absatzmärkte für landwirtschaftliche Produkte geschaffen oder Kleinkredite vergeben, damit Bauern in Maschinen oder Vieh investieren können.

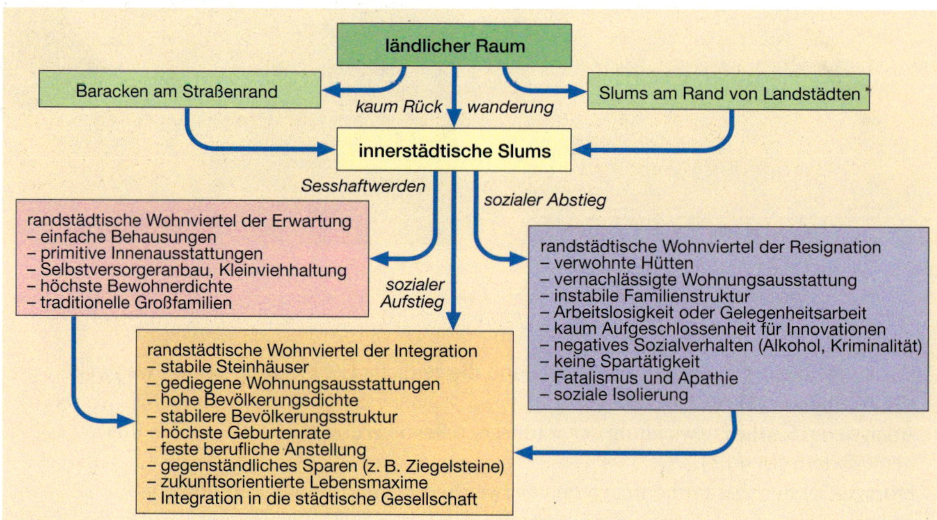

M 48.2 Modell der Land-Stadt-Wanderung

Der Trend zur Metropolisierung

Im Jahr 1900 lagen von den zehn bevölkerungsreichsten Städten der Erde fünf in Europa (London, Paris, Berlin, Wien, St. Petersburg), drei in den USA (New York, Chicago, Philadelphia) und zwei in Asien (Tokio, Kolkata). Zusammen hatten sie 31,5 Mio. Einwohner, mit 6,5 Mio. Menschen lag London an der Spitze.

Ein Jahrhundert später hat sich das Bild geändert; die Metropolisierung ist schneller geworden und hat sich in andere Regionen verlagert: Von den zehn größten Städten hat jede mehr als 12 Mio. Bewohner, zusammengerechnet leben in ihnen 159,4 Mio. Menschen.
Sechs Städte liegen in Asien (Tokio, Mumbai, Kolkata, Schanghai, Dhaka, Delhi), zwei in Lateinamerika (Mexiko-Stadt, São Paulo) und zwei in den USA (New York, Los Angeles). Zu Beginn des 21. Jahrhunderts leben 25 % der Stadtbevölkerung auf der Erde in den 39 Städten, die jeweils mehr als 5 Mio. Einwohner haben.

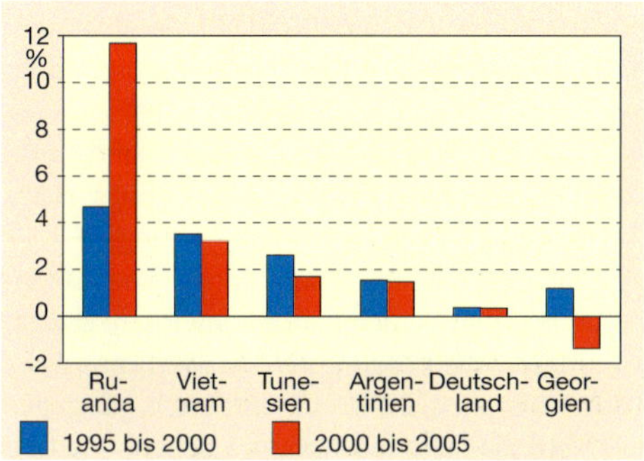

M 49.1 Wachstumsraten der städtischen Bevölkerung

Regionen	Natürliche Wachstumsrate	Wachstumsrate städtischer Bevölkerung
stärker entwickelt	0,2	0,5
weniger entwickelt	1,5	2,8
am wenigsten entwickelt	2,4	4,3

M 49.3 Wachstumsraten 2000–2005 (in %) (nach UNFPA-Daten)

M 49.2 Athen – rund 65 % der Griechen leben in Städten, allein ein Drittel in der Hauptstadt

1 Recherchieren Sie im Internet bei www.unfpa.org die aktuellen natürlichen Wachstumsraten von Ruanda, Tunesien und Deutschland.
2 Erläutern Sie den Bezug zu den Wachstumsraten der jeweiligen städtischen Bevölkerung (Ruanda, Tunesien, Deutschland) und formulieren Sie einen Trend bei Industrieländern und bei Entwicklungsländern.
3 **Referat-Tipp:** Prognosen zur weltweiten Verstädterung. Beachten Sie dabei besonders die regionalen Unterschiede.
4 Tauschen Sie sich untereinander zu Problemen und deren Lösungen bei der weltweiten Verstädterung aus.

Suburbanisierung

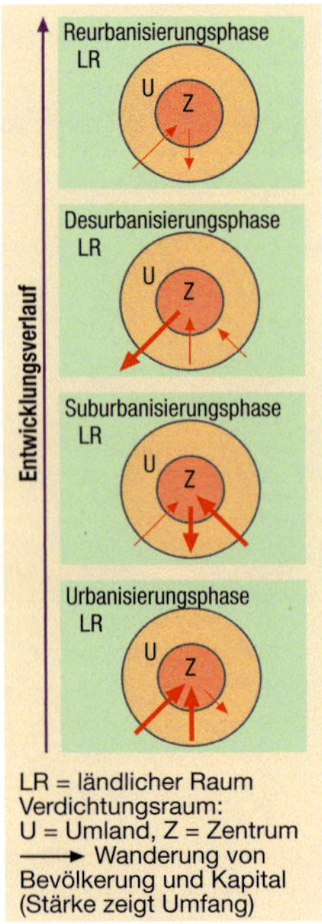

M 50.1 Entwicklungsphasen von Verdichtungsräumen

Suburbanisierung ist keine neue Erscheinung. Bereits seit dem 19. Jahrhundert weiten sich städtische Räume in industrialisierten Ländern in ihr Umland aus. Damit verbunden ist die Verlagerung des Wachstumsschwerpunktes von Bevölkerung, Produktion, Handel und Dienstleistungen aus den Innenstädten in das Umland.

Die Merkmale und Folgen der Suburbanisierung sind vielfältig:

– Der Anteil der Wohnbevölkerung in den Innenstädten ist rückläufig. Vorwiegend Haushalte der Mittel- und Oberschicht ziehen an den Stadtrand oder darüber hinaus. Zurück bleiben Alte, Einkommensschwache, Erwerbslose.

– Mit der Verlagerung der Bevölkerung steigt das Verkehrsaufkommen. Mit der räumlichen Trennung von Wohnen, Arbeiten, Versorgung und Erholung wächst der Individual- wie der öffentliche Personenverkehr. Luft- und Lärmbelastung sowie der Flächenbedarf für die Infrastruktur nehmen ebenfalls zu.

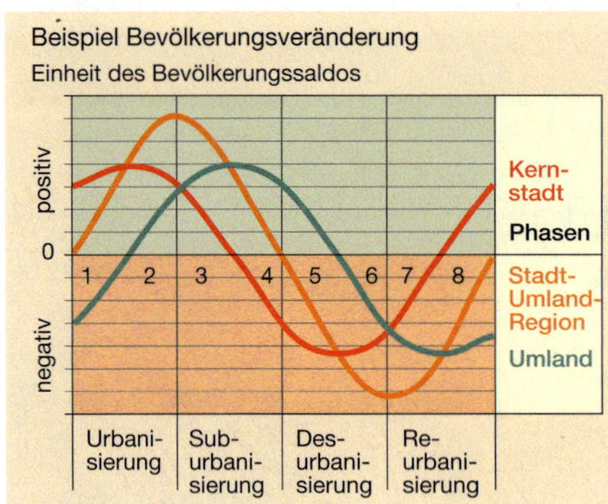

M 50.2 Phasenmodell der Stadt-Umland-Entwicklung

– Die Randwanderung der Industrie ist häufig verbunden mit einer Umstrukturierung der Unternehmen. Verwaltung, Forschung und Entwicklung bleiben meist in der Kernstadt, während die Produktion in den suburbanen Raum abwandert. Hier sind Flächen preiswerter und in ausreichendem Maße vorhanden.

– Mit der Verlagerung der Produktion werden auch die Fertigungsstufen mit höherer Umweltbelastung verlagert. Konflikte mit der Wohnbevölkerung nehmen dafür im suburbanen Raum zu.

– Ähnliche Entwicklungen sind im Handel und bei anderen Dienstleistungen erkennbar. Hoch spezialisierte Tätigkeiten wie Verwaltungs-, Finanzierungs- und Beratungsfunktionen eines Unternehmens ebenso auch kundenorientierte Dienstleistungen (Werbeagenturen, Maklerbüros usw.) konzentrieren sich in Innenstädten. Dagegen wandern Bereiche mit hohem Flächenbedarf ins Umland: Lagerung, Auslieferung, Auftragsbearbeitung, großflächige Einkaufsmärkte.

In den USA geht die heutige Stadtentwicklung weit über den Vorgang einer Suburbanisierung hinaus. Die qualitative Neuerung zeigt sich in einer Zunahme zentraler Aufgaben in den Outer Cities. Sie sind heute keine monotonen Schlafstädte mehr. Während zunächst nur das Wohnen und die gängigen Arbeitsplätze in Industrie und Handel nach außen verlegt wurden, folgten in jüngster Zeit auch Managementfunktionen. Diese Edge Cities sind eigenständige Städte, teilweise in bemerkenswerter Entfernung zum alten Stadtzentrum. Sie befinden sich dort, wo vor wenigen Jahrzehnten noch Dörfer oder ländliche Siedlungen vorhanden waren.

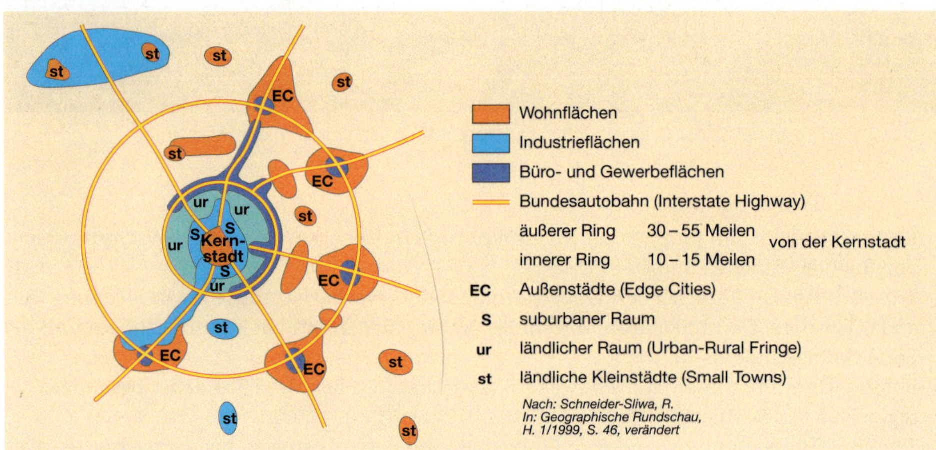

M 50.3 Strukturmodell des großstädtischen Verdichtungsraumes

Edge Cities bilden sich aber auch mit Vorliebe an Autobahnkreuzen oder Schnittstellen von Fernstraßen. Um alle großen Städte der USA reiht sich heute eine Vielzahl derartiger Nebenzentren, die mit sämtlichen Angeboten einer City aufwarten: Es gibt wichtige Versorgungseinrichtungen wie Krankenhäuser oder Schulen und ein großes Angebot an Arbeitsplätzen, vor allem im tertiären Sektor. Viele Banken und Versicherungen haben ihre Büros aus dem CBD (Central Business District) hierher verlegt, nicht zuletzt aufgrund niedriger Büromieten, aber auch wegen der günstigeren Anfahrtswege. Somit sind solche Edge Cities besonders attraktiv als Wohnstandorte, fällt doch das weite Pendeln in den CBD weg: keine morgendliche Rushhour, kein Stop-and-go-Autoverkehr. 90 % der Einzelhandelsumsätze in den USA werden inzwischen in den Edge Cities verbucht. Damit müssen auch herkömmliche Entwicklungen wie Suburbanisierung, Desurbanisierung (Bevölkerungswachstum außerhalb des Verdichtungsraums) und Reurbanisierung (erneutes Wachstum im Verdichtungsraum) neu bewertet werden.

M 51.1 Gewerbegebiet

M 51.3 Einkaufszentrum

M 51.2 Siedlung

M 51.4 Regionalexpress

1 Erläutern Sie den Begriff Suburbanisierung.
2 Ordnen Sie die Fotos M 51.1 bis M 51.4 einzelnen Merkmalen der Suburbanisierung zu.
3 Legen Sie anhand des Modells der Stadt-Umland-Entwicklung (M 50.2) eine Tabelle zu den Phasen 1–8 an, in der die Kernstadt, das Umland und die Gesamtregion in ihrer Bevölkerungsentwicklung verglichen werden. In welchen Phasen erfolgt eine Zentralisierung, in welchen eine Dezentralisierung?
4 Grenzen Sie die Entwicklung der Suburbanisierung vom Phänomen der Edge City ab (M 50.3).
5 Bewerten Sie Folgen der Suburbanisierung, und zwar für Innenstädte, die städtische Peripherie und das Umland.
6 Skizzieren Sie Maßnahmen, die einer Suburbanisierung entgegenwirken.

Stadtstruktur und Leitbild der sozialen Stadt

Ab den 1920er-Jahren wurden in den USA Modelle zum Verständnis der Stadtentwicklung aus soziologischer Sicht erarbeitet, die Regelhaftigkeiten städtischer Flächennutzung abbilden sollten, z. B. das Kreismodell am Beispiel Chicagos. Zu den Grundannahmen der Modelle zählt, dass die Entmischung der städtischen Bevölkerung und die bevorzugte Nutzung städtischer Teilräume in Nordamerika unter dem Einfluss des Wettbewerbs um Standortvorteile stehen.

Die Veränderungen in Wirtschaft und Arbeitswelt, Globalisierung und demographischer Wandel führen in der Gesellschaft zu Polarisierungs-, Umschichtungs- und Migrationsprozessen und verursachen damit vor allem in den großen Städten eine Dynamisierung der sozialräumlichen Prozesse. Derartige Vorgänge sind in den Städten vieler europäischer Länder zu beobachten.
Funktionswandel und Segregation können den Niedergang von Stadtquartieren bewirken. Es entstehen so genannte Stadtteile mit besonderem Entwicklungsbedarf. In ihnen werden soziale Probleme im Alltagsleben auf vielschichtige Art und Weise deutlich. Sie beeinträchtigen die Lebensqualität der Bewohner.
Eine Strategie setzt bei der potenziell abwandernden Bevölkerung an und versucht sie in den Stadtteilen zu halten, die entsprechend baulich aufgewertet werden sollen. Eine andere Strategie nimmt ihren Ausgang bei den ökonomisch und sozial Benachteiligten und will ihnen helfen, ihren Status zu überwinden: „Hilf dir selbst, dann wird dir geholfen" – nach diesem Motto sollen Bewohner selbst bestimmen, was mit ihrem Wohnquartier geschieht.

Quartiersmanagement
Um Anwohner in ihren Wohnquartieren an Planungen zu beteiligen bzw. sie für Vorhaben zu gewinnen, wird in ausgewählten Stadtteilen das sog. Quartiersmanagement als Instrument zur Erhaltung bzw. Förderung von Aktivitäten im Stadtquartier durchgeführt. Dessen Ziel ist es, das Sozialgefüge zu stabilisieren, Anonymität aufzulösen, soziale Kontrolle aufzubauen und eine Grundlage des Engagements von interessierten Bewohnern zu schaffen. Die Menschen sollen Fragen ihres Wohnumfelds, des Zustands des öffentlichen Raums wie auch des Zusammenlebens im Quartier als ihre eigene Sache begreifen und dazu befähigt werden, das Gemeinwesen selbst zu organisieren.

Selbsthilfeprojekte sollen gefördert und das Selbstwertgefühl der Bewohner gestärkt werden. Die Vorhaben sollen sich nicht auf einzelne Bereiche beschränken, sondern soziale wie wirtschaftliche Ziele miteinander verbinden. Stadterneuerung soll in Verbindung mit Arbeitsplatzbeschaffung und Qualifizierung der Bewohner verknüpft werden. Öffentliche Räume sollen mit künftigen Nutzern gestaltet werden.

Strategische Handlungsfelder (dienen der Schaffung von Voraussetzungen für die notwendigen Kooperations-, Koordinations- und Partizipationsaufgaben)	Inhaltliche Handlungsfelder (umfassen alle beteiligten Politikbereiche; häufig sind bei einer Maßnahme mehrere Bereiche beteiligt)	
– Ressourcenbündelung – integrierte Handlungskonzepte – Stadtteilmanagement – Aktivierung und Beteiligung – Evaluierung (Bewertung) – Monitoring (laufende Beobachtung)	– Beschäftigung – Qualifizierung und Ausbildung – Wertschöpfung im Gebiet – soziale Aktivitäten und soziale Infrastruktur – Schule und Bildung – Gesundheitsförderung – Umwelt und Verkehr	– Stadtteilkultur – Sport und Freizeit – Zusammenleben unterschiedlicher sozialer und ethnischer Gruppen – Wohnungsmarkt und Wohnungsbewirtschaftung – Wohnumfeld und öffentlicher Raum – Imageverbesserung und Öffentlichkeitsarbeit

M 52.1 Handlungsfelder im integrativen Ansatz des Bund-Länder-Programms „Soziale Stadt"

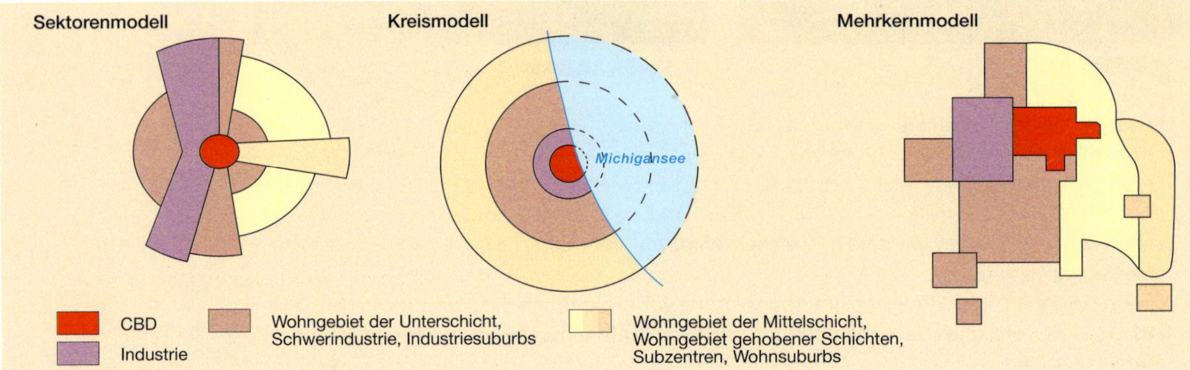

M 52.2 Die klassischen Modelle der Stadtstruktur

Politik und Gesellschaft sehen in einer nachhaltigen Verbesserung der Lebensumstände in diesen Stadtteilen einen wichtigen Schlüssel zur Verbesserung des sozialen Zusammenhalts. Seit 1999 gibt es deshalb das Bund-Länder-Programm „Soziale Stadt".

„Soziale Stadt" in Bayern

(Informationen aus: Soziale Stadt info 16 – Februar 2005)

Die Einwohnerzahl der am Programm beteiligten bayerischen Kommunen reicht von 2500 bis 1,3 Millionen Einwohnern, mehr als die Hälfte der bayerischen Programmgebiete befinden sich in Städten und Gemeinden mit weniger als 50000 Einwohnern.

Die Projektziele und Aufgaben werden individuell entsprechend den örtlichen Problemlagen entwickelt. Großsiedlungen wie das Hasenbergl in München oder eine ehemals von US-Streitkräften genutzte Wohnsiedlung in Neu-Ulm sind ebenso darunter wie innerstädtische Altbaugebiete in Fürth und Hof oder kleine Gemeinden, wie das 2500 Einwohner zählende Bodolz. Bund und Freistaat stellten für die bayerischen Projekte seit Beginn der Initiative über 109 Millionen Euro bereit. Alleine im Jahresprogramm 2004 sind es über 20 Millionen Euro, davon mehr als die Hälfte aus bayerischen Landesmitteln.

Es gehe darum, die Abkoppelung von Stadtteilen von der allgemeinen Entwicklung einer Stadt zu bremsen und die Lebenschancen der Bewohner – insbesondere die Zukunftschancen der Kinder und Jugendlichen – zu verbessern.

Positive Entwicklungen in den Programmgebieten Bayerns

300 Teilnehmerinnen und Teilnehmer aus 50 bayerischen „Soziale Stadt"-Gebieten verfolgten Vorträge und engagiert geführte Diskussionen. Mehrere Redner stellten die positiven Entwicklungen in den Programmgebieten Bayerns dar.

In einem Beitrag wurde betont: „[...] die Identität eines Stadtviertels hänge davon ab, ob es mit bestimmten Projekten zu identifizieren ist, und hierzu könne Kunst beitragen. Früher wurde Kunst im öffentlichen Raum entweder hingenommen oder – wenn sie Irritation hervorrief – abgelehnt. Heute versuchten die Künstler wieder verstärkt, ihre Werke für alle lesbar zu gestalten."

M 53.2 Meldung von der Fachtagung „Städtebauförderung in Bayern" in Augsburg, 21. Oktober 2004 (aus: Soziale Stadt info – Februar 2005)

M 53.3 In der Nürnberger Südstadt – erfolgreich umgesetztes Grünflächenprogramm

„Soziale Stadt" im bayerischen Modellgebiet Galgenhof/Steinbühl – Wo liegt die Zukunft des Stadtteils?

Das Programm „Stadtteile mit besonderem Entwicklungsbedarf – die Soziale Stadt" läuft bundesweit in 210 Gebieten, aus denen die Länder jeweils ein Modellgebiet ausgewählt haben. Für Bayern ist dies der Stadtteil Galgenhof/Steinbühl in der Nürnberger Südstadt.

Ziel ist es, den Stadtteil ganzheitlich, das heißt unter wirtschaftlichen, sozialen, ökologischen, kulturellen und (städte-)baulichen Aspekten zu entwickeln. Dabei sollen die Bewohnerinnen und Bewohner des Stadtteils sowie die dort engagierten Initiativen und Vereine angeregt werden, diesen Prozess aktiv mitzugestalten. Eine besondere Herausforderung besteht darin, auch Migranten für die Entwicklung vor Ort zu gewinnen, damit ihre Wünsche und Vorstellungen in die Umsetzung einbezogen sind.

Künftig soll auch ein Quartiersmanagement als Vermittlungsinstanz zwischen den Bürgern und der Verwaltung eine wichtige Rolle spielen.

Aus dem Programm für Galgenhof/Steinbühl:

Umgestaltung des Aufseßplatzes, Umsetzung eines umfangreichen Grünflächenkonzeptes

Anlage des Südstadtparks mit Karl-Bröger-Platz, Neugestaltung des Melanchthonplatzes

Umgestaltung der Karl-Bröger-Straße als wichtige Verbindungsachse zwischen Aufseßplatz und Altstadt

http://www.sozialestadt.de

M 53.1 Ein Beispiel aus dem „Soziale-Stadt"-Programm

1. Beschreiben Sie die Unterschiede in der Lage der Wohngebiete in den Modellen der Stadtstruktur (M 52.2).
2. Erläutern Sie an Beispielen, weshalb das Programm „Soziale Stadt" notwendig wurde.
3. Suchen Sie Beispiele für erfolgreiches Quartiersmanagement und stellen Sie ein Beispiel vor.
4. **Referat-Tipp:** Initiative einer sozialen Stadt der Zukunft.

Stadtentwicklung in Mitteleuropa

M54.1 Berlin – Blick auf den Gendarmenmarkt im Stadtzentrum

Die meisten europäische Städte weisen Ähnlichkeiten auf. In großen Städten haben in der Regel mehrere Epochen der historischen Entwicklung ihre Spuren hinterlassen, die Fläche der Stadt ist anhaltend gewachsen. In vielen Städten hat die Entwicklung erst in einer bestimmten Phase eingesetzt, z. B. in der Zeit des Absolutismus oder der Industrialisierung des 19. Jhs. Häufig ist das Wachstum von Städten zeitweise unterbrochen worden oder nahm in einzelnen Zeitabschnitten einen raschen Verlauf in Form von Stadterweiterungen. Architektur und Baumaterialien spiegeln regionale und kulturelle Besonderheiten wider. Bereichert wird die Vielfalt der Städte durch unverwechselbare Bauwerke, die zu Wahrzeichen geworden sind.

Seit der zweiten Hälfte des 20. Jhs. durchlaufen europäische Städte eine ähnliche Entwicklung im Wohnungsbau. Industrialisierung und Typisierung des Bauens finden ihren Ausdruck in Großwohnsiedlungen aus Mietwohnungen des sozialen Wohnungsbaus in randstädtischer Lage.

Römische Städte. Sie wurden als Kolonialstädte im Römischen Reich gegründet. Spuren römischer Städte finden sich westlich des Limes. Meist sind einzelne Gebäude oder Gebäudeteile erhalten. In einigen Städten finden sich Grundrisselemente, z. B. zentrale Achsen und Reste des Schachbrettgrundrisses im heutigen Stadtbild. Das römische Schachbrett darf nicht mit dem Schachbrettgrundriss jüngerer geplanter Städte (aus Absolutismus oder Industriezeit) verwechselt werden. Beispiele: Trier, Köln, Regensburg, Nîmes, Arles, Reggio oder Rom als Ausgangspunkt und Zentrum des Römischen Reiches.

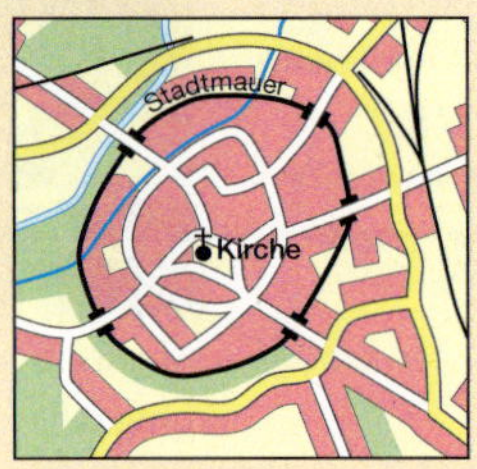

Mittelalterliche Städte. Sie wurden durch Landesfürsten, Orden, Kaiser oder Könige gegründet. Infolge der Zersplitterung weiter Teile Europas in Kleinstaaten erhielten viele kleine Siedlungen Stadtrecht (z. B. heutige Zwergstädte in Südwestdeutschland). Nach dem Zerfall der Kleinstaaten oder durch Verlagerung von Handelswegen oder neue Grenzziehungen verloren viele mittelalterliche Städte an Bedeutung. Sie sind heute weitgehend in ihrer historischen Form erhalten. Beispiele: Nördlingen, Rothenburg ob der Tauber.

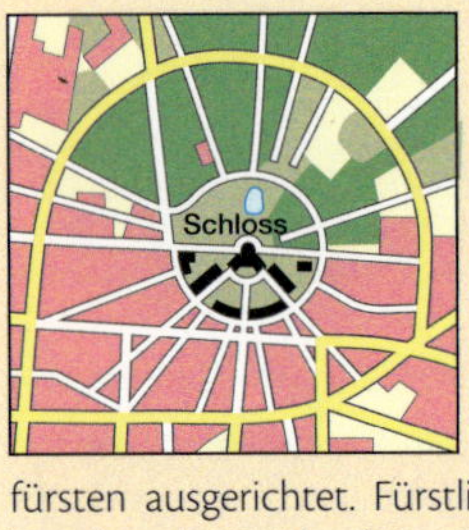

Absolutistische Gründungen. Sie sind geplante Städte, welche das absolutistische Weltbild und Staatsverständnis ausdrücken. Straßennetz und Gebäude sind auf die Residenz des Landesfürsten ausgerichtet. Fürstliche Gründungen gab es in der Nähe bestehender Städte (Versailles, Potsdam) oder in größerer Entfernung von damaligen Zentren (Karlsruhe, Mannheim). In einigen Metropolen findet sich ein Ring mit absolutistischen Erweiterungen um den mittelalterlichen Kern (Berlin, Wien).

Industriestädte. In den meisten Städten Europas zeigt sich das Industriezeitalter in Form ausgedehnter Industrie- und Wohngebiete außerhalb des mittelalterlichen Kerns. Einige Städte sind jedoch nahezu vollständig durch große Industriebetriebe entstanden oder geprägt worden (Beispiele: Leverkusen, Ludwigshafen, Wolfsburg). Man kann Industriestädte des 19. und des 20. Jahrhunderts unterscheiden.

M 54.2 Städte aus verschiedenen Epochen der europäischen Geschichte

Betrachtet man den Grundriss von Städten, so lässt sich aus dem räumlichen Nebeneinander von Siedlungsformen die Entstehung ableiten. Um den historischen, häufig mittelalterlichen Stadtkern gliedern sich in mitteleuropäischen Städten die Bauwerke der Stadterweiterungsphasen zu Zeiten der Industrialisierung sowie der Gegenwart. Bezeichnungen wie Altstadt oder Neustadt in Stadtplänen geben einen ersten Einblick in die historische Entwicklung. Industriegebiete und Großwohnsiedlungen am Stadtrand lassen auf eine spätere Bebauung schließen.

Noch vor dem Ersten Weltkrieg entstehen in größeren Städten Villenviertel als Wohnsiedlungen im gartenstädtischen Stil für vorwiegend einkommensstärkere Bevölkerungsschichten, die häufig durch Vorortbahnen mit den Stadtzentren verbunden sind.

Münchens Entwicklung

Mitte des 12. Jahrhunderts gründete Heinrich der Löwe München. An der Kreuzung zweier Handelswege (am heutigen Marienplatz) und einer Brücke über die Isar entwickelt sich München im 13. Jahrhundert zur Residenzstadt. Erst im ausgehenden 18. Jahrhundert wurde der Festungscharakter Münchens aufgehoben. Damit erhielt München erstmals nach fast 500 Jahren die Möglichkeit, sich auszudehnen.

Jenseits des Altstadtrings entstehen Vorstädte, u. a. die Ludwigsstadt ab 1825 mit dem Hauptbahnhof.

Im 19. Jahrhundert entwickelt sich ein Industriegürtel um München, verbunden mit einer sprunghaft wachsenden Bevölkerungsentwicklung. Die Altstadt besitzt heute ausgeprägte Cityfunktionen als Büro- und Geschäftszentrum.

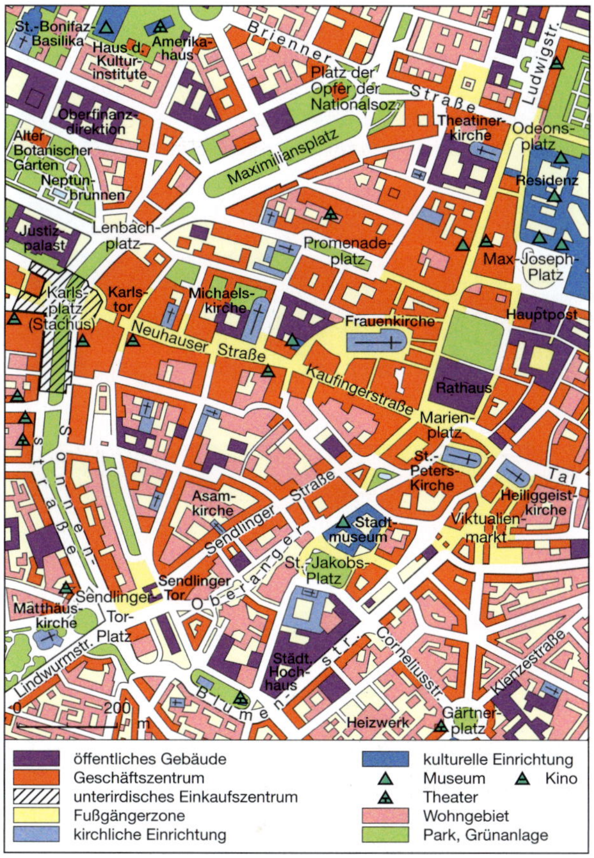

M 55.1 München – funktionale Gliederung des Stadtzentrums

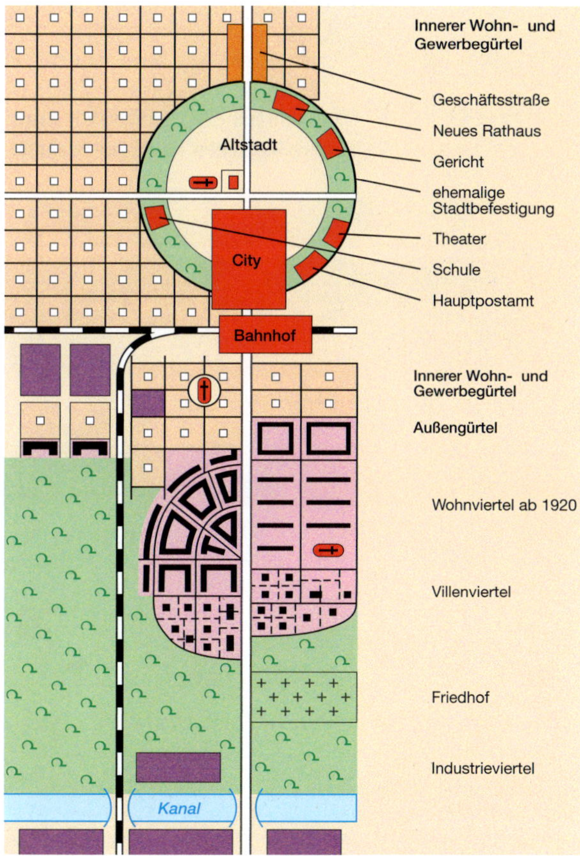

M 55.2 Modell der räumlichen Struktur europäischer Städte

1 Ordnen Sie mithilfe von Atlaskarten mitteleuropäische Städte den Stadttypen in M 54.2 zu.

2 Vergleichen Sie das Modell der räumlichen Struktur der europäischen Stadt (M 55.2) mit der thematischen Karte von München (M 55.1). Welche Teile des Modells lassen sich auf München übertragen?

3 Das Foto (M 54.1) zeigt einen Ausschnitt Berlins. Lokalisieren Sie das Foto mithilfe des Modells (M 55.2) und begründen Sie Ihre Entscheidung.

Stadtentwicklung in Nordamerika

Seit Beginn des 20. Jhs. haben Stadtentwicklung und Verstädterung in den USA ein enormes Ausmaß angenommen. Nordamerika wird durch Städte geprägt.

Der Grundriss der nordamerikanischen Stadt ist fast immer ein Gitternetz von Straßen, die in Nord-Süd- bzw. West-Ost-Richtung verlaufen. Diese Einheitlichkeit entspringt teilweise dem Landvermessungssystem, mit dem der nordamerikanische Kontinent erschlossen wurde.

Der Aufriss, die vertikale Gliederung der Städte, wird meist durch einen eng begrenzten Kern mit Hochhausbebauung bestimmt, an dem sich nach einer Übergangszone weitläufig Einfamilienhäuser reihen. Über 60 % der städtischen Bevölkerung leben in Einfamilienhäusern, sie prägen daher den größten Teil amerikanischer Städte.

Die Innenstadt wird durch das Geschäftszentrum mit seinen Hochhausbauten bestimmt, dem Central Business District (CBD). Die Wolkenkratzer entstanden weniger aus Platzmangel als aus dem Bestreben, markante Wahrzeichen zu errichten. Der CBD war früher der wirtschaftliche Mittelpunkt der Stadt, hier waren Handel und Dienstleistungen verdichtet. Inzwischen sind außerhalb des Stadtzentrums zahlreiche Einkaufszentren entstanden, die die zentrale Funktion des Stadtkerns schwächen. Moderne Industrieparks, teilweise Büroviertel bieten Arbeitsplätze außerhalb des CBD.

Das Gebiet zwischen dem räumlich begrenzten Geschäftsviertel und der Randzone mit ihren Einfamilienhäusern ist die dynamischste Zone der nordamerikanischen Stadt. Ein allgemeines Kennzeichen der Übergangszone ist die schlechte Bausubstanz als Spiegelbild der sozial schlechter gestellten Amerikaner.

In einigen Städten hat man versucht, den Wohnwert der Übergangszone zu erhöhen. Hochhäuser wurden errichtet, um durch die Ansiedlung wohlhabender Bevölkerung das Image des Gebiets zu heben. Eine andere Möglichkeit besteht im Verkauf von Häusern, um sie in Eigenleistung der Eigentümer zu renovieren.

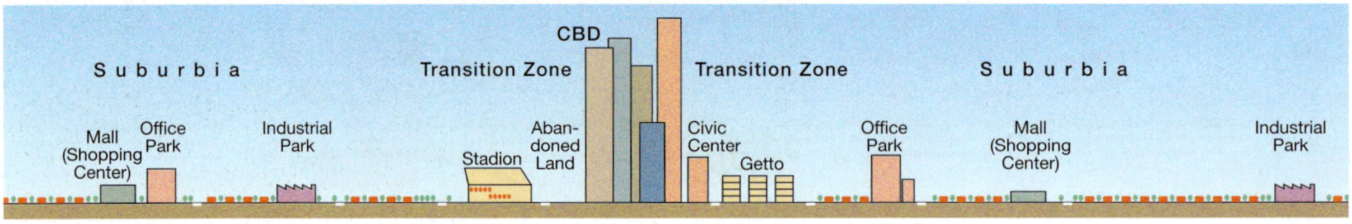

M 56.1 Schema der Skyline nordamerikanischer Städte

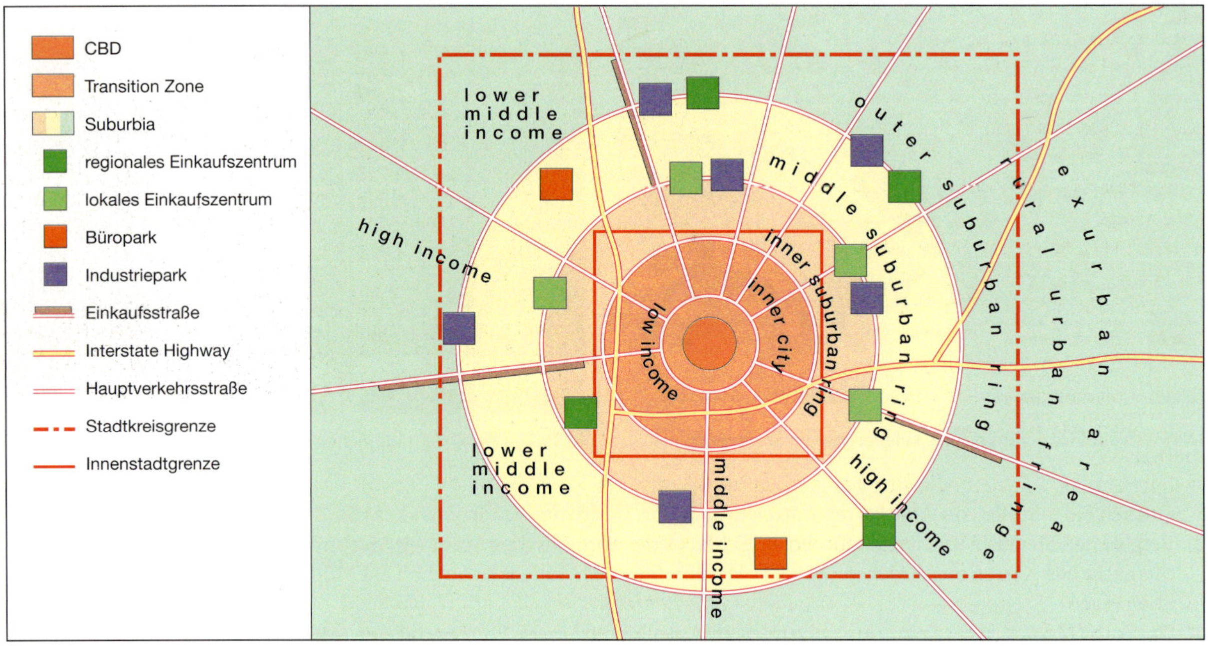

M 56.2 Schema der nordamerikanischen Stadt

M 57.1 CBD und Übergangszone von Houston (Texas)

Die soziale Gliederung der nordamerikanischen Stadt folgt einem ganz bestimmten Wertesystem. Ein prägendes Merkmal ist dabei das Bestreben, mit Angehörigen der gleichen Einkommensgruppe, der gleichen ethnischen Gruppe oder der gleichen Altersgruppe zusammenzuwohnen. Dies führt zu einer Teilung der Stadt in sozial, ethnisch oder altersmäßig homogene Viertel. Daraus folgt wiederum eine hohe innerstädtische Mobilität. Wer sich beruflich verbessert, zieht in ein angesehenes Stadtviertel, das oft weiter draußen liegt.

M 57.2 Suburbia einer US-amerikanischen Großstadt

Die nordamerikanische Stadt weist charakteristische Merkmale auf, die sie von Städten in anderen Kulturkreisen unterscheiden. Dazu gehören

– **schnelles Wachstum und schnelle Veränderungen:** Zahlreiche amerikanische Städte sind junge Gründungen. Dabei konnte der Bau von Wohnungen meist mit dem raschen Wachstum Schritt halten, es gibt keine Slums am Stadtrand.

– **hohe persönliche Mobilität:** Da das Auto das verbreitetste Verkehrsmittel ist, können Entfernungen leicht zurückgelegt werden. Dies führte zu einer erheblichen Ausbreitung von Städten.

– **Vielzahl ethnischer Gruppen:** Die USA und Kanada sind Einwanderungsländer. Zu einem großen Teil wurden die neu Angekommenen rasch integriert, doch blieb vielfach ein Nebeneinander der verschiedenen Bevölkerungsgruppen bestehen.

M 57.3 Shopping Mall

1. Nennen Sie Faktoren, die sich prägend auf die Gestalt nordamerikanischer Städte auswirken (M 56.2).
2. Vergleichen Sie den Aufriss nordamerikanischer Städte mit demjenigen europäischer Städte. Erläutern Sie Ursachen für Unterschiede.
3. Begründen Sie Tendenzen der Suburbanisierung in nordamerikanischen Städten.
4. **Referat-Tipp:** Haben nordamerikanische Städte Vorbildfunktion? Erörtern Sie die Fragestellung unter sozialen, ökonomischen und ökologischen Gesichtspunkten.

Die orientalische Stadt

M 58.1 In einem Basar

Im Orient befinden sich die ältesten Städte der Erde, die eine zum Teil über 5000 Jahre alte Geschichte besitzen. Erst im Mittelalter wurden diese Städte durch den islamischen Kulturkreis und ab der zweiten Hälfte des 19. Jhs. durch westeuropäische Einflüsse geprägt.

Typische Merkmale der orientalischen Stadt werden überwiegend an ihren Altstädten festgemacht:
- die große Moschee (Freitagsmoschee), geistlicher und zugleich öffentlicher Mittelpunkt,
- die Burg (Kasbah) oder der Palast, ehemals politisches Zentrum,
- der Basar (Suq),
- die Stadtmauer als deutliche Abgrenzung,
- der Sackgassengrundriss,
- Wohnquartiere, die durch Sprach- und Glaubensgemeinschaften, Nationalität, Familienverbände streng voneinander getrennt sind,
- Innenhofhäuser, die dem Streben nach Sicherheit, aber auch dem privaten Leben der islamischen Grundsätze folgen.

Der Basar mit seinen großen teils überdachten, teils offenen Gassen um die große Moschee bildet den wirtschaftlichen Mittelpunkt der Altstädte. Seine wesentlichen Merkmale sind die Branchentrennung und die räumliche Anordnung der einzelnen Branchen. Je größer die Wertschätzung einer Ware, desto zentraler ist ihre Lage im Basar. So finden sich Kerzen, Weihrauch und Schmuck in unmittelbarer Nähe zur Moschee, gefolgt von Teppichen und Lederwaren. Erst weiter abseits werden Lebensmittel verkauft. Handwerksbetriebe, die Lärm und Staub produzieren, liegen am Rand des Basars. Um den zentralen Bereich der Altstadt schließen sich Wohnquartiere (Hara) der Stadtbewohner an. Die Stadtviertel sind nach Ethnien und Religionen getrennt. Sie besitzen häufig ein eigenes Gotteshaus und einen kleinen Markt.

Besonders sinnfällig ist der Grundriss des Straßenmusters. Neben wenigen Durchgangsstraßen prägen verwinkelte Sackgassen das Stadtbild. Diese halb privaten Straßen tragen ebenso wie Innenhofhäuser dem zurückgezogenen Familienleben im Islam Rechnung. Früher dienten sie vermutlich dem Schutz der Bewohner.

Außerhalb der Stadtmauern befinden sich Friedhöfe, die Karawansereien und Märkte der ländlichen Bevölkerung.

Mit der Kolonialherrschaft der Europäer und der Industrialisierung im 19. Jh. wuchsen die orientalischen Städte über die Stadtmauern hinaus.

Heutige Stadtzentren besitzen zwei Kerne: Zum Basar ist ein modernes Geschäftszentrum hinzugekommen. Dieser Stadtteil entstand meist innerhalb gehobener Wohnviertel. Breite Geschäftsstraßen verbinden heute die Stadtviertel und zerschneiden häufig den historischen Stadtkern.

Auch die Wohnquartiere orientalischer Städte sind zweigeteilt. Gehobene Wohnviertel finden sich im Anschluss an das neue wirtschaftliche Zentrum in bevorzugten Lagen. Die ärmere Bevölkerung wohnt hingegen in der Altstadt oder in deren Randbereichen. Größere Industrie- und Handelsbetriebe befinden sich entlang der Ausfallstraßen.

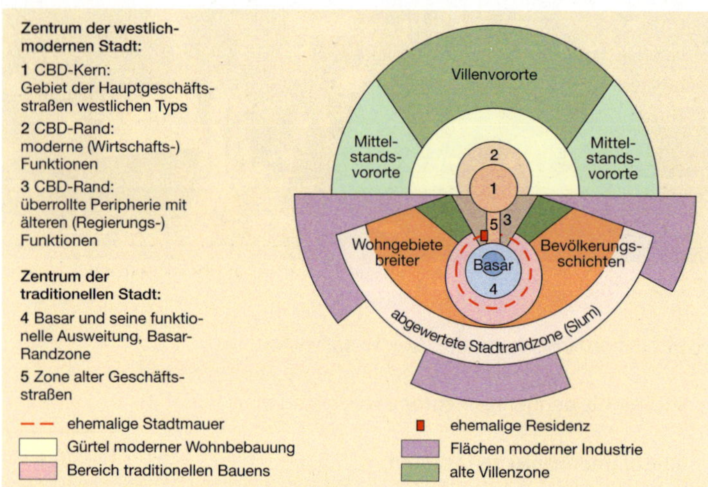

M 58.2 Modell der orientalischen Stadt

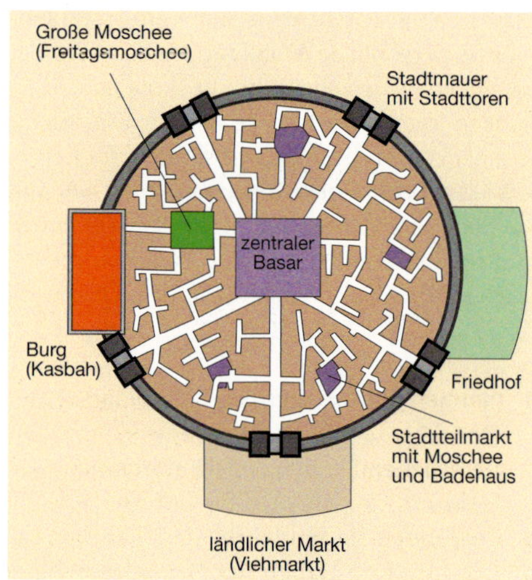

M 58.3 Modell der orientalischen Altstadt

Veränderungen des Stadtbildes gehen mit einem funktionalen Wandel einher. Aus dem traditionellen Basar wandert der Großhandel in neue Stadtteile ab, da das enge Gassennetz dem Güterverkehr mit Lkws nicht gewachsen ist. An seiner Stelle haben sich Lagerplätze ausgebreitet wie auch das Basarhandwerk, das durch den Handel verdrängt worden ist. Der Einzelhandel selbst hat sich unterschiedlich entwickelt. Während hochwertige Güter in modernen Geschäftshäusern angeboten werden, verbleiben in den zentralen Bereichen des Basars Waren, die auf eine einkommensschwächere Bevölkerungsschicht ausgerichtet sind. Auch die Gestaltung der Einkaufsstätten ist unterschiedlich. Die Geschäfte der Einkaufsviertel sind nach westlichem Vorbild gestaltet und an den Bedürfnissen der Oberschicht und Touristen ausgerichtet, während im Altstadtbereich noch die kleinen Läden vorherrschen.

Mit dem Bau moderner Stadtviertel ist auch die Abkehr von alten Lebensformen verbunden. Waren die Häuser in der Altstadt mit ihren Sackgassen weitgehend von der Außenwelt abgeschirmt, so ist in den Mietwohnungen des sozialen Wohnungsbaus ein Rückzug in die private Sphäre kaum noch möglich. Damit verbunden ist eine Auflösung der Großfamilie. Die ethnisch und religiös bestimmte Viertelbildung im Stadtkern weicht einer eher an gleichem Bildungsstand und Einkommen orientierten räumlichen Ordnung.

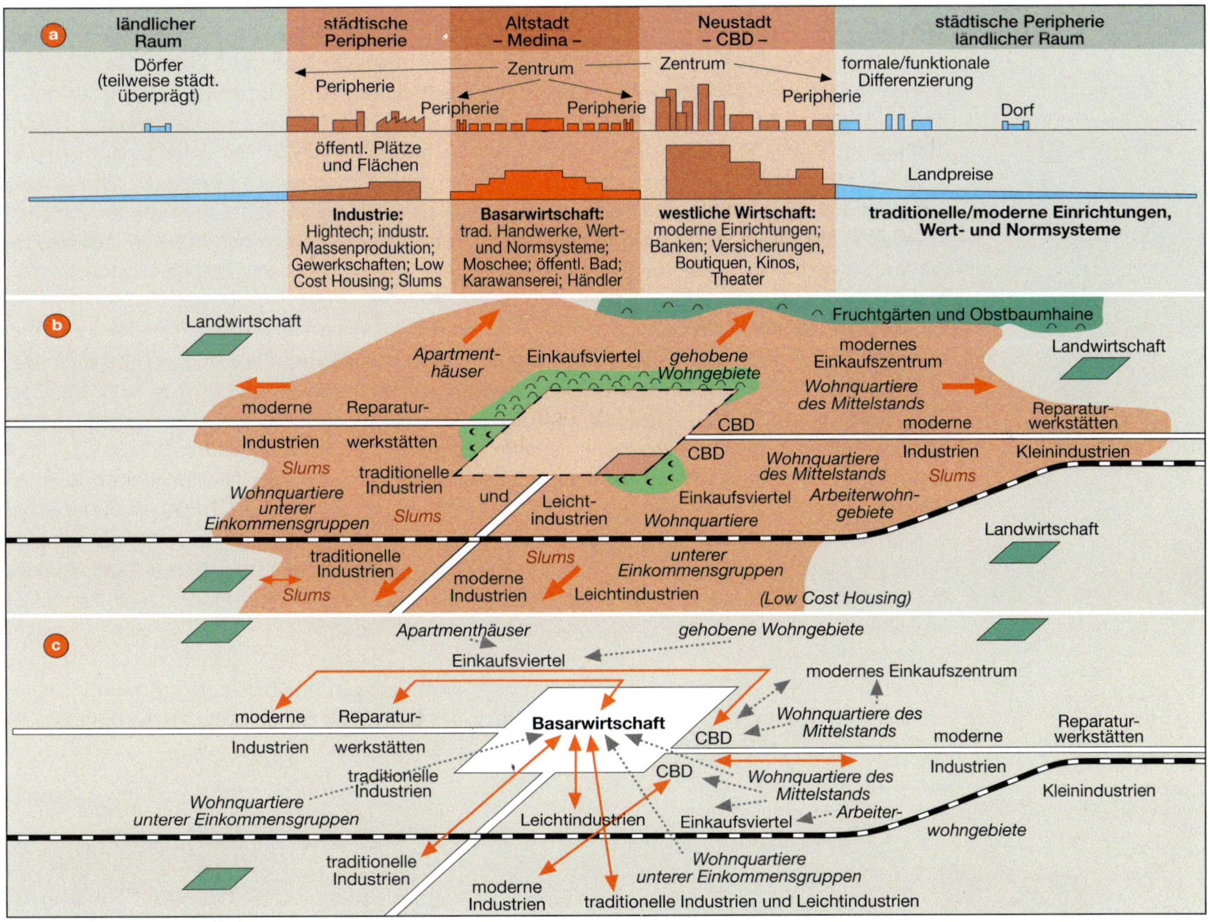

M 59.1 Modell der Stadt des islamischen Orients nach Funktion (a), Wachstumstendenzen (b) und Verflechtungsbereichen (c)

1 Beschreiben Sie den Wandel orientalischer Städte in ihrer Baugestalt bzw. in ihrer funktionalen Entwicklung. Gehen Sie von einzelnen Stadtteilen aus, z. B. dem Altstadtbereich, dem Geschäftsviertel, der Neustadt oder den städtischen Randgebieten.

2 Erläutern Sie Veränderungen in der Basarwirtschaft.

3 Vergleichen Sie die Modelle der orientalischen Stadt mit denjenigen anderer Kulturräume.

4 Man spricht auch im Orient von einer Verwestlichung der Städte. Überprüfen Sie diese Aussage anhand der orientalischen Stadt und bewerten Sie sich abzeichnende Entwicklungen.

Stadtentwicklung in Lateinamerika

Städtische Kultur und Tradition in Lateinamerika reichen weit in die Zeit vor der Entdeckung Südamerikas durch CHRISTOPH KOLUMBUS zurück. Bereits die Städte der Indios hatten bis zu 100 000 Einwohner und mehr.

Die meisten heutigen Städte Lateinamerikas haben ihren Ursprung allerdings in der Kolonialzeit. Während der Eroberungsfeldzüge zerstörten die Spanier bzw. Portugiesen bestehende Indio-Siedlungen und errichteten oft am selben Ort neue Städte. So entstanden allein im spanischen Kolonialreich bis zum Ende des 16. Jhs. rund 200 Städte.

Spanische Kolonialstädte zeigen häufig folgende Merkmale:

- einen zentralen Platz (Plaza mayor), d. h. ein umbautes Quadrat als Mittelpunkt der Stadt, an dessen Seiten wurden die wichtigsten Bauten (Kathedrale, Regierungs- und Gerichtsgebäude, auch Schulen und Klöster) sowie daran angelagert Wohnhäuser der Oberschicht errichtet,
- einen regelmäßigen Schachbrettgrundriss für das Straßennetz und die Bebauung (somit entstanden Quadrate, sog. cuadras oder manzanas von gut 100 Metern Länge),
- einen abnehmenden Sozialstatus; mit zunehmender Entfernung von der Plaza nahmen die Größe und Ausstattung der Häuser ab, am Rand der Stadt, getrennt durch unbebautes Land, standen die Hütten der Indianer und z. T. auch der Sklaven,
- Märkte, Handel und Gewerbe, angesiedelt am Rande der Stadt.

Mit der Industrialisierung ab den 1930er-Jahren begannen lateinamerikanische Städte rasant zu wachsen. Die Abwanderung der ländlichen Bevölkerung in die Zentren und innerstädtische Wanderungen veränderten die funktionale und sozialräumliche Gliederung der lateinamerikanischen Großstädte. Entlang der Ausfallstraßen und Eisenbahnlinien siedelten sich Industriebetriebe an, in ihrer Nähe entstanden die ersten Arbeitersiedlungen. Die wohlhabenden Bewohner zogen dagegen in besser bewertete Wohnviertel, zumeist in einen landschaftlich reizvollen Stadtteil. Die Gebiete um die Plaza wandelten sich von ehemals bevorzugten Wohngebieten zur City. Nach nordamerikanischem Vorbild wurden für den wachsenden Handels- und Dienstleistungsbereich Hochhäuser gebaut.

Zuwanderung meist armer ländlicher Bevölkerung in die innenstadtnahen Quartiere seit den 1950er-Jahren sowie die Wanderung der Oberschicht aus der Innenstadt an den Stadtrand zogen einen wirtschaftlichen Niedergang der Innenstadt nach sich. Die oft überbelegten Häuser verfielen, die Infrastruktur brach zusammen und es bildeten sich innerstädtische Elendsquartiere. In den Stadtteilen der wohlhabenden Bevölkerung hingegen entstanden neue Geschäftsviertel, Apartments, Behördengebäude und Kliniken.

Kennzeichen der jüngsten lateinamerikanischen Stadtentwicklungsphase sind ein ungebremstes Anwachsen und eine zellenartige Auflösung des Stadtrands sowie eine sozioökonomische Segregation. Denn obwohl die Behörden an der Peripherie immer wieder Siedlungen im sozialen Wohnungsbau errichten, müssen die meisten Zuwanderer in selbst gebaute, oft illegal entstandene Hüttenviertel ausweichen. In Lateinamerika werden diese Marginalsiedlungen „barriadas", „favelas" oder „villas miserias" genannt. Die Häuser und Hütten sind vielfach nur aus Matten, Blech und Kartons errichtet. Strom und fließendes Wasser fehlen häufig ebenso wie eine öffentliche Infrastruktur.

M 60.1 Silhouette von Tenochtitlán zur Zeit der feindlichen Übernahme und Mexiko-Stadt heute

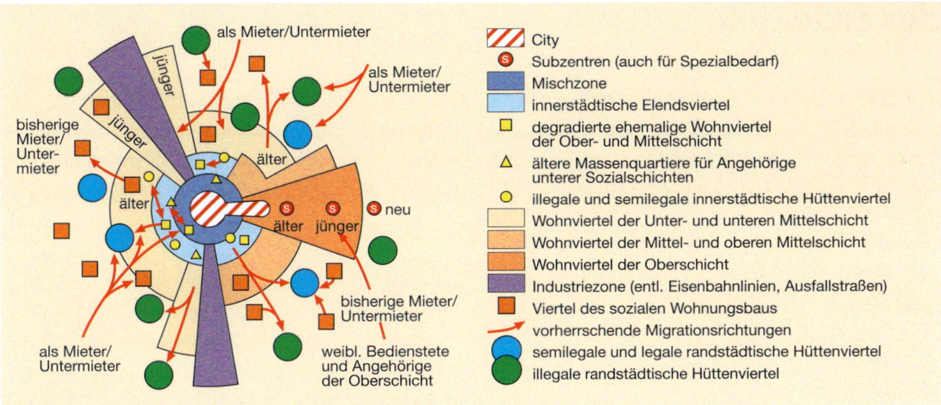

M 61.1 Schema der heutigen lateinamerikanischen Stadt

M 61.2 Innenstadt von São Paulo

M 61.4 Favelas am Rande von São Paulo

In São Paulo leben 10 Mio. Menschen, im Großraum sind es 18 bis 20 Mio. Die Fläche der Stadt erstreckt sich über 1523 km², das Siebeneinhalbfache von Stuttgart, doch leben hier 17-mal so viele Menschen. São Paulo ist die sechstgrößte Stadt der Welt, auf der Südhalbkugel ist sie die größte.

Nirgendwo auf der Welt gibt es mehr Hubschrauberlandeplätze als in São Paulo. Nirgends ein luxuriöseres Kaufhaus als das Daslu. Ein Kaufhaus, wo man am Portal wie ein heimkehrender Maharadscha empfangen wird, von Scharen livrierter Portiers umdienert, von Trauben bildhübscher Mädchen bedient und mit Champagner oder Blue-Label-Whisky bewirtet – und nur im Daslu gibt es unterm Dach einen Ballsaal und auf dem Dach einen Helikopterlandeplatz.

Und nebenan, man geht nur um die Ecke, liegt die Rua Coliseu. Am Beginn dieser Straße sollte man nicht weitergehen, es sei denn, man hätte sich bei Dealern per Handy angemeldet. Dann wird man abgeholt und als guter Kunde bewirtet, fast wie nebenan im Daslu. Seit jeher gehört der Überfall in São Paulo zur Folklore, zum Lebensrisiko, auch für Stewardessen, Busfahrer, Handwerker. Die Brasilianer, mit ihrem Talent zur Leichtigkeit, erzählen sich solche Geschichten als Partytalk: neulich, in der Tiefgarage, neulich, an einer Ampel.

Aus: Der Spiegel, H. 40/2006, S. 66

M 61.3 São Paulo – eine Vorahnung von der Zukunft der Megacities

1 Ermitteln Sie typische Merkmale der lateinamerikanischen Stadt.
2 Beschreiben Sie Veränderungen der lateinamerikanischen Stadt von der Kolonialzeit bis in die Gegenwart. Nutzen Sie geeignete Atlaskarten.
3 Nennen Sie aktuelle Probleme der Stadtentwicklung in Lateinamerika.
4 Erläutern Sie Wanderungsbewegungen in Lateinamerika.

Verstädterung der Erde

Bis in das 18. Jh. hinein lebten Menschen vor allem in Agrargesellschaften mit hoher Geburten- und hoher Sterberate. Nur ein geringer Teil von ihnen wohnte in städtischen Siedlungen. Der Verstädterungsgrad war insgesamt gering. So lebten um 1800 nur zwei bis drei Prozent der Weltbevölkerung in Städten mit mindestens 20 000 Einwohnern.

Der weltweite Verstädterungsprozess begann mit der Industrialisierung Mitte des 19. Jhs. Um 1900 lag er weltweit bei etwa 15 %. Insbesondere nach dem Zweiten Weltkrieg beschleunigte er sich rasant, vor allem in Entwicklungsländern. Das Ende der Beschleunigung ist gegenwärtig noch nicht absehbar. Diese Entwicklung verändert nicht nur die Städte selbst, sondern auch die sie umgebenden Regionen.

Der Verstädterungsprozess wird durch verschiedene Entwicklungen begleitet:
- Der Anteil der Stadtbevölkerung einer Region steigt an (d. h., die Verstädterungsrate bzw. der Verstädterungsgrad wächst).
- Städte zeigen ein schnelles Bevölkerungswachstum.
- Die Zahl der Städte, vor allem der Millionenstädte nimmt zu.
- Durch Ausweitung der Siedlungsfläche wachsen Millionenstädte zusammen.

Das Erscheinungsbild von Städten kann bei gleichem Verstädterungsgrad unterschiedlich ausfallen, da es von der Gesellschaftsordnung und den kulturellen Traditionen abhängt. Folgen der Verstädterung sind aber immer:
- Verkehrsprobleme,
- erhöhte Nachfrage nach Wohnraum,
- verstärkte Nachfrage nach Infrastruktureinrichtungen wie Schulen, medizinischer Versorgung usw.
- steigende Nachfrage nach Wasser und Energie,
- erhöhtes Aufkommen an Abwasser und Abfall,
- hohe Investitionsleistungen der Kommunen,
- Zersiedlung der Landschaft und Zerstörung stadtnaher Kulturlandschaft,
- wachsende Umweltbelastungen.

Eine besondere Erscheinung der Verstädterung, vor allem in Entwicklungsländern, ist eine Verdichtung der Bevölkerung im Bereich der Hauptstadt.
Alle anderen Städte des Landes bzw. der Region bleiben dahinter weit zurück. Die regionalen Unterschiede zwischen dem Zentrum und dem Hinterland, also zwischen Metropole und Peripherie, sind gravierend. Diese Erscheinung der Verstädterung wird auch als Metropolisierung bezeichnet.

Anteil der Stadtbevölkerung (in %)	
Welt	
1995	45
2015	55
Entwicklungsländer	
1995	39
2015	50
Industrieländer	
1995	75
2015	80

M 62.1 Prognose zur Entwicklung der städtischen Bevölkerung

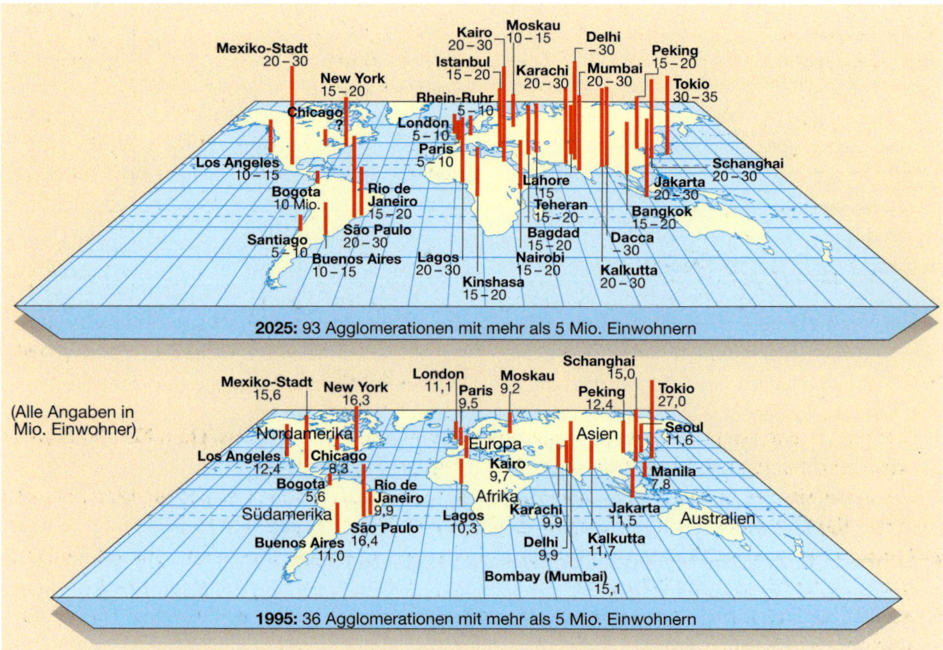

M 62.2 Entwicklung ausgewählter Verdichtungsräume

Während des boomartigen Wachstums gleichen sich die Metropolen der Erde in ihrem Erscheinungsbild und in der funktionalen Gliederung immer mehr einander an: Das Zentrum wird dominiert von modernen Hochhausbauten im nordamerikanischen Stil, in den Außenbezirken herrschen Marginalsiedlungen vor, deren Bausubstanz (Hütten aus Pappe, aus Holz oder aus Lehm) ein Abbild des Alters und des sozialen Status der Bewohner widerspiegeln.

Ursachen für die Vormachtstellung der Metropolen sind:
- ihre naturräumliche Lagegunst (z.B. Hafen, Kreuzung wichtiger Handelswege),
- ihre historische und/oder aktuelle Bedeutung als Wirtschafts- und Handelszentrum,
- eine Vielzahl von Pull-Faktoren, die die Stadt anziehend machen,
- Push-Faktoren, die die Rückständigkeit der so genannten Peripherie belegen.

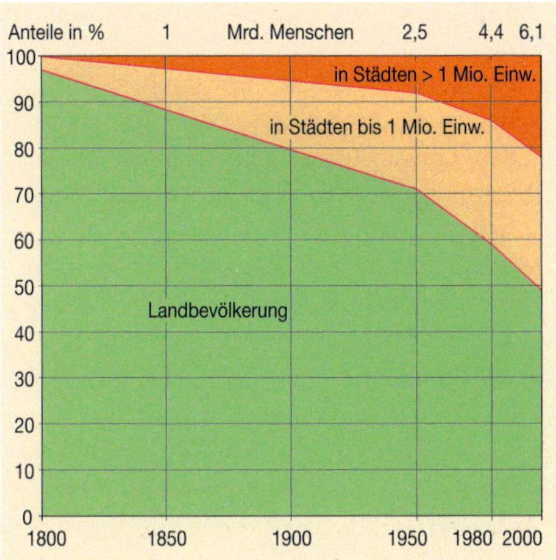

M 63.1 Städtische und ländliche Bevölkerung

M 63.3 Skyline von Kuala Lumpur (Malaysia)

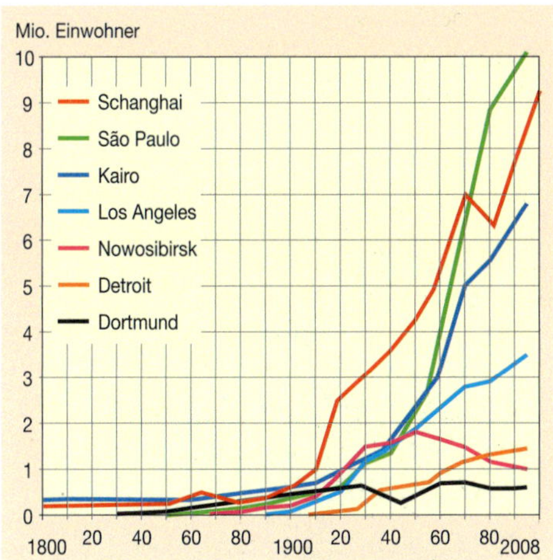

M 63.2 Bevölkerungsentwicklung ausgewählter Städte

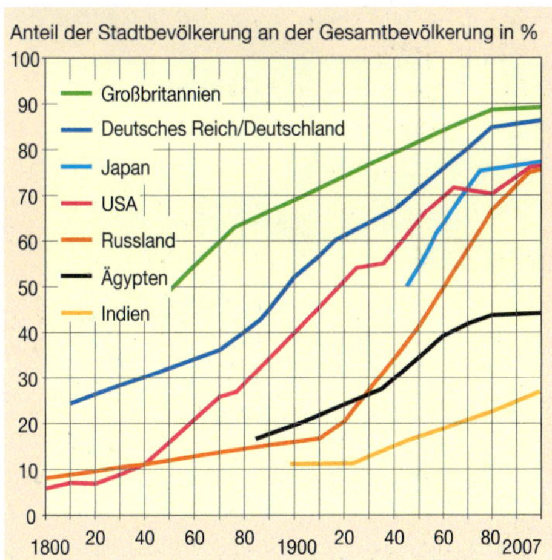

M 63.4 Anteile der Stadtbevölkerung (Städte über 20 000 Einwohner)

1 Stellen Sie eine Liste der größten Agglomerationen zusammen. Auf welchen Kontinenten, in welchen Klimaregionen liegen diese (M 62.2)? Nutzen Sie den Atlas.

2 Erläutern Sie das Bevölkerungswachstum in ausgewählten Städten. Berücksichtigen Sie den Anteil der Stadtbevölkerung in Industrie- und Entwicklungsländern (M 63.2, M 63.4).

3 Erklären Sie den Begriff Metropolisierung. Stellen Sie Ursachen ihrer demographischen und funktionalen Vorherrschaft zusammen.

4 Metropolen der Zukunft verlieren ihre Individualität. Erörtern Sie die Stimmigkeit dieser Aussagen an Beispielen.

5 Debattieren Sie: Metropolen wirken anziehend und abstoßend.

Marginalsiedlungen

49 %	an Flussufern
32 %	auf Land, das regelmäßig überschwemmt wird
29 %	auf steilen Hängen
24 %	auf Ödland
9 %	auf Müll- oder Schutthalden

M 64.1 Lage der Favelas in der brasilianischen Megascity São Paulo (nach UN-Habitat 2006)

Slum, eine Frage der Definition

Slums – ihr Kennzeichen ist die degradierte Bausubstanz – liegen nicht an Stadträndern, sondern im Inneren von Städten. Dort sind sie meistens die ersten Ziele von Neuzuwanderern, die sich keine anderen Unterkünfte leisten können. Von diesen Quartieren ziehen viele anschließend in die Außenbezirke, in denen sie oft illegal Land besetzen oder in provisorischen Hütten leben. Diese provisorisch errichteten Behausungen nennt man Marginalsiedlungen. Gemeinsam ist diesen Siedlungen, dass es dort keine nennenswerte Infrastruktur gibt und dass die hygienischen Verhältnisse sehr schlecht sind.

Im französischen Sprachraum ist dafür das Wort Bidonville verbreitet, Spanischsprachige kennen die Barriada oder das Barrio marginal. In Brasilien gebräuchlich ist das Wort Favela. Die Wissenschaft bevorzugt die Bezeichnungen Shanty Town oder Squattersiedlung. UN-Habitat versteht den Begriff Slum übergreifender. Ein Slumhaushalt ist demnach eine Gruppe von Menschen, die unter einem Dach wohnt und der es an mindestens einem des Folgenden mangelt: einer dauerhaften Unterkunft, die gegen extremes Klima schützt; ausreichendem Wohnraum (es sollten höchstens drei Menschen in einem Raum leben); leichtem Zugang zu sauberem und bezahlbarem Wasser; Zugang zu angemessenen sanitären Einrichtungen, vorrangig einer Toilette, sowie einer Sicherheit des Besitzes, die vor Zwangsräumung schützt.

In den Entwicklungsländern stehen von zehn Häusern vier in Gebieten, die durch Überschwemmungen, Schlammlawinen, Wirbelstürme oder Erdbeben gefährdet sind. Immer häufiger werden illegale Marginalsiedlungen legalisiert. Dennoch schätzt UN-Habitat, dass 2006 noch bis zu 50 % der Stadtbevölkerung in den Entwicklungsländern keine offizielle Wohnsicherheit haben.

M 64.2 Barrio marginal in Jujuy (Argentinien), das am Ufer eines Flusses errichtet wurde

	1990	2001	2005
Welt	31,3	31,2	31,2
Industrieländer	6,0	6,0	6,0
Entwicklungsländer	46,5	42,7	41,4
Lateinamerika	35,4	31,9	30,8
Südasien	63,7	59,0	57,4
Afrika südlich der Sahara	72,3	71,9	71,8

M 64.4 Anteil der Slumbewohner an der Einwohnerzahl, in % (nach UN-Habitat 2006)

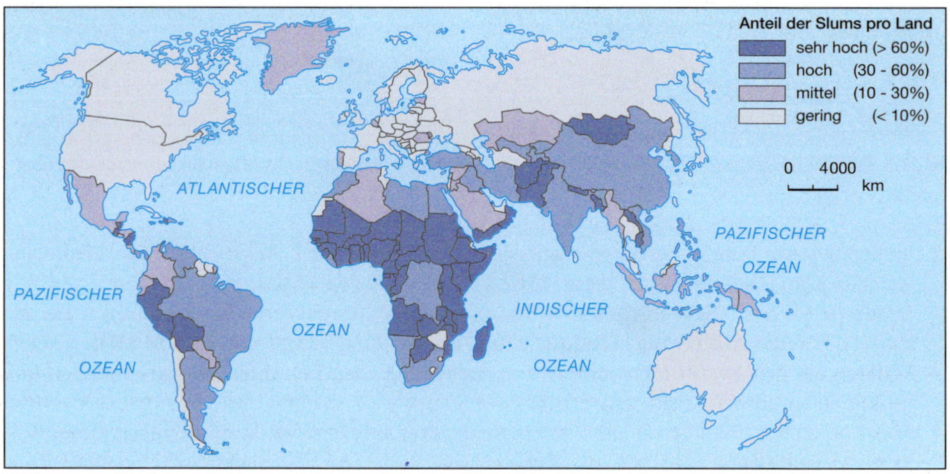

M 64.3 Vorkommen von Slums (2008), Angaben nach UN-Habitat

Mehr als die Hälfte der 12 Mio. Einwohner von Mumbai lebt in Slums – auf einst freiem Land, an Bahnlinien und Bürgersteigen, entlang der Küste. Die Slums nehmen 4–6 % des Stadtgebiets ein. Dharavi, oft als größter Slum Asiens bezeichnet, dehnt sich über 1,75 km² aus und beherbergt mehr als 1 Million Menschen. Sie haben Wege gefunden, um an Wasser zu gelangen, sie bauen Häuser, ohne finanzielle Unterstützung oder Eigentumssicherheit. In der Regenzeit des Monsuns ertrinken die tiefliegenden Siedlungen in Strömen aus Regen und Abwassern. Trotz dieses unsicheren Lebens blühen Unternehmen und Betriebe – auch wenn sie illegal sind, weil sie entweder nicht den Normen für Industrieansiedlungen oder den vorgeschriebenen Arbeitsbedingungen entsprechen.

Die Zukunft von Marginalsiedlungen

Noch lebt weltweit ca. ein Fünftel aller Haushalte in Marginalsiedlungen unter extrem armen Bedingungen. In Afrika südlich der Sahara haben z. B. nur 38 % aller Stadtbewohner (also nicht nur in den Elendsquartieren) einen Wasseranschluss. Die internationale Staatengemeinschaft hat es sich zum Ziel gesetzt, bis zum Jahr 2020 die Lebensumstände von mindestens 100 Mio. Bewohnern von Marginalsiedlungen zu verbessern. Das würde Kosten von 67 Mrd. US-$ verursachen. Sollte sich nichts verändern, würde die Zahl der Einwohner solcher Siedlungen von rd. 1 Mrd. auf dann 1,4 Mrd. ansteigen.

Einigen Staaten, z. B. Ägypten und Thailand, ist es gelungen, die Qualität der Marginalsiedlungen ihrer Städte zu verbessern. Thailand eröffnete 1992 das Urban Community Development Office (UCDO); in den Entwicklungsländern weltweit ist es das umfassendste gemeindegestützte Programm zur Unterstützung armer Stadtbevölkerung. Andere Länder, wie Brasilien und Südafrika, haben das Entstehen neuer Slums durch vorhersehende Stadtplanung vermieden. So eröffneten sie Berufsperspektiven für die arme Bevölkerung und stellten bezahlbare Wohnungen zur Verfügung.

	Slumbevölkerung	Städtische Bevölkerung
1976	0,5	1,5
1980	0,6	1,8
1985	0,7	2,0
1990	0,8	2,4
1995	0,9	2,6
2000	1,0	2,9
2008	1,1	3,2

M 65.3 Wachstum von städtischer und Slumbevölkerung (in Mrd.)

M 65.1 Außenbezirk der Megacity Kolkata

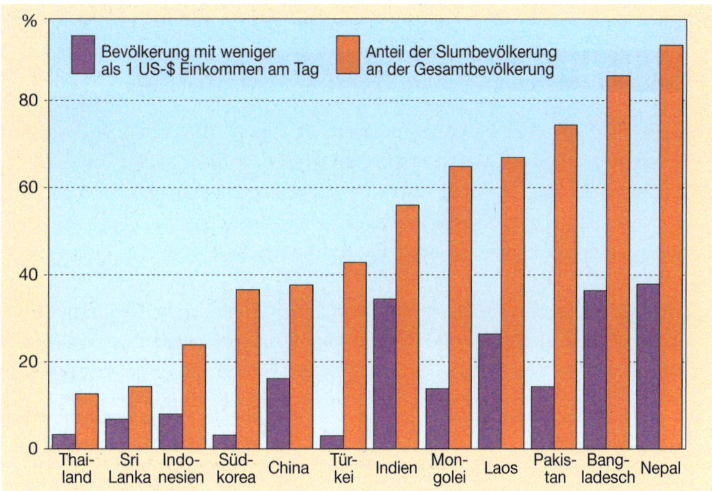

M 65.2 Armut und Slums

1. Geben Sie einen Überblick zur weltweiten Begriffsvielfalt der Marginalsiedlungen.
2. Fassen Sie die Merkmale von Marginalsiedlungen zusammen.
3. Erläutern Sie die globale Verteilung von Slums (nach der Begrifflichkeit von UN-Habitat).
4. Skizzieren Sie die Lebensbedingungen im Slum. Gehen Sie auf Wasserversorgung, Abwasserentsorgung, Ausstattung mit Schulen, medizinischen Einrichtungen usw. ein.
5. Erörtern Sie die Zusammenhänge zwischen wirtschaftlich armen Gesellschaften und Marginalsiedlungen.
6. Zeigen Sie politische und raumplanerische Möglichkeiten auf, mit Marginalsiedlungen umzugehen.
7. Diskutieren Sie die Chancen, das Leben in Marginalsiedlungen langfristig zu verändern.

ⓘ www.unhabitat.org

Bevölkerung und Verstädterung

Nach Angaben der UNO lebten im Jahr 2007 zum ersten Mal in der Geschichte mehr Menschen in Städten als auf dem Land. Um 1950 wohnte noch nicht einmal ein Drittel der Menschheit in Städten, nach Berechnungen werden es 2050 zwei Drittel der Weltbevölkerung sein. Das stärkste Wachstum findet in Städten mit weniger als einer halben Million Einwohnern in Entwicklungsländern statt.

Bereits heute leben rund eine Milliarde Menschen in städtischen Slums. Bis 2050 wird deren Zahl auf drei Milliarden anwachsen, das sind dann rund ein Drittel der Weltbevölkerung. Nach UN-Prognosen wird die Weltbevölkerung von knapp 6,8 Milliarden 2008 auf 9,2 Milliarden 2050 anwachsen.

2050 werden 3,5 Milliarden Menschen in Asien leben, das sind rund 1,3 Milliarden mehr als im Jahr 2008. Der Anteil Chinas zu diesem Bevölkerungswachstum ist mit fast 100 Millionen Menschen wesentlich kleiner als der Indiens mit über 520 Millionen Menschen.

Die Bevölkerung in Industrieländern, so wird prognostiziert, bleibt mit 1,2 Milliarden Menschen konstant. Hier wird ein zweiter Trend der Bevölkerungsentwicklung deutlich, nämlich die Alterung der Bevölkerung. Weltweit wird sich die Zahl der über 60-Jährigen von derzeit 680 Millionen auf über zwei Milliarden Menschen im Jahre 2050 vervierfachen. In den Industrieländern wird der Anteil der über 60-Jährigen an der Bevölkerung im Jahr 2050 auf rund ein Drittel steigen. Auf jedes Kind kommen dann mehr als zwei Personen über 60 Jahre.

Schon heute können viele Industrieländer aufgrund niedriger Geburtenraten einen Bevölkerungsrückgang nur durch Aufnahme von Migranten verhindern. Im Jahr 2008 ist die Zahl der Migranten weltweit auf fast 200 Millionen Menschen gestiegen. Arbeitsmigranten überweisen jährlich rund 200 Milliarden US-Dollar an ihre daheimgebliebenen Familien. Sie sind dadurch in hohem Maße an der wirtschaftlichen Situation in ihren Herkunftsländern beteiligt.

Aufgabe: Gestalten Sie ein Podiumsgespräch zu einem der folgenden Themen:
- Demographischer Wandel – Herausforderungen für die Zukunft
- Probleme von Städten in Industrie- und Entwicklungsländern – Lösungen in Sicht?
- Leitbilder künftiger Stadtentwicklung kontrovers
- Verstädterung der Erde – Lässt sie sich noch stoppen?

Methode Podiumsgespräch

In einem Podiumsgespräch stellen kompetente Gesprächspartner/-innen ihre Standpunkte vor einem Zuhörerkreis zur Diskussion.
Als Zuhörer/-in ist es dabei interessant, unterschiedliche Standpunkte vorgestellt zu bekommen und nachfragen zu dürfen.
Ein Podiumsgespräch ist lehrreich, weil die Vorstellung unterschiedlicher Argumente mit einem Diskussionsprozess verbunden ist, bei dem verschiedene Standpunkte unterschiedlich bewertet werden.
Podiumsgespräche können an jedem Ort stattfinden, an dem ein Tisch (für das Podium) aufgestellt werden kann und Zuhörer/-innen Platz finden.
Das Podiumsgespräch wird durch eine neutrale Person moderiert. Der Verlauf eines Podiumsgesprächs kann unterschiedlich sein: Es können von allen Podiumsteilnehmern/-innen zunächst Positionen referiert werden. Möglich ist aber auch die sofortige Eröffnung der Diskussion. Je nach Wunsch der Podiumsgäste werden Zuhörer/-innen nach einiger Zeit gebeten, Fragen zu stellen oder mitzudiskutieren.

Aufgabe des Moderators / der Moderatorin

Der Moderator bzw. die Moderatorin sollte sich so weit im Thema auskennen, um eine Einführung in das Thema geben und eingreifen zu können, wenn die Diskussion das Thema verlässt. Hier liegt die Gesprächsführung. Es ist darauf zu achten, dass alle zu Wort kommen, niemand zu lange redet oder die Ebene der sachlichen Darstellung verlässt. Durch die Moderation wird auch die Diskussion mit dem Zuhörerkreis gelenkt.

Aufgabe der Podiumsteilnehmer/-innen

Podiumsteilnehmer/-innen müssen die Diskussionsregeln beachten. Alle dürfen alles sagen, müssen aber jeweils die anderen ausreden lassen. Den Weisungen der Moderation ist unbedingt Folge zu leisten.
Podiumsteilnehmer/-innen sollten sich zunächst darauf verständigen, wer welche Position/-en vertritt, damit ein möglichst breites Meinungsspektrum entsteht. Positionen sind klar zu vertreten und so vorzutragen, dass alle sie gut verstehen können. Der Kreis der Podiumsteilnehmer/-innen sollte die Zahl fünf nicht übersteigen. Es sollten Teilnehmer/-innen ausgewählt werden, die gesprächsfreudig sind und Interesse haben, sich mit einem Thema näher zu befassen.
Podiumsteilnehmer/-innen dürfen durchaus vorbereitende Materialien mitnehmen, aus denen auch in kurzer Form zitiert werden darf.

Aufgabe des Zuhörerkreises

Die Zuhörer/-innen sind zunächst verpflichtet zuzuhören, die Argumente abzuwägen und Fragen zu notieren, um im Anschluss an die Podiumsdiskussion sich an der Erörterung einer Fragestellung beteiligen zu können. Zugegeben: Bisweilen ist es schwierig, zuhören zu müssen und nicht gleich in einen Wortbeitrag hineinzureden, wenn eine Meinung vertreten wird, die nicht geteilt wird.

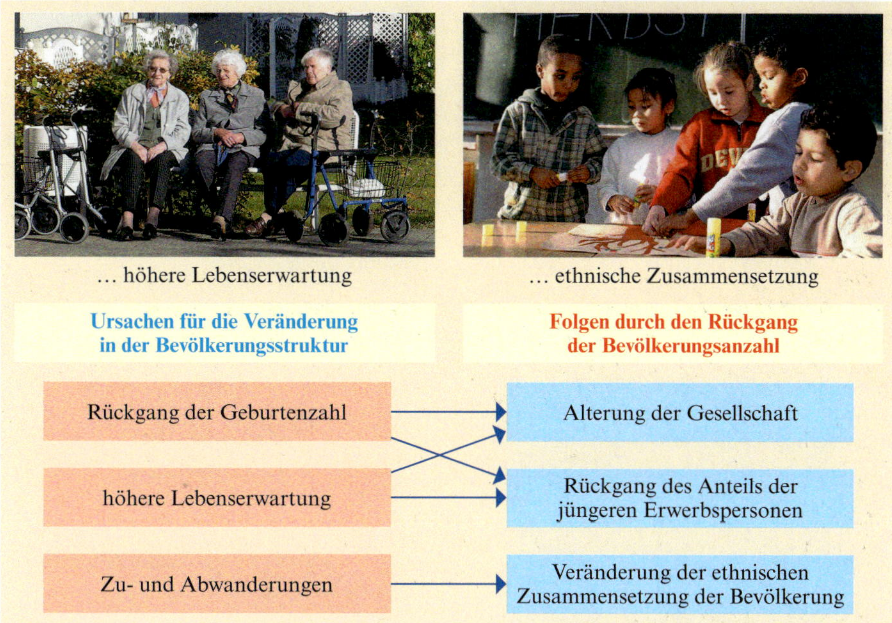

M 67.1 Veränderung der Bevölkerungssituation

Rollenkarten zum Thema „Demographischer Wandel in Deutschland – Herausforderungen für die Zukunft"

Moderation
Sie leiten die Diskussion und sollten zunächst eine kurze Einführung in das Thema geben (z. B. demographischer Wandel in Deutschland aus historischer Sicht oder Auswirkungen des demographischen Wandels in Gesellschaft und Wirtschaft; ferner: Vorstellung der Podiumsteilnehmer/-innen, Hinweise zum Ablauf der Diskussion: Einführungsstatements, Diskussionsrunden zu mehreren Teilfragen, Möglichkeit für Zuhörer/-innen, Fragen zu stellen oder eigene Wortbeiträge zu äußern usw.)

Vertreter/-in eines Ministeriums für Jugend- und Familienfragen
Zentrale Fragestellung: Warum werden weniger Kinder als früher geboren? Maßnahmen Ihres Ministeriums im Rahmen der finanziellen Möglichkeiten, um junge Familien zu unterstützen: Elterngeld, Erziehungsurlaub, Förderung von Einrichtungen der Kinderbetreuung usw. Für Expertinnen und Experten: Strategie, möglichst anderen Entscheidungsträgern Unterlassungen im Umgang mit dem Thema aufzuzeigen.

Vertreter/-in der Selbsthilfegruppen und ehrenamtlich Tätigen
Zentrale Strategie: schonungslose Aufdeckung von Missständen aus der Sicht unterschiedlicher gesellschaftlicher Gruppen möglichst im kommunalen Rahmen: Kinder, Eltern, Senioren usw. Für Experten: nicht nur der Ruf nach mehr staatlicher Lenkung, sondern Betonung der Verantwortung aller relevanten gesellschaftlichen Gruppen. Motto: Frage nicht, was die Gesellschaft für dich tun kann, sondern, was du für die Gesellschaft tun kannst.

Vertreter/-in des Stadtplanungsamtes
Zentrale Fragestellung: Vorsorge der Kommune, um mit Herausforderungen des demographischen Wandels umzugehen, Angebote für eine Gesellschaft mit höherem Durchschnittsalter, Pilotprojekte sozialer Stadtentwicklung wie gemeinsames Wohnen mehrerer Generationen; Steigerung der Attraktivität der Innenstädte, die seniorengerechte Stadt usw. Auch sonst: überzeugter Anhänger sozialer Stadtentwicklung als Strategie der Nachhaltigkeit; für Experten: Beispiele aus europäischen Nachbarländern, aus Skandinavien, den Niederlanden usw.

Vertreter/-in der Industrie- und Handelskammer
Zentrale Fragestellung: Auswirkungen des demographischen Wandels auf die Wirtschaft. Darstellung des Problemhorizonts: Schafft es Deutschland, bei einem Rückgang der erwerbstätigen Bevölkerung seine Stellung als führendes Exportland aufrechtzuerhalten? Auswirkungen der Bevölkerungszusammensetzung auf den Binnenmarkt; Maßnahmen der Wirtschaft, um junge Familien zu unterstützen (Jobsharing, Rückkehrerleichterungen für Eltern in das Berufsleben, betriebliche Kinderbetreuung usw.); Strategie: Notwendigkeit, Arbeitskräfte im Ausland anzuwerben.

Vertreter/-in eines sozialwissenschaftlichen Instituts für Zukunftsfragen
Zentrale Aufgabe: Redebeiträge durch betont sachliche Darstellungen zu unterstützen oder zu widerlegen. Hierzu können nützlich sein: Kenntnisse von Statistiken, die auch in der Diskussion zitiert werden dürfen, gängige Erklärungsmodelle für gesellschaftliche Entwicklungen, z. B. Phasen-Modelle der Bevölkerungsentwicklung und des demographischen Übergangs, Entwicklung des Erwerbspersonenpotenzials, Fragen internationaler Migration, Binnenwanderungen und ihre demographischen Auswirkungen, Phasen der Stadtentwicklung; Kenntnisse aus dem In- und Ausland sind förderlich.

Zusammenfassung

Bevölkerungs-, Siedlungs- und Stadtgeographie untersuchen verschiedene Aspekte der Verteilung der Menschen auf der Erde. Zu Ursachen und Erscheinungsformen der Verteilungsmuster wird nach historisch, gesellschaftlich, wirtschaftlich und sozial ausgerichteten Fragestellungen geforscht. Die Ergebnisse von Analysen dienen vor allem in der Landespolitik und in der Siedlungs- und Stadtplanung als Grundlage für Entscheidungen.

Viele Städte in Entwicklungsländern stehen gegenwärtig durch ihr rasches Wachstum vor besonderen Herausforderungen. Ein hohes Bevölkerungswachstum, Binnenwanderungen vom Land in die Stadt sind Ursachen der Urbanisierung. Stadtleben bedeutet für viele Menschen ein Leben in Slums, in unzureichenden Unterkünften der Marginalsiedlungen, fehlende Verdienstmöglichkeiten und Armut.

In den Städten der Industrieländer nimmt der Trend zur Suburbanisierung zu. Mit ihm verlieren Städte Einwohner und Arbeitsplätze, durch zunehmende Nutzung des Umlands wird weitere Fläche verbraucht, die Mobilität nimmt zu. Unter der Zielsetzung einer nachhaltigen Stadtentwicklung werden Innenstädte umgestaltet.

Maßnahmen der sozialen Stadtentwicklung sollen einer Segregation nach sozialem Status entgegenwirken.
Neben der historischen, gesellschaftlichen und wirtschaftlichen Betrachtungsweise ermöglicht es der interkulturelle Vergleich von Städten, ihre Besonderheiten in Europa, im Orient, in Nord- und Lateinamerika zu untersuchen. Dabei lässt sich feststellen, dass sich die unterschiedlichen Kulturen in ganz typischen Strukturmerkmalen widerspiegeln und Besonderheiten im jeweiligen Stadtbild hervorbrachten. Gegenwärtig werden sich die Städte weltweit ähnlicher.

Prüfen Sie sich selbst

1 Zeigen Sie für die Entwicklung von Städten wesentliche natürliche Voraussetzungen auf.
2 Geben Sie einen Überblick der Epochen mitteleuropäischer Stadtentwicklung. Weisen Sie an Beispielen typische Merkmale solcher Entwicklungsphasen nach.
3 Analysieren Sie die funktionale Gliederung Ihrer Heimatstadt.
4 Überprüfen Sie die Zuordnung zu einem Modell der Stadtentwicklung für Paris oder London.
5 Vergleichen Sie die Stadtentwicklung in verschiedenen Kulturkreisen miteinander. Wo gibt es Übereinstimmungen, wo Unterschiede?
6 Ermitteln Sie Stadt-Umland-Beziehungen in Ihrer Heimatstadt. Dokumentieren Sie diese anhand von Fotos.
7 Weisen Sie Formen der Suburbanisierung in einem Ort Ihrer Wahl nach: München, Regensburg oder Nürnberg.
8 Zeigen Sie Zusammenhänge zwischen Wachstum der Weltbevölkerung und Wachstum der Städte auf.
9 Erläutern Sie Folgen des demographischen Wandels für Ihre Heimatregion.
10 Erörtern Sie Vorteile und Herausforderungen für eine verstärkte Zuwanderung von Migranten nach Deutschland.
11 Entwickeln Sie aus Ihrer Sicht ein Leitbild für die künftige Entwicklung von Städten.

Grundlegende Begriffe

Demographischer Übergang
Edge City
Geburtenrate
Quartiersmanagement
Stadt-Umland-Beziehung
Sterberate

Containerterminal in Bremerhaven

Globalisierung

Unter Globalisierung versteht man die zunehmende Vernetzung der Welt: wirtschaftlich, politisch und sozial. Der Begriff beschreibt verschiedene Prozesse, die durch den wachsenden Handel mit Gütern, Dienstleistungen und Kapital, durch moderne Kommunikationsmittel, neue Technologien und durch die größeren Bewegungsmöglichkeiten der Menschen entstanden sind. Die Globalisierung hat das Leben aller Menschen verändert, in allen Regionen der Welt, in Industrieländern genauso wie in Entwicklungsländern.

(Quelle: Vernetzung der Welt. Hrsg. v. Bundesministerium für wirtschaftliche Zusammenarbeit. http://www.bmz.de/de/themen/globalisierung/index.html 16. 5. 2008)

Globalisierung

Der Begriff „Globalisierung“ beschreibt die in den letzten Jahrzehnten erheblich stärkeren weltweiten Austauschbeziehungen in den Bereichen Politik, Kultur und Wirtschaft.
Besondere Bedeutung für die globale Ökonomie und gleichermaßen für unser tägliches Leben besitzen dabei die Zunahme des Welthandels, der Direktinvestitionen, der Finanztransaktionen und des Wissensaustauschs. Umstritten ist allerdings, wie sich die Vorteile der Globalisierung verteilen. Häufig wird argumentiert, dass die Industrieländer mehr Vorteile erlangen; ihre konkurrenzfähigen Unternehmen können sich weltweite Absatzmärkte erschließen. Dagegen geraten die weniger entwickelten Länder weiter in Abhängigkeit und erzielen für ihre Primärgüterexporte (z. B. landwirtschaftliche Produkte wie Kaffee, Bananen und Rohstoffe wie Erdöl) nur geringe Einnahmen auf dem Weltmarkt.

M 70.2 Globalisierung

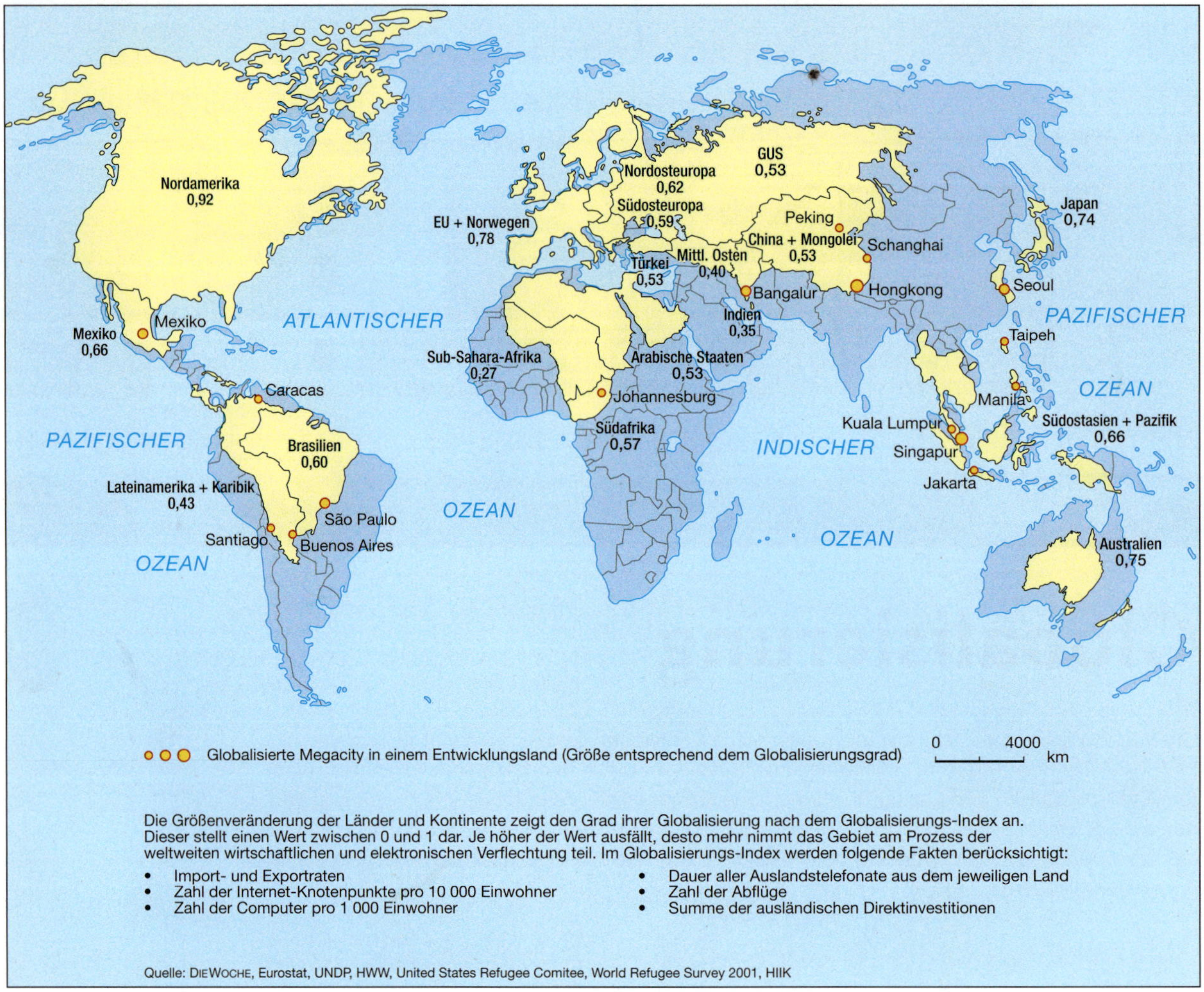

M 70.1 Der Grad der Globalisierung

Aufgabe: Werten Sie M 70.1 aus, indem Sie an einem selbst gewählten Beispiel die Rolle der Gewinner und Verlierer erläutern. Diskutieren Sie in diesem Zusammenhang auch die These „Globalisierung ist ein positiver Ausdruck für Neo-Kolonialismus“.

Grundbegriffe

Die Zusammenstellung enthält einige grundlegende Begriffe, die Sie aus früheren Jahrgangsstufen kennen sollten:

Akkulturation: Übernahme von Elementen und Merkmalen einer anderen Kultur z. B. durch einen Staat oder durch eine Gesellschaft. Derartige Prozesse führen besonders in Entwicklungsländern zu Verfremdungseffekten der ursprünglichen kulturellen Prägung.

Arbeitsteilung: Spezialisierung auf deutlich abgegrenzte Tätigkeiten innerhalb eines Produktionsprozesses. Im Zeitalter der Globalisierung tritt sie häufig international und ganz besonders zwischen Industrie- und Entwicklungsländern auf.

Ferntourismus

Massentourismus

Multinationales Unternehmen: Es produziert direkt in mindestens einem weiteren Staat, wobei betriebswirtschaftliche Entscheidungen unter dem Gesichtspunkt der international sich bietenden Alternativen getroffen werden. Von multinationalen Konzernen spricht man, wenn diese Unternehmungen von einem Firmensitz aus beherrscht werden.

Terms of Trade: Sie dienen der genauen Beschreibung der Außenhandelsbilanz und stellen das Verhältnis zwischen Import- und Exportvolumen dar. Negative Terms of Trade treten vor allem in Entwicklungsländern auf, wenn Rohstoffe billig exportiert werden müssen und höherwertige Halbfertig- bzw. Fertigprodukte mit dem Ziel einer Industrialisierung zu höheren Preisen importiert werden müssen.

Welthandel

Wirtschaftsblock: Wirtschaftspolitisch nach außen weitgehend geschlossen auftretende Gruppe von Staaten, innerhalb derer in der Regel eine ähnliche Wirtschaftsordnung herrscht.

WTO (World Trade Organization): Internationale Organisation, die sich mit der Regelung von Handels- und Wirtschaftsbeziehungen beschäftigt; Ziel der Organisation ist der Abbau von Handelshemmnissen und die Liberalisierung des internationalen Handels.

Aufgabe: Vergewissern Sie sich, dass Sie alle im Begriffscontainer enthaltenen Begriffe erklären können. Definieren Sie selbstständig die nicht erklärten Begriffe.

Methoden

Die Zusammenstellung enthält grundlegende geographische Arbeitsmethoden, die Sie sicher beherrschen sollten:

- Einholung fundierter Informationen durch Expertenbefragung
- Recherche zu einem ausgewählten Aspekt in der aktuellen Diskussion mithilfe der Fachliteratur und des Internets
- Erstellung und Präsentation der Ergebnisse einer Gruppenarbeit
- Erstellung, Auswertung und Diskussion graphischer Darstellungen von statistischen Angaben

Aufgabe: Überprüfen Sie selbstständig (z. B. durch das Erstellen von Check-Listen), ob Sie die genannten Methoden sicher beherrschen.

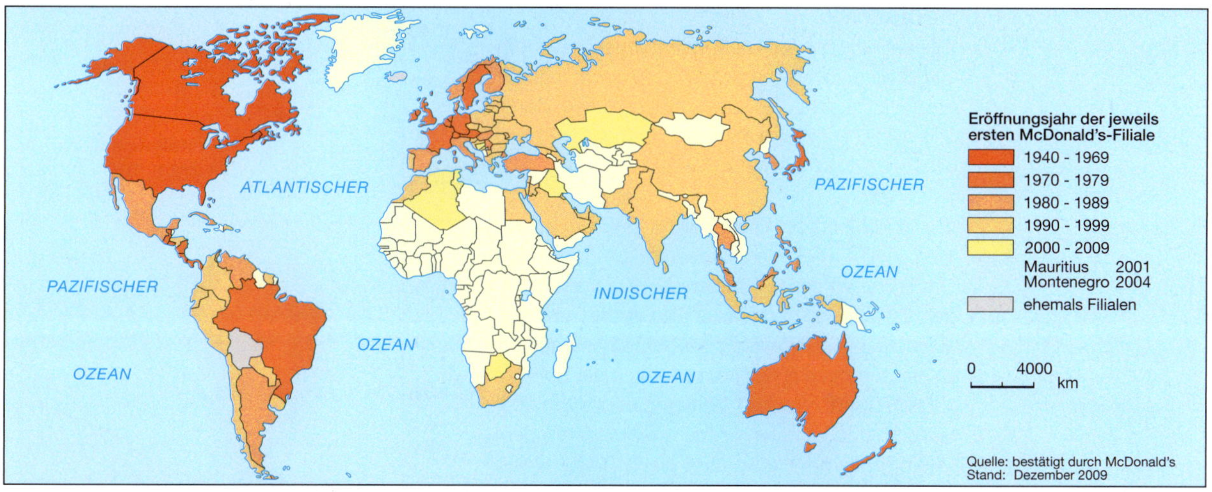

M 71.1 Kulturelle Globalisierung durch Fast Food: Eröffnungsjahr von McDonald's-Filialen 1940 bis 2009

Aufgabe: Der McDonald-Konzern wird häufig von Globalisierungkritikern sowie Umwelt- und Verbraucherschützern mit den Thesen der westlichen Dominanz und der kulturellen Konvergenz in Zusammenhang gebracht. Diskutieren Sie diese Zusammenhänge aufgrund eigener Beobachtungen und werten Sie M 71.1 aus.

Rahmenbedingungen der Globalisierung

M 72.1 UN-Hauptquartier in New York

Der Begriff Globalisierung wird ständig von Politikern bemüht und springt uns immer wieder auf den Titelseiten der Zeitungen ins Auge. Er beschreibt die in den letzten Jahrzehnten erheblich ausgeweiteten wirtschaftlichen Austauschbeziehungen: die Zunahme des Welthandels, der Direktinvestitionen, der Finanztransaktionen und des Wissensaustauschs.

Politische Rahmenbedingungen

Die wirtschaftliche Globalisierung stellt das Ergebnis bewusster politischer Entscheidungen dar (M 72.2). Schrittweise wurden u. a. die Zölle, die Regulierungen von Finanztransaktionen für internationale Wirtschaftsbeziehungen verringert. Internationale Vereinbarungen mündeten in die Gründung von Institutionen ein, die einheitliche Rahmenbedingungen für weltweite wirtschaftliche Verflechtungen erarbeiteten und durchsetzen (M 73.2).
Getragen waren die Entscheidungen von der Annahme, dass von erleichterten Wirtschaftsbeziehungen alle Beteiligten profitieren. Länder können sich auf jene Produktionsbereiche spezialisieren, für die sie aufgrund ihrer Ausstattung Kostenvorteile besitzen. Unternehmen können sich zusätzliche Märkte erschließen, ihre Produktionsmengen vergrößern und dadurch die Stückkosten verringern. Konsumenten müssen aufgrund eines stärkeren Wettbewerbs zwischen den Anbietern nur noch geringere Verbraucherpreise zahlen.

Institutionen

Die wichtigsten Rahmenbedingungen der internationalen wirtschaftlichen Zusammenarbeit sind die Welthandelsordnung (getragen durch die WTO), die Weltwährungsordnung (IMF) und Weltwirtschaftsordnung (WB).

Die World Trade Organization (WTO) ist aus dem GATT (General Agreement on Tariffs and Trade) hervorgegangen. Bereits 1947 verständigten sich darin 21 Staaten auf die Verringerung von Zollschranken untereinander. Ständig wurden die Erleichterungen erweitert; so sanken die Zölle im Durchschnitt zwischen 1950 und heute von 40 % auf 5 %. Und es traten immer mehr Staaten dem Abkommen bei. Heute sorgt die WTO für weitere Rücknahmen bisher bestehender Regelungen (Liberalisierung) im Warenhandel, für die gegenseitige Gültigkeit der Vereinbarung für alle Vertragsländer, und die Meistbegünstigung, d. h. die günstigsten Handelsbedingungen, die einem Land gewährt werden, gelten gleichermaßen für alle anderen Länder.

Der Internationale Währungsfonds (IMF), gegründet 1945, erleichtert die internationalen Finanztransaktionen und damit auch den Warenhandel durch ein stabiles Währungs- und Zahlungssystem. Lange Zeit diente der US-Dollar als Leitwährung, heute dominieren Wechselkurse, die auf dem Verhältnis von Angebot und Nachfrage nach einer Währung beruhen. Daneben vergibt der IMF Kredite an Länder mit Finanzproblemen; diese sind aber an Auflagen für die Wirtschafts- und Finanzpolitik gebunden.

Die ebenfalls 1945 gegründete Weltbank (WB) verfolgt das Ziel der Verbesserung des wirtschaftlichen Entwicklungsstandes der Mitgliedsländer. In der Vergangenheit förderte sie vor allem Großprojekte, wie den Bau von Kraftwerken, Staudämmen oder Häfen. Heute stehen eher Veränderungen der wirtschaftlichen Rahmenbedingungen – Liberalisierung, Deregulierung, Privatisierung – im Zentrum ihrer Politik. Privatwirtschaftliche Aktivitäten sollen Träger der Entwicklung sein, während der Staat nur den ordnungspolitischen Rahmen (Gesetze, Regeln) schafft.

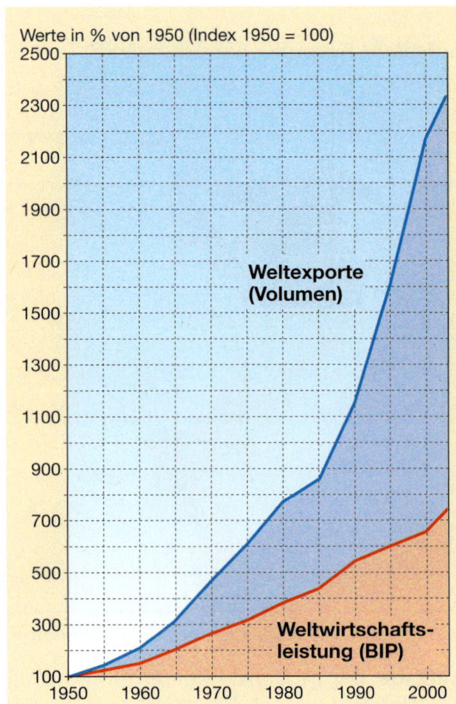

M 72.2 Entwicklung der Weltwirtschaft

Wirkungen

Die internationalen Institutionen schufen wesentliche Voraussetzungen für die Globalisierung. Ihre Politik trug zum weltweiten Wirtschaftswachstum bei. Umstritten ist allerdings, wie sich die Vorteile verteilen. Häufig wird argumentiert, dass die hoch entwickelten Länder mehr Vorteile erlangen; ihre konkurrenzfähigen Unternehmen können sich weltweite Absatzmärkte erschließen. Dagegen geraten die gering entwickelten Länder weiter in Abhängigkeit und erzielen für ihre Primärgüterexporte (z.B. landwirtschaftliche Produkte, Rohstoffe) nur geringe Einnahmen.

Transport- und Kommunikationssysteme

Innovationen im Transportbereich führten zu deutlich schnelleren Transportvorgängen und zu erheblichen Verringerungen der Transportkosten (M 73.1, M 73.3). Wichtig war die Einführung genormter Container, die eine geschlossene Transportkette vom Hersteller bis zum Abnehmer ermöglichen. Größere Schiffe, moderne Flugzeuge und schnelle Bahnverbindungen erlauben kostengünstige weltweite Verbindungen. Damit wurde es möglich, die Produktionsvorteile in unterschiedlichen Regionen zu nutzen. Zugleich erfolgte ein Ausbau der Kommunikationsverbindungen per Telefon, Fax und E-Mail.
Dadurch konnten die Aufwendungen für die Organisation und Durchführung von Geschäftsbeziehungen deutlich reduziert werden.

Welthandelsordnung

WTO (World Trade Organization); Welthandelsorganisation
1994 gegründet als Nachfolgeorganisation des GATT (General Agreement on Tariffs and Trade) mit zz. 153 Mitgliedern

Ziel: ungehinderter Austausch von Gütern und Dienstleistungen

Methode: Senkung von Zöllen und Verbot nicht-tarifärer Handelshemmnisse, Meistbegünstigtenklausel, Nicht-Diskriminierung, Gegenseitigkeit, Schutz geistigen Eigentums, Schlichtungsverfahren, bei Verstößen Strafzölle

Weltwährungsordnung

IMF (International Monetary Fonds); Weltwährungsfonds
1945 gegründet, zz. 186 Mitglieder

Ziel: Förderung eines stabilen und kalkulierbaren internationalen Währungssystems

Methode: freie Konvertibilität von Währungen, wirtschaftspolitische Auflagen wie Liberalisierung und Privatisierung, Kreditvergabe zum Ausgleich von Zahlungsbilanzdefiziten

Weltwirtschaftsordnung

IBRD (International Bank for Reconstruction and Development); Weltbank
1946 gegründet, zz. 185 Mitglieder

Ziel: Förderung der wirtschaftlichen und sozialen Entwicklung der Mitgliedsstaaten durch Angleichung der Wirtschaftssysteme

Methode: Vergabe von Finanzmitteln und technischer Hilfe/Beratung, Infrastrukturprojekte, Veränderung der wirtschaftlichen Rahmenbedingungen und Wirtschaftspolitik

M 73.2 Institutionen der Weltwirtschaft 2010

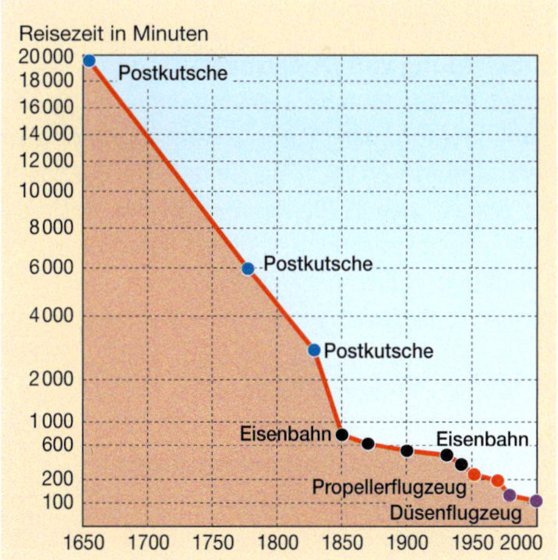

M 73.1 Reisezeit zwischen Glasgow und London

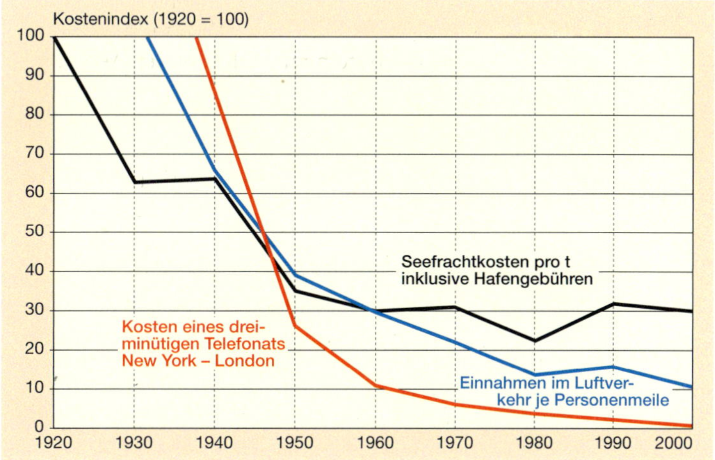

M 73.3 Entwicklung von Transport- und Kommunikationskosten im 20. Jahrhundert

1 Stellen Sie die institutionellen, politischen und technischen Voraussetzungen der Globalisierung zusammen (M 73.2).
2 Diskutieren Sie Wirkungen und Konflikte der Globalisierung in den hoch entwickelten Ländern.
3 Stellen Sie wichtige Innovationen im Transport- und Kommunikationssystem zusammen und erläutern Sie deren Wirkungen (M 73.1, M 73.3).
4 Leiten Sie mögliche Wirkungen der Globalisierung auf gering entwickelte Länder ab.

Internationale Direktinvestitionen

Absatzorientierte Gründe

- Größe und Kaufkraft des Zielmarktes
- Umgehung von Handelshemmnissen
- Anpassung an länderspezifische Produktmerkmale und Marktbedingungen
- Herkunfts-Goodwill

Kosten-/beschaffungsorientierte Gründe

- vorhandene Rohstoffe und Vorprodukte
- Verfügbarkeit billiger Arbeitskräfte
- Verfügbarkeit hoch qualifizierter Arbeitskräfte
- niedrige Standortkosten (z.B. Steuern, Umweltauflagen, Flächen, Energie)
- Verringerung von Transportkosten
- Nähe zu anderen Anbietern/Herstellern

M 74.1 Motive für Investitionen im Ausland

Ein wesentliches Element der Globalisierung stellen die stark zunehmenden Ströme von internationalen Direktinvestitionen dar. Immer mehr Unternehmen gründen im Ausland Niederlassungen, errichten dort Produktionsstätten oder kaufen sich in vorhandene Unternehmen ein.

Gründe für Direktinvestitionen

Investitionen im Ausland erfolgen aus absatzorientierten und/oder kosten-/beschaffungsorientierten Gründen (M 74.1).

Die Erschließung von Absatzmärkten stellt den wichtigsten Grund für Investitionen im Ausland dar; dazu gehören die Umgehung von Importbeschränkungen und das Erzielen von Wettbewerbsvorteilen durch Marktnähe. In vielen Ländern liegen die Einfuhrzölle für Fertigprodukte über denen für Vorprodukte; entsprechend kann ein Unternehmen Zölle sparen, wenn es die Endfertigung im Zielland des Warenabsatzes vornimmt. Auch kann das Unternehmen vor Ort besser auf den jeweiligen Geschmack der Käufer (z.B. durch Veränderungen des Produktes) eingehen und mit absatzpsychologischen Gründen (Herkunfts-Goodwill = hergestellt im „eigenen Land") werben (M 74.2).

Kosten-/beschaffungsorientierte Gründe sind auch der günstige Zugang zu Rohstoffen.

Einen wichtigen Faktor bilden Arbeitsmarktüberlegungen; arbeitsintensive Produktion wandert in Länder mit niedrigen Löhnen, technologieorientierte in Länder mit guter Verfügbarkeit hoch qualifizierten Personals. Bedeutung besitzen auch unterschiedliche Standortkosten, z.B. aufgrund niedriger Energiekosten, staatlicher Zuschüsse oder geringer Umweltschutzauflagen.

Audi-Chef Martin Winterkorn hat mit Verlagerungen von Arbeitsplätzen ins Ausland gedroht. Unter dem Druck hoher Löhne und schleppender Nachfrage denke man immer wieder intensiv über eine Produktion in den USA oder Mexiko nach [...] Mit einer teilweisen Produktionsverlagerung könne Audi Wechselkursschwankungen besser in den Griff bekommen. Außerdem würde Audi dann als lokale Marke gelten, was sogar noch wichtiger sei [...]. Audi werde auf den unterschiedlichen Geschmack der Amerikaner reagieren. [...] So werde das Audi-Flaggschiff A 8 an einigen Stellen der Karosserie in den USA anders aussehen.

Quelle: HAZ, 30.8.2004

M 74.2 Zeitungsmeldung

Räumliche Verteilung von Direktinvestitionen

Aus den hoch entwickelten Ländern stammen über 80% der Direktinvestitionen. Sie besitzen auch mit rund 70% den größten Anteil als Zielgebiete, was sich vor allem durch Absatzchancen erklärt.

In den letzten Jahrzehnten flossen auch viele Direktinvestitionen in die sich rasch entwickelnden Länder Südostasiens (M 75.1), überwiegend wegen der dort niedrigen Arbeitskosten.

Gegenwärtig sind Investitionsstandorte in China, in Südost- und Ostmitteleuropa besonders interessant, da dort gleichermaßen niedrige Standortkosten bestehen und sich Absatzmärkte entwickeln.

Um als Zielland für Direktinvestitionen infrage zu kommen, müssen Mindestvoraussetzungen gegeben sein. Unternehmen wählen nur Standorte, die über eine gut ausgebaute Infrastruktur (internationale Verkehrs- und Kommunikationsverbindungen, Versorgungseinrichtungen) verfügen und rechtliche Sicherheit (z.B. Eigentumssicherheit, Gewinntransfer, Besteuerung) bieten.

Einen klaren Ausschlussfaktor stellen politische Instabilitäten (z.B. Krieg, Extremismus, Kriminalität) dar. Deshalb entfallen auf sehr gering entwickelte Länder in Afrika und Asien fast keine Direktinvestitionen.

Entwicklung von Direktinvestitionen

In den letzten Jahrzehnten stieg der Umfang von Direktinvestitionen nicht nur stark an, sondern es veränderten sich auch die Anteile der Sektoren. Zu Beginn der 1970er-Jahre entfielen noch ca. 25% auf rohstofforientierte Produktion und 45% auf übrige Industrien. Heute besitzen Dienstleistungen (z.B. Einzelhandel, Finanzdienste, Logistik, Beratung) einen Anteil von über 50%, während auf Rohstoffe unter 10% entfallen.

Wirkungen von Direktinvestitionen

Die meisten Länder bemühen sich um Direktinvestitionen, da sie Vorteile durch sie erwarten (M 75.2). Als positiv gelten der Beschäftigungseffekt (neue Arbeitsplätze) und der Einkommenseffekt (Multiplikatorwirkungen durch Konsumausgaben).

Hinsichtlich der Technologie kann der Transfer zu einem Innovationsschub führen, oft kommen aber in Entwicklungsländern nur standardisierte Produktionen zum Einsatz (z.B. Nähen von Bekleidung), durch welche kaum weiterverwertbare Kenntnisse erworben werden.

Auch können durch Verflechtungen mit Zulieferern, Dienstleistern und Weiterverarbeitern Wachstumseffekte ausgelöst werden; die an sie vergebenen Aufträge führen zu größerer Produktionsvielfalt (Diversifizierung der Wirtschaft), zum Technologietransfer und zu weiterem Beschäftigungswachstum. Für die Gewinnung von Direktinvestitionen muss der Staat oft Vorleistungen erbringen (z. B. Bau von Industrieparks und Verkehrsinfrastruktur, Investitionszulagen und Steuererleichterungen), die den Staatshaushalt belasten und zu Abhängigkeiten führen. Ein moderner ausländischer Betrieb kann durch seine Produktion (z. B. Plastikeimer) einheimisches Handwerk (z. B. Töpfereien) verdrängen.
Oftmals werden auch umweltbelastende Produktionen in Entwicklungsländer, in denen es keine politischen Vorgaben zum Naturschutz gibt, verlagert. Sie lösen dort negative ökologische Effekte aus.

M 75.2 Wirkungen von Direktinvestitionen

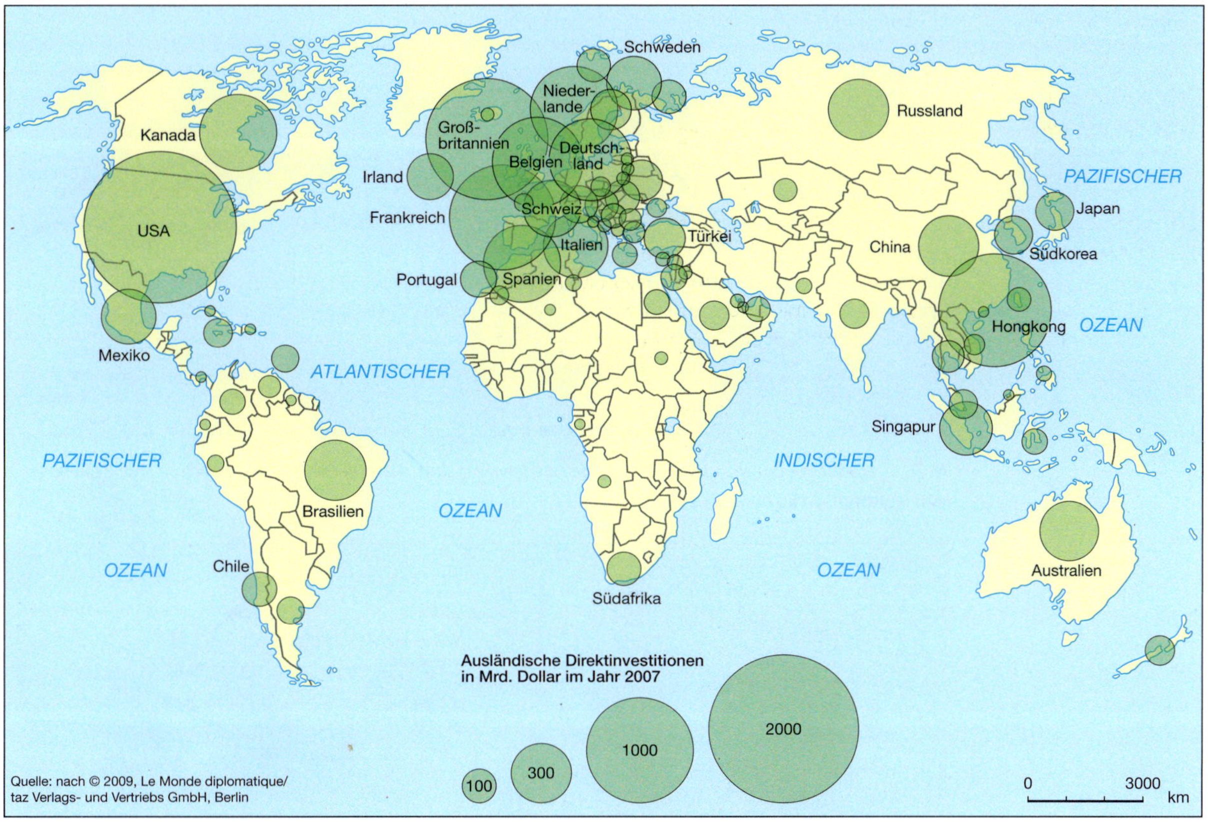

M 75.1 Ausländische Direktinvestitionen 2007

1 Stellen Sie nach unterschiedlichen Räumen die Motive für Direktinvestitionen zusammen (M 75.1).

2 Erläutern Sie, welche Vorteile eine Produktion im Zielland besitzt (M 75.2).

3 Erläutern und erklären Sie die räumliche Verteilung von Direktinvestitonen (Atlas, M 75.1).

Direktinvestitionen und Welthandel

Zwischen dem Zuwachs des internationalen Warenhandels und den Direktinvestitionen besteht ein Zusammenhang, denn zwischen den Unternehmenseinheiten mit unterschiedlichen Teilschritten der Herstellung erfolgt ein intensiver Austausch von Teilfertigprodukten. Es entwickeln sich immer mehr multinationale Unternehmen, bei denen Betriebsteile mit unterschiedlichen Aufgaben sich an unterschiedlichen Standorten befinden (M 76.1, M 76.2).

Die Headquarter und Forschungs-/Entwicklungsbereiche liegen überwiegend in hoch entwickelten Ländern, wo hoch qualifiziertes Personal verfügbar und eine gute Infrastruktur vorhanden ist. Die Koordination von kontinentalen Aktivitäten organisieren „Operational Headquarter" (M 77.1). Die Produktionseinheiten sind weltweit verteilt. Die humankapitalintensiven Teile befinden sich in den hoch entwickelten Ländern, die arbeitsintensiven Teile in Schwellen- oder Entwicklungsländern und die umweltbelastenden Teile in Staaten mit geringen Umweltauflagen. Weltweit verteilen sich Vertriebsniederlassungen, um viele Märkte zu erschließen.

Aufgrund der räumlich gegliederten Produktionssysteme mit Unternehmensstandorten auf der ganzen Welt entfallen heute fast 40 % des Welthandels auf Warenströme zwischen den Teilen eines Unternehmens.

Die räumliche Verteilung der weltweiten Warenströme ist so ungleich wie die Direktinvestitionen (M 77.2). Über zwei Drittel der Exporte entfallen auf die hoch entwickelten Länder in Nordamerika, Europa und Ostasien.

Den intensivsten gegenseitigen Austausch verzeichnen die Staaten der EU. Innerhalb der übrigen Länder besitzen die Schwellenländer in Ost-/Südostasien noch relativ hohe Anteile am Welthandel. Demgegenüber liegt das Volumen der Exporte der ärmeren Entwicklungsländer in Afrika und Lateinamerika bei zusammen unter 10 %.

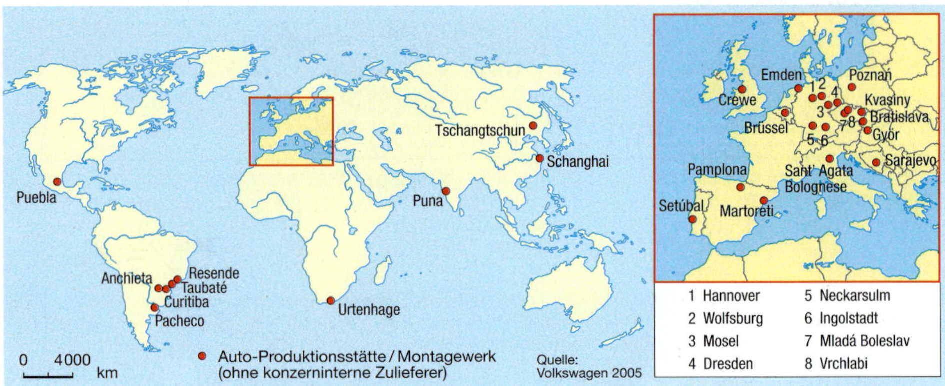

M 76.1 Standorte der Volkswagen-Gruppe (ausgewählt sind Autowerke, ohne konzerninterne Zulieferer von Motoren, Elektroniksystemem usw.)

M 76.2 Kommunikationsnetz und Standorte von „Operational Headquarters" von BASF (Quelle: BASF)

Wirkungen des Warenhandels

Allgemein wird angenommen, dass internationaler Warenhandel Ländern eine Spezialisierung auf jene Produkte erlaubt, bei denen sie aufgrund ihrer Ausstattung mit Ressourcen Produktionsvorteile besitzen. Unternehmen können größere Mengen herstellen und international absetzen; so senken sie ihre Stückkosten. Und die Verbraucher profitieren – aufgrund der stärkeren Konkurrenz der Anbieter – von niedrigeren Preisen.

Dagegen argumentieren Wissenschaftler, dass die Entwicklungsländer Nachteile erfahren. Sie stehen unter starkem Wettbewerbsdruck zu den Produzenten in hoch entwickelten Ländern und können deshalb keine eigene Industrie und internen Wirtschaftskreisläufe aufbauen. Und die Erlöse der von ihnen exportierten Primärgüter (Rohstoffe, landwirtschaftliche Produkte) stagnieren bzw. sinken, weil immer mehr angeboten werden und die Nachfrage nicht steigt. Deshalb müssen sie mehr exportieren, um die gleiche Menge an Industriegütern einzuführen; damit verschlechtert sich ihre wirtschaftliche Lage.

Einheit	Funktion	Standort
Headquarter (Hauptgeschäftssitz)	strategische Entscheidungen	Zentren hoch entwickelter Länder (Global Cities)
Operational Headquarter (Geschäftssitz)	Koordination und Kontrolle von Teileinheiten in Groß-Regionen	Zentren von großräumiger Bedeutung
Forschung und Entwicklung	Weiterentwicklung von Produkten, Prozessen, Organisationen	Agglomerationen mit speziellen Standortvorteilen (z. B. Universitäten)
Endmontage	Endfertigung des Produkts	Agglomerationen mit guten Verkehrsverbindungen
Teilfertigung – humankapitalintensiv – sachkapitalintensiv – arbeitsintensiv	Produktion	 Zentren hoch entwickelter Länder höher entwickelter Länder Länder mit niedrigen Lohnkosten
Marketing	Werbung	Agglomerationen
Vertrieb	Verkauf der Endprodukte	weltweit gestreut

M 77.1 Teileinheiten eines multinationalen Unternehmens

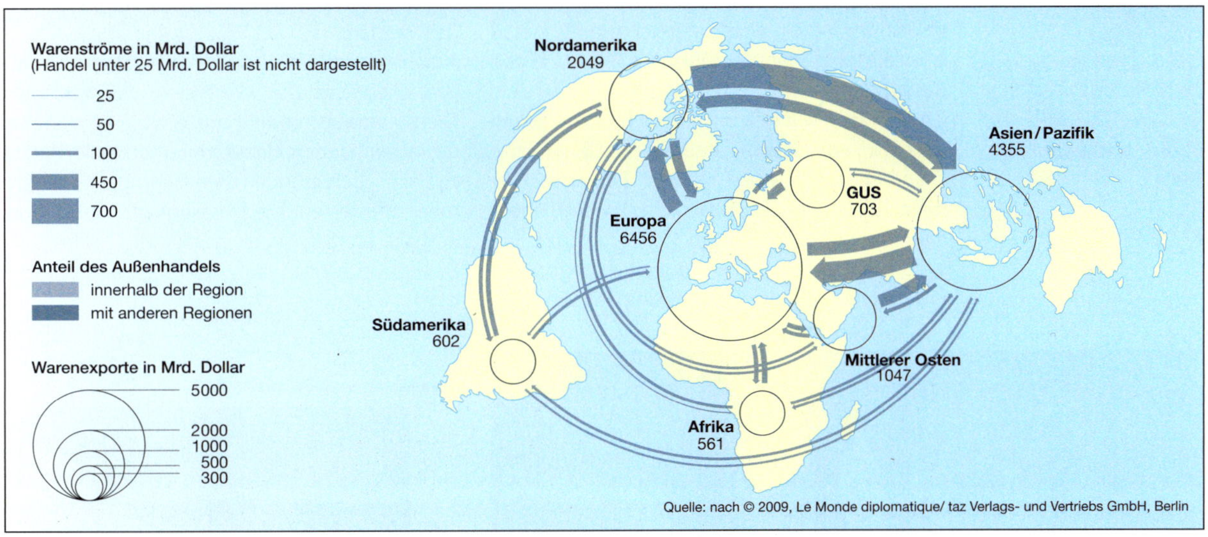

M 77.2 Räumliche Verteilung des internationalen Warenhandels

1 Erläutern Sie Gründe und Vorteile für die Herausbildung multinationaler Unternehmen (M 76.1, M 76.2).
2 Diskutieren Sie Vor- und Nachteile von Direktinvestitionen; bewerten Sie dabei Unterschiede zwischen hoch und gering entwickelten Ländern (M 77.2).
3 Erklären Sie den Zusammenhang zwischen Direktinvestitionen und internationalem Warenhandel (M 77.1, 77.2).

Internationale Verflechtungen im tertiären Sektor

Business Process Outsourcing/BPO
Das sind aus den USA, Kanada oder aus europäischen Ländern in „Niedriglohnländer" wie Indien, China, Singapur, Malaysia oder den Philippinen ausgelagerte Bürodienstleistungen, Verwaltungsarbeiten oder Kundenservicedienste.
Ob Gehaltsabrechnungen für große Unternehmen oder das Aufschreiben medizinischer Diagnosen nach der Ansage des Arztes vom Diktiergerät - für ca. 300.00 € im Monat gehen Millionen Asiaten nachts zum Dienst, erledigen die Büroarbeit für Auftraggeber in „Hochlohnländern" und schicken ihnen am Morgen per Mail die erledigte Schreibarbeit zu.

M 78.1 Nachtschicht in Asien

Dienstleistungen erlangen in den hoch entwickelten Ländern immer größere Beschäftigtenanteile und man spricht dort schon von Dienstleistungsgesellschaften. Bis in die 1990er-Jahre orientierten sich Dienstleistungen vor allem auf lokale und nationale Märkte. Gegenwärtig kommt es als ein Element der Globalisierung zu immer stärkerem internationalem Dienstleistungstransfer.

Sektoraler Wandel

Zwischen dem Entwicklungsstand eines Landes und seiner Wirtschaftsstruktur besteht ein Zusammenhang (M 78.3). In gering entwickelten Wirtschaften dominiert der primäre Sektor (Landwirtschaft), im Verlauf der weiteren Entwicklung gewinnt der sekundäre Sektor (Industrie, Handwerk) an Bedeutung und hoch entwickelte Länder prägt der tertiäre Sektor (Dienstleistungen). Als wichtigste Triebkräfte des Wandels gelten Produktivitätssteigerungen (durch Maschinen, Geräte, Technik), die in Landwirtschaft und später Industrie Steigerungen des Ertrages bei gleichzeitiger Personalreduzierung erlauben, und Erhöhungen der Einkommen. Geringes Einkommen reicht nur für die Grundbedarfsgüter zum Überleben (Lebensmittel), höheres reicht zusätzlich auch für Konsumgüter (z. B. Bekleidung, Unterhaltungselektronik) und schließlich für Dienstleistungen (z. B. Besuch von Restaurants, Fitness-Studios, Reisen).
Gegenwärtig verzeichnen in hoch entwickelten Ländern vor allem unternehmensorientierte Dienstleistungen einen starken Zuwachs. Hier entstand ein starker zusätzlicher Bedarf durch internationale Beziehungen (z. B. Transport, Logistik, Beratung), schnellere Einführung neuer Produkte (Forschung, Entwicklung) und Erschließung neuer Märkte (Marketing, Werbung, Vertrieb).

Merkmale von Dienstleistungen

Die in Landwirtschaft und Industrie hergestellten materiellen Güter lassen sich auch über weite Entfernungen transportieren; entsprechend können sich Produzenten und Nachfrager an unterschiedlichen Standorten befinden.

Dienstleistungen sind dagegen immateriell, nicht lagerfähig und transportierbar; Anbieter und Nachfrager müssen deshalb meist zur Erstellung der Dienstleistung direkt zusammenkommen (z. B. bei Haarschnitt, Unterricht, Beratung, Transport).
Diese Merkmale besitzen Einfluss auf Standortverteilungen; so zeigen Dienstleistungsbetriebe eine flächenhafte Verteilung (z. B. Einzelhandel) und nur hochrangige Einrichtungen konzentrieren sich in Großstädten (z. B. Universitäten, Banken, Unternehmensberater). Sie schränken die Möglichkeit des internationalen Transfers von Dienstleistungen ein.
Nur solche Dienste, die speicherbar (z. B. Musik und Software auf CDs) oder per Telekommunikation erstellbar (z. B. Beratung durch ein Callcenter) sind, können wie Waren international gehandelt werden.
Aufgrund der Eigenschaften von Dienstleistungen entspricht der Wert des internationalen Dienstleistungstransfers nur etwa einem Viertel des Warenhandels. Um sich internationale Märkte zu erschließen, gründen Dienstleistungsunternehmen stattdessen Niederlassungen im Ausland; deshalb entfällt heute bereits die Hälfte aller Direktinvestitionen auf den Dienstleistungsbereich.

M 78.2 Hochrangige Dienstleistungen in Chicago

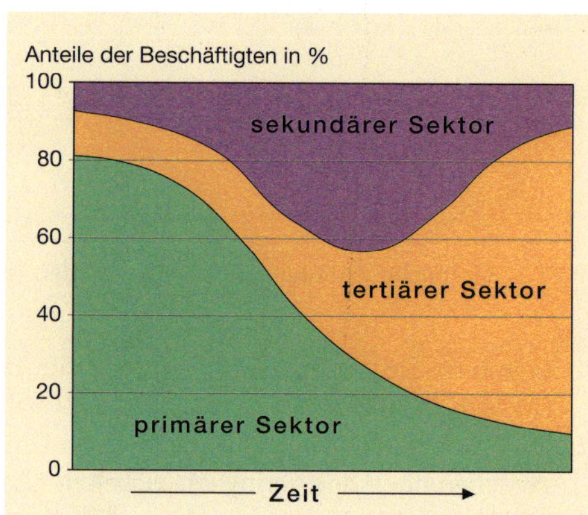

M 78.3 Modell des sektoralen Wandels

Rahmenbedingungen für internationalen Dienstleistungstransfer

Bis vor wenigen Jahren waren nationale Märkte stark vom internationalen Dienstleistungstransfer abgegrenzt. Erst seit der GATS-Vereinbarung (General Agreement on Trade in Services) der WTO erfolgte eine Liberalisierung (Rücknahme von Regelungen). Sie erleichtert vier unterschiedliche Formen (Modes) der Erbringung von Dienstleistungen im Ausland (M 79.1).

Mode 1 betrifft die klassische Form des Exports (z. B. Verkauf von Musik, Filmen) und Mode 3 die Gründung von Niederlassungen im Ausland. Bei Mode 4 können Mitarbeiter ihre Dienste im Ausland erbringen (z. B. internationale Consulting-Tätigkeit). Diese Form ist umstritten, da sie unerwünschte Möglichkeiten der Arbeitsmigration eröffnet. Mode 2 beschreibt eine in der Vergangenheit schon praktizierte Variante, bei der die Nachfrager zu den Dienstleistungsangeboten reisen (z. B. Tourismus, medizinische Versorgung).

Entwicklungen

Der internationale Dienstleistungstransfer erfuhr in den letzten Jahren einen Zuwachs, der größer als der des Warenhandels und der Direktinvestitionen war.

International tätige Banken, Versicherungen, Unternehmensberater oder Logistikunternehmen errichten Niederlassungen, von den aus sie die nationalen Märkte erschließen und in ihr internationales Netz einbinden (M 79.2).

Callcenter, Softwareentwickler und Medienproduzenten versorgen von wenigen Standorten aus (z. B. Bangalur in Indien; Hollywood in den USA) weltweite Märkte.

Die Art des Auslandsengagements hängt von der Kontaktintensität und Komplexität der Leistung ab. Bei großer Kontaktintensität und Komplexität werden Niederlassungen gegründet (z. B. Unternehmensberatung), bei hoher Intensität und geringer Komplexität Lizenzen vergeben (z. B. McDonald's) und bei wenigen Kontaktnotwendigkeiten exportiert (Mode 1 oder 4).

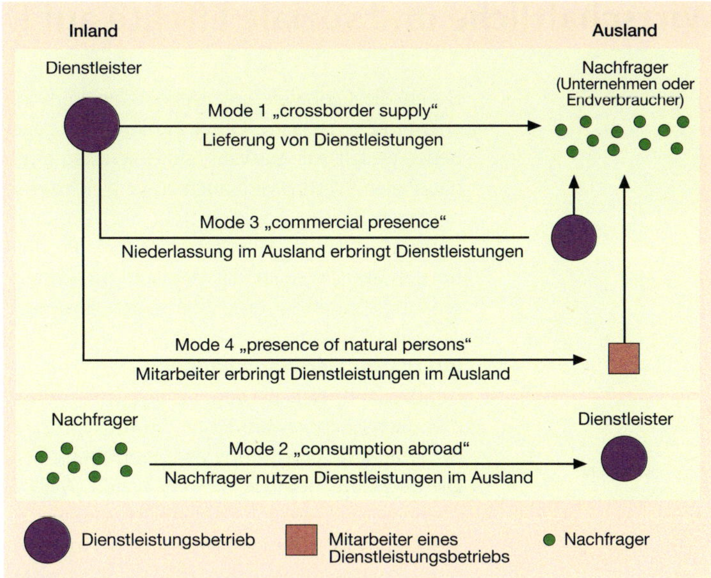

M 79.1 Formen der Erbringung von Dienstleistungen im Ausland (Modes des GATS)

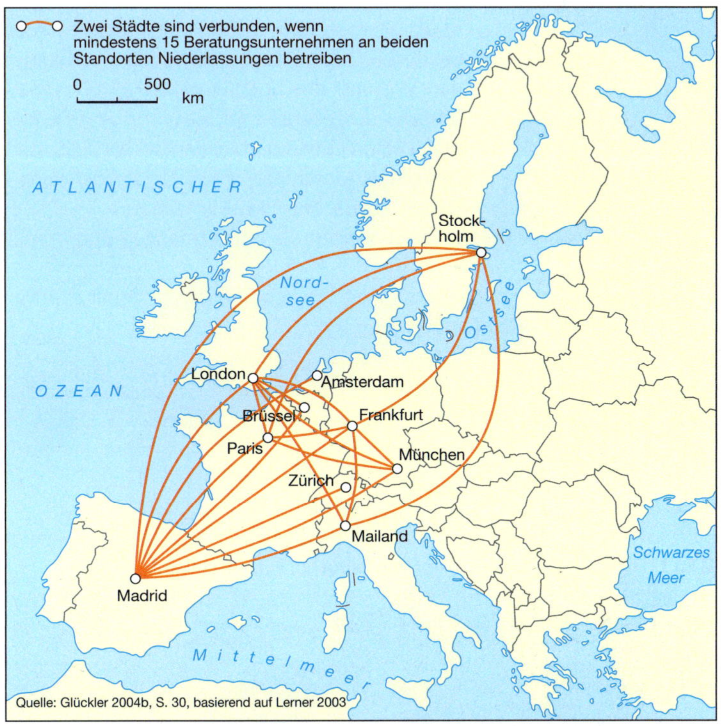

M 79.2 Standortpräsenz internationaler Beratungsfirmen in Europa

1 Beschreiben und erklären Sie den sektoralen Wandel und beziehen sie diesen auf Deutschland (M 78.1).
2 Erklären Sie die aufgrund ihrer Art gegebenen Hemmnisse bei der Internationalisierung von Dienstleistungen.
3 Überlegen Sie, welche Wirkungen die Veränderung der Rahmenbedingungen und die Globalisierung auf den internationalen Dienstleistungstransfer besitzen (M 79.1).
4 Erklären Sie die Standortsysteme hochrangiger Dienstleistungen (M 79.2).

Wirtschaftliche und soziale Effekte auf Deutschland

Durch die Globalisierung stehen den Verbrauchern in Deutschland Güter in nie vorher gegebener Vielfalt zur Auswahl und durch den internationalen Wettbewerb auch zu vergleichsweise niedrigen Preisen. Zugleich steht die Wirtschaft unter erheblichem Wettbewerbsdruck; Produktionsverlagerungen in das Ausland zur Kostensenkung können bei uns Arbeitsplätze kosten.

Internationaler Warenhandel

Deutschland war in den vergangenen Jahren mehrfach „Exportweltmeister", d.h., kein Land der Erde hatte einen höheren Exportüberschuss. Die Erlöse aus dem Export von Waren (M 81.1) tragen bei uns wesentlich zum wirtschaftlichen Wachstum bei. Die Globalisierung hat der Güterproduktion neue Absatzmärkte im Ausland eröffnet; Unternehmen nutzen diese Potenziale und exportieren immer mehr.

Wettbewerbsfähig sind auf dem internationalen Markt allerdings nur technologieintensive Güter, bei denen Deutschland aufgrund des vorhandenen Wissens, des hoch qualifizierten Personals und der ausgebauten Infrastruktur Vorteile besitzt. Entsprechend dominieren bei den Exporten Fahrzeuge, Maschinen sowie Geräte der Büro-/DV-/Elektrotechnik (M 81.2, M 81.3).

Zugleich steigen die Importmengen und immer vielfältigere Produkte werden eingeführt. Der klassische Handelsgrund „Nichtverfügbarkeit", d.h. Handel von Waren weil ein Bedarf besteht, aber sie nicht vorhanden sind (bei uns z.B. tropische Früchte, Rohstoffe), wurde ergänzt um den Grund „Preisunterschiede", d.h., weil Waren in anderen Ländern billiger hergestellt werden können. Heute dominiert bereits der Grund Qualitätsunterschiede, d.h., gleichartige Güter, die kaum im Preis, aber in qualitativen Merkmalen differieren (z.B. Autos der „Golf-Klasse" von VW, Peugeot, Toyota), werden ausgetauscht. Dieser Austausch tritt dann auf, wenn die Produzenten variantenreiche Produkte herstellen und die Verbraucher individuelle Produkte nachfragen.

Die Importverflechtungen liefern für die Produktion unverzichtbare Rohstoffe (z.B. Öl, Erze) und Vorprodukte. Zugleich wählen Verbraucher heute selbstverständlicher aus einem breiten internationalen Sortiment aus.

In der Küche finden wir Bananen und Reis aus den Tropen, im Kleiderschrank hängt in China oder Vietnam hergestellt Kleidung und das Auto stammt aus Südkorea oder Italien.

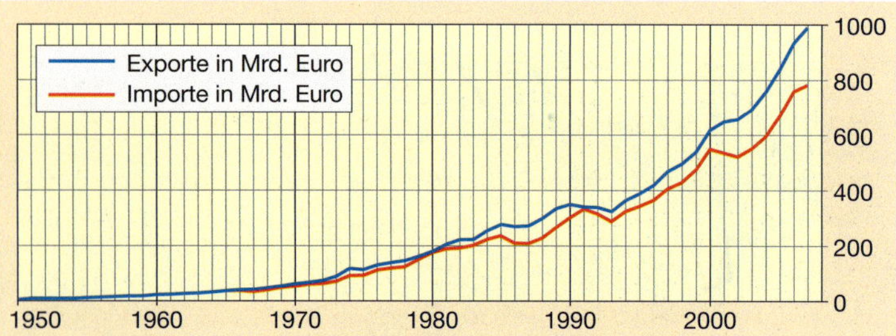

M 80.1 Entwicklung von Importen und Exporten in Deutschland

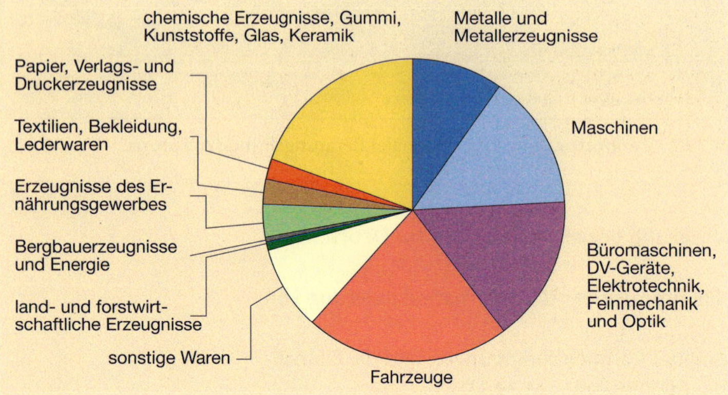

M 80.2 Struktur der Warenexporte

Die guten Jobs bleiben hier

Immer mehr Unternehmen verlagern Arbeit ins Ausland, um Kosten zu sparen oder sich strategisch besser aufzustellen [...] Dabei blieben besonders gering qualifizierte Arbeitnehmer auf der Strecke [...] Zwischen 2001 und 2006 gingen rund 125 000 Stellen für niedrig Qualifizierte verloren [...] Bei besser Qualifizierten, die in der Regel über einen Hochschulabschluss verfügen, entstanden etwa so viele Stellen neu, wie in das Ausland verlagert wurden [...] Bei den Dienstleistern entstanden unter dem Strich sogar mehr Jobs neu, als abgebaut wurden. Am deutlichsten ist dies bei wissensintensiven Dienstleistungsunternehmen zu beobachten. Hier wurden 20 Prozent mehr qualifizierte Arbeitsplätze neu errichtet, als in das Ausland verlagert.

Quelle: Nach Der Tagesspiegel 22. 4. 2008 (modifiziert)

M 80.3 Zeitungsmeldung

Internationale Produktionsketten

Zugleich häufen sich die Meldungen von Standortverlagerungen in das Ausland, weil dort niedrigere Produktionskosten (vor allem Arbeitskosten) zu zahlen sind (M 80.3). Damit gehen bei uns Arbeitsplätze in der Produktion verloren, nur Unternehmensteile wie Management oder Entwicklung werden erhalten.

Früher waren meist alle Unternehmensteile an einem Standort konzentriert, heute entstehen weltweit gegliederte Produktionsketten.

Deutsche Exportschlager
Autos, Maschinen und chemische Erzeugnisse – das sind die Favoriten auf der Export-Hitliste der deutschen Wirtschaft. Stark gefragt sind auch Produkte der Nachrichtentechnik, Radio und TV, elektronische Bauelemente sowie Geräte und Anlagen der Elektrotechnik. Deutschland war 2008 abermals der weltweit größte Exporteur, vor den USA und Japan.

M 81.1 Deutsche Exportschlager – Ausfuhr im Jahr 2008 (Auswahl, in Mrd. Euro)

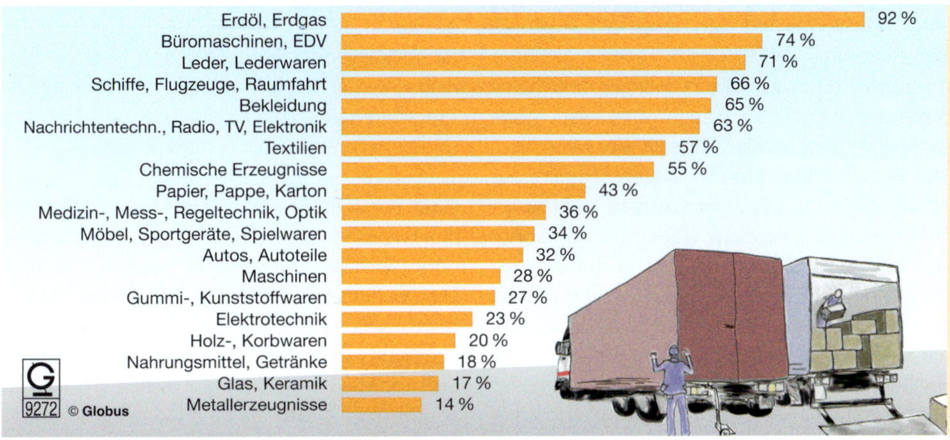

Konkurrenz von draußen
Deutschland ist offen für Waren aus aller Welt. Doch das hat Folgen: Für viele heimische Produzenten wird der Druck von draußen immer stärker. Zahlreiche Länder drängen auf den deutschen Markt. Sie können ihre Erzeugnisse aufgrund niedriger Lohnkosten meist billiger anbieten als die inländischen Hersteller.

M 81.2 Anteil der Importe an der Inlandsversorgung (in %)

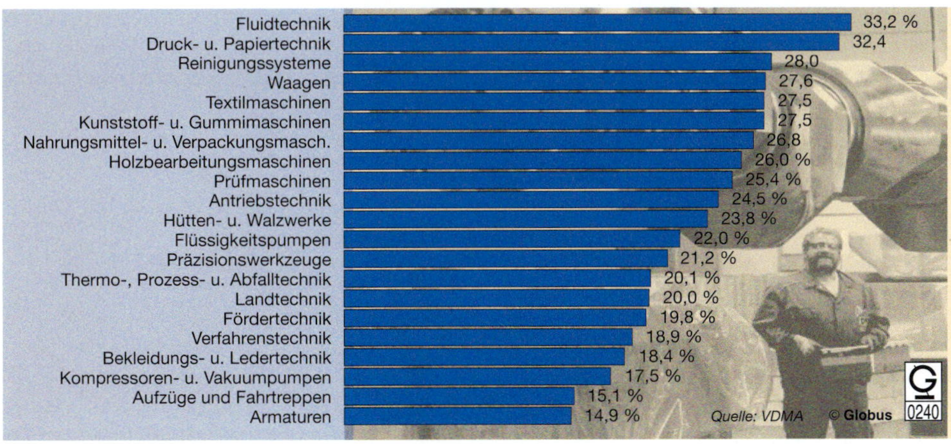

Maschinenbau mit Spitzenposition
Aller Kritik über die Krise der deutschen Wirtschaft zum Trotz sind deren technische Errungenschaften weltweit begehrte Handelsobjekte. Zur internationalen Spitze gehören die deutschen Maschinenbauer beispielsweise bei der Fluidtechnik. In diesem Bereich stammt ein Drittel des gesamten Weltexports aus Deutschland.

M 81.3 Maschinenbau mit Spitzenposition – Anteile am Weltexport (in %)

1 Stellen Sie eine Liste von Waren in Ihrem Privathaushalt zusammen und prüfen Sie (Etikette, Typenschilder), wo diese hergestellt wurden.
2 Erklären Sie den Zusammenhang zwischen der internationalen Wettbewerbsfähigkeit von Unternehmen und den Exportstrukturen Deutschlands (Text, **M 80.2**, **M 81.1**–**M 81.3**).
3 Nennen Sie Gründe für die Auslagerung von Produktionsschritten ins Ausland.
4 Beschreiben und erklären Sie die Veränderungen der Qualifikationsprofile auf dem Arbeitsmarkt Deutschlands.

Entwicklungsstand und internationale Einbindung

Nicht alle Länder sind gleichermaßen in die internationalen Warenströme und Direktinvestitionen eingebunden. Zwischen dem Entwicklungsstand sowie der Art und Intensität der Einbindung besteht ein Zusammenhang.

Beteiligung der Ländergruppen

Über zwei Drittel der Exporte und der Direktinvestitionen entfallen auf die hoch entwickelten Länder in Nordamerika, Europa und Japan (M 82.1). Den intensivsten gegenseitigen Austausch verzeichnen die Staaten der EU. Hier erlaubt die wirtschaftliche Integration eine kostenorientierte Arbeitsteilung; Unternehmen verfügen über Standorte und Absatzverflechtungen in ganz Europa.

Innerhalb der übrigen Länder besitzen die Schwellenländer in Ost-/Südostasien noch relativ hohe Anteile am Welthandel. Diese Länder weiteten in den letzten Jahrzehnten ihr Warensortiment aus (Diversifikation). Durch den Anbau zusätzlicher Produkte (z. B. Kautschuk, Kaffee, Palmöl) konnten sie ihre Agrarexporte steigern. Zugleich gelang ihnen der Aufbau einer Exportindustrie, oftmals basierend auf ausländischen Direktinvestitionen in arbeitsintensive Branchen, z. B. in die Produktion von Bekleidung oder Elektrogeräten.

Demgegenüber liegt die Exportmenge der ärmeren Entwicklungsländer in Afrika und Lateinamerika bei zusammen unter 10 %. Schlechte Ressourcenausstattung, ungünstige räumliche Lagen, aber auch instabile Regierungssysteme begrenzen die Möglichkeiten der Diversifizierung der Exporte. Diese Faktoren machen die Länder auch unattraktiv für Direktinvestitionen.

Strukturen der Einbindung

Auffällig sind auch Unterschiede in der Struktur und der Richtung der Exporte und Importe (M 83.2). Bei den hoch entwickelten Ländern dominiert der Austausch von industriellen Fertigprodukten (z. B. Maschinen) untereinander.

Die Schwellenländer exportieren vor allem Güter, für deren Herstellung billige Arbeitskräfte eingesetzt werden (z. B. Bekleidung, Montage von Elektrogeräten), in die hoch entwickelten Länder und sie importieren von dort Industriegüter (z. B. Fahrzeuge, Maschinen).

Der Handel zwischen Entwicklungsländern ist wenig ausgeprägt; sie weisen sehr ähnliche Exportstrukturen mit Primärgütern auf (gleiche Agrarprodukte oder Rohstoffe) und besitzen deshalb wenig Austauschpotenzial. Ihre Primärgüter exportieren sie in die hoch entwickelten Länder und beziehen von dort Fertigprodukte.

Einen Sonderfall stellen die Golfstaaten dar; durch ihre Ölexporte erzielen sie hohe Einnahmen und sie importieren hochwertige Güter aus Europa. Die wichtigsten Erdölförderländer sind zusammengeschlossen in der OPEC (= Organization of Petroleum Exporting Countries); die Organisation koordiniert die Ölpolitik (Mengen und Preise) der Mitgliedsländer.

Der Ölpreis hat entscheidende Bedeutung für die wirtschaftliche Entwicklung; Preisanstieg und Verknappung der verfügbaren Mengen hat in der Vergangenheit mehrfach zu weltweiten Wachstumseinbrüchen geführt (so genannte „Ölkrisen“).

Anteil in %	1950	1960	1970	1980	1990	2000
Industrieländer	**63,5**	**69,7**	**75,4**	**68,7**	**74,0**	**66,2**
– davon EU (12)	32,1	37,4	40,4	38,2	41,0	35,9
– davon Japan	1,5	3,5	6,3	7,0	8,0	6,5
– davon USA	16,6	15,1	14,1	12,4	13,4	15,5
Entwicklungsländer	**36,6**	**30,3**	**24,6**	**31,3**	**26,0**	**33,8**
– davon asiatische Schwellenländer* und China	5,8	5,4	4,2	6,3	11,3	15,9
– davon Lateinamerika	10,4	7,7	5,6	5,7	3,4	5,7
– davon Afrika	6,5	5,6	4,2	4,6	2,5	2,1

* Hongkong, Malaysia, Singapur, Südkorea, Taiwan, Thailand

M 82.1 Entwicklung des Welthandels nach Ländergruppen

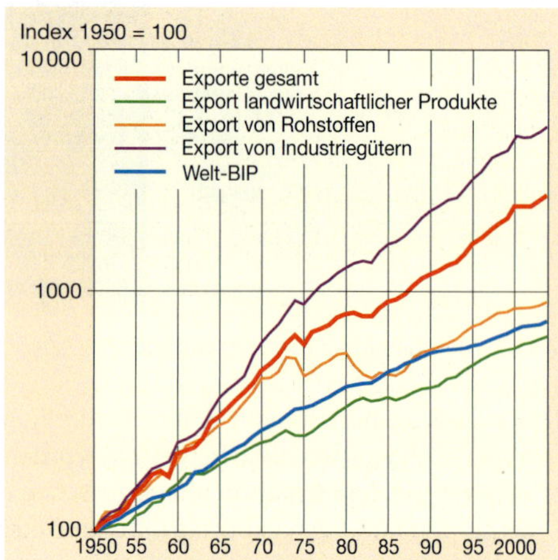

M 82.2 Entwicklung der Güterstruktur des Welthandels 1950–2004

Entwicklung des Welthandels

Der Zuwachs des Welthandels war in den letzten drei Jahrzehnten deutlich höher als der Anstieg der Weltwirtschaftsleistung; dies ist ein Ausdruck der mit der Globalisierung verbundenen zunehmenden weltweiten Arbeitsteilung. Im Jahr 1990 entsprach das Volumen des Welthandels noch etwa 25 % der Weltwirtschaftsleistung, während es 2004 bereits 42 % ausmachte.

Besonders stark erhöhte sich das Exportvolumen von Industriegütern, während die Exporte von Rohstoffen und landwirtschaftlichen Produkten geringer wuchsen.

Gerade diese Güter stammen aus den Entwicklungsländern; die Länder konnten ihre Exportmengen wenig steigern und entsprechend verringerte sich ihr Anteil am Weltexport ständig.

Einen deutlichen Anteilszuwachs verzeichneten die asiatischen Schwellenländer und China; dies basiert auf dem dort realisierten Aufbau der exportorientierten Industriegüterindustrie.

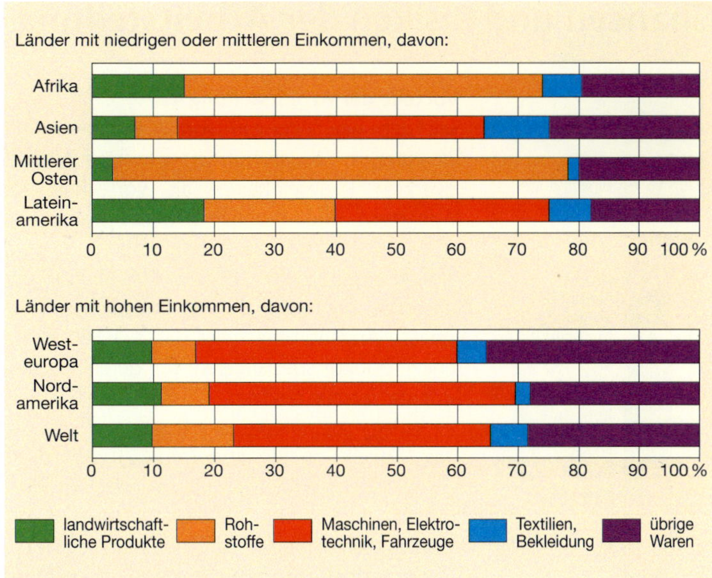

M 83.2 Exportstrukturen nach Ländergruppen

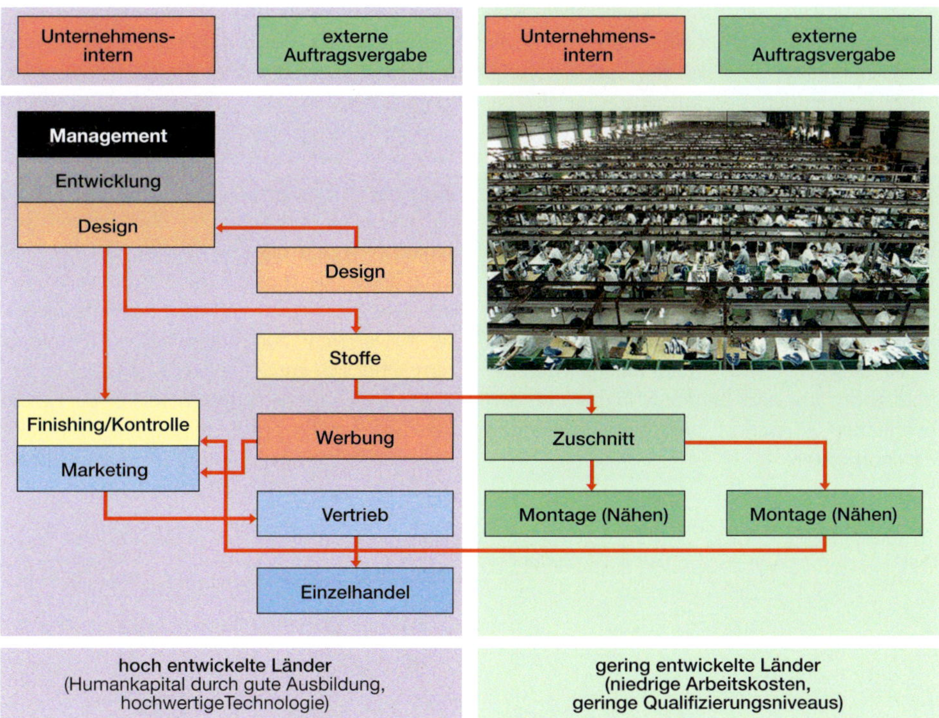

M 83.1 Räumliche Organisation der Warenkette bei der Bekleidungsherstellung

1 Erläutern Sie den Zusammenhang zwischen wirtschaftlicher Entwicklung und Welthandel (Text, M 82.1).
2 Ordnen Sie in Ihrem Haushalt vorhandene Waren den unterschiedlichen Gründen für Welthandel zu (Text, Erkundung).
3 Erläutern Sie die räumliche Verteilung und die Strukturen des Warenhandels zwischen hoch entwickelten Ländern (M 83.1, M 83.2).
4 Stellen Sie die Besonderheiten der Einbindung von Entwicklungsländern in den Welthandel zusammen (Text, M 83.1, M 83.2).

Chancen und Risiken der Arbeitsteilung

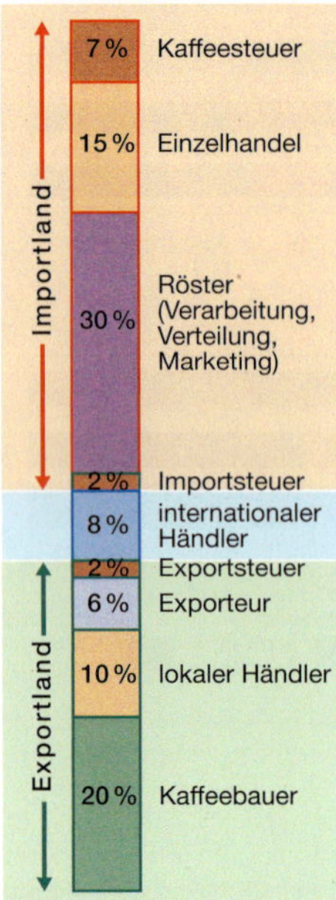

M 84.1 Akteure und Preisanteile in der Kaffee-Warenkette

Vorteile der Arbeitsteilung

Seit den Überlegungen von A. Smith und D. Ricardo im 18. Jahrhundert gilt freier Handel zwischen Raumeinheiten als vorteilhaft für Wachstum und Wohlfahrt. Diese klassischen Überlegungen bilden auch heute noch die Argumentationsgrundlage für die WTO-Politik zur Liberalisierung (Rücknahme der staatlichen Regelungen). Angenommen wird, dass sich Länder auf jene Produkte spezialisieren, für deren Herstellung sie Vorteile besitzen.

Das Modell von Ricardo (M 84.2) zeigt diese Vorteile zuerst für den Fall, dass Land 1 Gut B billiger und Land 2 Gut A billiger herstellen kann; spezialisieren sich beide Länder, d. h. stellen sie die jeweils doppelte Menge nur eines Gutes her und handeln sie damit mit dem anderen Land, so können beide Produktionskosten (gemessen in Arbeitszeit) senken. Selbst im zweiten Fall, in welchem eigentlich Land 1 beide Güter günstiger herstellen könnte, lohnt sich eine Spezialisierung. Land 1 konzentriert sich auf jenes Gut (B), bei dem es komparativ den größeren Kostenvorteil hat, während Land 2 das Gut (A) mit dem vergleichsweise geringeren Nachteil herstellt.

Beide Länder können die eingesparten Arbeitszeiten für die Herstellung anderer Güter einsetzen und erlangen damit einen Zuwachs der Gesamtproduktion. Bei seinen Überlegungen geht Ricardo allerdings von bestehenden Obergrenzen der Produktion aus und berücksichtigt nicht den technischen Fortschritt und die auftretenden Transportkosten.

Allgemein wird angenommen, dass die hoch entwickelten Länder diese Vorteile durch Arbeitsteilung auch tatsächlich nutzen können. Ihre hoch entwickelte Industrie kann sich größere Märkte erschließen und aufgrund größerer Produktionsmengen die Stückkosten senken. Zugleich werden dort ständig Innovationen realisiert (z. B. bessere Produktionsverfahren, neue Produkte), die die Wettbewerbsfähigkeit steigern. Und die Verbraucher profitieren dort – aufgrund der stärkeren Konkurrenz der Anbieter – von vergleichsweise niedrigen Preisen.

Risiken der Arbeitsteilung

Dagegen argumentieren viele Wissenschaftler, dass Entwicklungsländer eher Globalisierungsnachteile erfahren. Räumliche Arbeitsteilung bedeutet für sie eine Spezialisierung auf Primärgüter, während sie Industriegüter importieren. Bereits in den 1950er-Jahren wies der argentinische Ökonom Raul Prebisch auf das Problem der sich verschlechternden „Terms of Trade" der Entwicklungsländer hin. Die „tot" geben an, welche Importmenge für den Erlös einer Exporteinheit erworben werden kann. Da die Erlöse für Primärgüter eher stagnieren oder zurückgehen, während die Preise für Industriegüter eher steigen, verschlechtern sich die Exporterlöse der Entwicklungsländer; sie müssen mehr exportieren, um die gleiche Menge an Industriegütern zu importieren. Der Trend zum Preisverfall von Primärgütern kehrt sich zurzeit teilweise um. Durch steigende Nachfrage sich rasch entwickelnder Länder verteuern sich knappe Güter, z. B. Erze, Mineralöl. Agrarpreise steigen aufgrund der Verdrängung des Anbaus durch Biokraftstoffe.

Beispiel 1: absolute Kostenvorteile		Gut A	Gut B	Gesamt
Autarkie	Land 1	120	80	200
	Land 2	100	120	220
				420
Arbeitsteilung	Land 1	–	160	160
	Land 2	200	–	200
				360
Beispiel 2: komparative Kostenvorteile		**Gut A**	**Gut B**	**Gesamt**
Autarkie	Land 1	90	80	170
	Land 2	110	120	230
				400
Arbeitsteilung	Land 1	–	160	160
	Land 2	220	–	220
				380

M 84.2 Modell der komparativen Kostenvorteile nach Ricardo

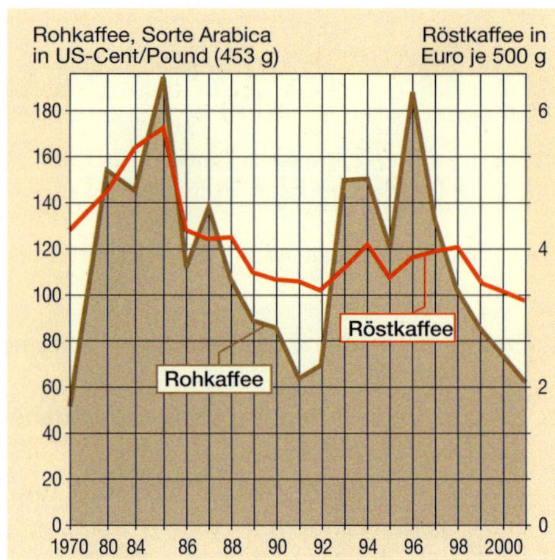

M 84.3 Preisentwicklung von Roh-/Röstkaffee

Generell gilt die einseitige Abhängigkeit von Primärgüterexporten, wie sie typisch für viele Entwicklungsländer ist, als problematisch. Die Preisschwankungen sind wesentlich stärker als bei Fertigprodukten; entsprechend bleiben die jährlichen Einnahmen unkalkulierbar und eine längerfristige Planung wird erschwert.

Das Beispiel Kaffee (M 84.3) zeigt die starken Schwankungen der Preise bei Rohkaffee (z. B. durch witterungsbedingte Ernteausfälle, Überangebot bei guten Ernten, zunehmenden Wettbewerb durch neue Anbieter, Spekulation).

Dagegen sind die Preise von Röstkaffee stabiler; die Kaffeeröster sichern sich durch langfristige Verträge und eigene Warenlager ab.

Auch ist bei vielen Primärgütern der Einnahmenanteil der Exportländer gering. In den Entwicklungsländern sind nur die einfachen Produktionsschritte angesiedelt. Die technologisch aufwändigere Verarbeitung mit den höchsten Wertschöpfungsanteilen erfolgt dagegen in den Industrieländern.

Auch kann die Einbindung in den Weltmarkt den Aufbau lokaler Wirtschaftskreisläufe in Entwicklungsländern behindern bzw. die Wirtschaft deformieren. Vertreter der Dependenz- und Dualismus-Ansätze begründen dies damit, dass unverbunden nebeneinander stehende Wirtschaftsbereiche entstehen (M 19.2). Den ländlichen Raum prägt eine traditionelle kleinbäuerliche, rein auf Selbstversorgung (Subsistenz) orientierte Landwirtschaft, die keine Verflechtungen mit der exportorientierten Plantagenwirtschaft (z. B. Bananen, Kautschuk, Palmöl) hat.

In den Städten gibt es Produktionsstätten internationaler Unternehmen, die nur die niedrigen Arbeitskosten nutzen, Vorprodukte importieren und Fertigprodukte exportieren.

Diese Aktivitäten sind nicht vernetzt mit dem informellen Sektor (z. B. Straßenhändler, Schuhputzer, Kleinhandwerk), in dem in den Großstädten mit teilweise über 50 % Beschäftigtenanteil die meisten Arbeitskräfte tätig sind.

Ansätze wie „Fairtrade" sollen den Einnahmenanteil der Entwicklungsländer und Bauern steigern. Eine faire Bezahlung der Produzenten, Ausbildungsmaßnahmen, umweltgerechter Anbau und direkte Vermarktung bilden Elemente dieses Ansatzes. Inzwischen umfasst Fairtrade bereits über 360 Produzentengruppen in fast 40 Ländern der Erde; nicht nur „Dritte-Welt-Läden", sondern auch Supermärkte bieten diese Produkte an.

Um faire Beziehungen sicherzustellen, erfolgt eine Zertifizierung der Produkte, die an die Erfüllung einer Reihe von Kriterien gebunden ist. Sie umfassen bessere Arbeitsbedingungen für die Bauern und den Schutz der Umwelt.

Die Erlössteigerung für die Produzenten wird durch etwas höhere Preise bei den Endverbrauchern und durch das Umgehen des Zwischenhandels erreicht.

FAIRTRADE
TRANSFAIR

Kriterien
- Zahlung angemessener Löhne
- Weiterbildungsmöglichkeiten für Beschäftigte
- gleiche Beschäftigungsmöglichkeiten für alle (besonders für benachteiligte Personen)
- Ausrichtung auf nachhaltige Produktionsverfahren
- Überprüfbarkeit des Rechnungswesens
- Sicherung langfristiger Beziehungen
- sichere und gesundheitlich unbelastende Arbeitsbedingungen
- finanzielle und technische Unterstützung der Hersteller

www.fairtradefederation.com/memcrit.html

M 85.1 Fairtrade – Kriterien für die Mitgliedschaft

1 Stellen Sie Vor- und Nachteile der Arbeitsteilung für hoch entwickelte Länder zusammen (**M 84.2**).
2 Erklären und erläutern Sie Wirkungen der Arbeitsteilung auf gering entwickelte Länder.
3 Erläutern Sie Möglichkeiten für Entwicklungsländer, ihre Einnahmen zu stabilisieren und die Wertschöpfunganteile zu vergrößern (**M 85.1**).
4 **Referat-Tipp:** „Wem nützt Fairtrade?"

Ferntourismus

Positiv
- Deviseneinnahmen
- Arbeitsplätze und Beschäftigung
- Multiplikatoreffekte
- Ausbau der Infrastruktur
- Regionale Entwicklungsimpulse
- Einrichtung von Naturschutzgebieten
- Interkulturelle Begegnung
- Erhalt von Baudenkmälern, kulturellem Erbe, Naturreservaten

Negativ
- Rückfluss von Devisen für Luxusgüter
- Preissteigerungen
- Monostrukturierung und Abhängigkeit
- Ressourcenverbrauch und Umweltbelastungen
- Regionale Polarisierung
- Akkulturation
- Kriminalität, Prostitution, Betteln

M 86.1 Effekte des Tourismus

Mit dem wirtschaftlichen Aufschwung nach dem Zweiten Weltkrieg entwickelte sich auch der Tourismus. Zuerst waren die Küsten und Mittelgebirge Deutschlands beliebte Ziele, dann folgten in den 1960er- und 1970er-Jahren Reisen an die Mittelmeerküsten und heute sind Fernreisen nach Afrika, Amerika und Asien weit verbreitet. Einkommensanstieg, mehr bezahlter Urlaub und die Verbreitung leistungsfähiger Verkehrsmittel waren wichtige Voraussetzungen dieser Entwicklung.

Voraussetzungen des Tourismus

Erst mit einem Einkommen, das mehr als die Befriedigung der Grundbedürfnisse (Wohnen, Essen, Kleidung) erlaubt, und mit Urlaubstagen wird Tourismus möglich. Daneben müssen leistungsfähige Verkehrsmittel vorhanden sein, um entferntere Ziele zu erreichen. Im Urlaubsgebiet muss eine touristische Infrastruktur – Unterkunft, Restaurants, Freizeiteinrichtungen – errichtet werden.

Nach dem Zweiten Weltkrieg lag in Deutschland die durchschnittliche Arbeitszeit noch bei 48 Stunden pro Woche und es gab nur zwölf Urlaubstage pro Jahr. Mit den 1950er-Jahren begannen Urlaubsreisen. Die Reiseintensität (Anteil von Personen über 14 Jahren, die eine Urlaubsreise pro Jahr machen) lag bei ca. 25 %. Zuerst wurden Ziele mit Bus oder Bahn erreicht, in den 1960er-Jahren entwickelte sich das Auto zum wichtigsten Transportmittel. Erst in den 1970er-Jahren gewannen Flugreisen zu entfernteren Zielen an Bedeutung; durch größere und schnellere Flugzeuge wurden Fernreisen kostengünstiger. Anfangs dominierten Pauschalreisen mit Charterflugzeugen; gegenwärtig verzeichnen individuell gestaltete Fernreisen den höchsten Zuwachs. Die Reiseintensität liegt heute in Deutschland bei ca. 75 %, die durchschnittliche Arbeitszeit beträgt 38 Stunden pro Woche und die Zahl der bezahlten Urlaubstage beträgt ca. 29 im Jahr. Hohe Einkommen und bezahlte Freizeit erlauben vielen Leuten Fernreisen.

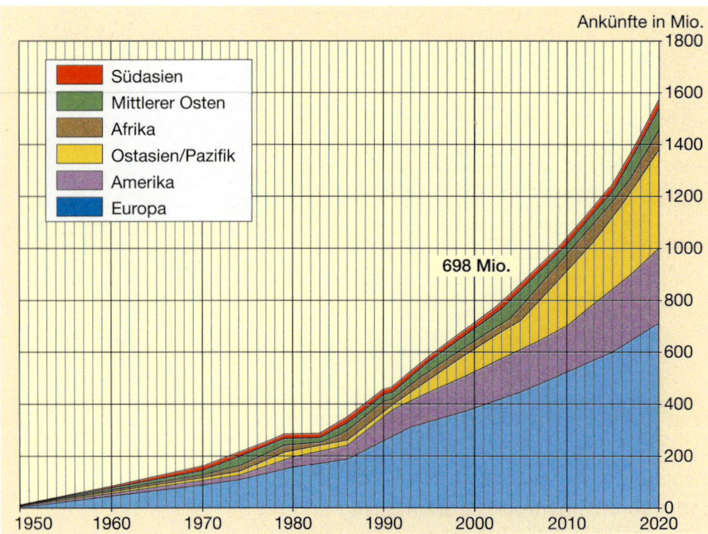

M 86.2 Ankünfte von Touristen zwischen 1950 und 2020

Globaler Tourismus

Gegenwärtig reisen rund 800 Mio. Menschen pro Jahr in andere Länder (M 86.2, M 87.2). Die meisten Reisenden stammen aus den hoch entwickelten Ländern in Europa, Nordamerika und Ostasien. Größte Bedeutung als Zielgebiete besitzen Europa und Amerika. Hohe Zuwachsraten erfährt Ostasien/Pazifik durch die sich dort rasch entwickelnden Schwellenländer. Die Auslandsreisen der Deutschen führen vor allem ins europäische Ausland (rund 75 %) und in die räumlich nah gelegenen Entwicklungsländer (z. B. Ägypten, Tunesien, Marokko).

Von den Entwicklungsländern verzeichnen nur sehr wenige große Besucherzahlen (z. B. Mexiko, Thailand, Sri Lanka, Kenia); dabei handelt es sich vor allem um Erholungstourismus. Eine begrenzte Zahl von Ländern ist aufgrund des Naturraums oder kulturhistorischer Stätten als Ziele des Erlebnistourismus interessant (z. B. Peru, Jemen, Namibia).

Die meisten Länder verzeichnen nur wenige Besucher; sie kommen aufgrund fehlender Voraussetzungen, schlechter Erreichbarkeit und unsicherer Rahmenbedingungen nur für Abenteurer- oder Geschäftsreisende infrage.

Wirkungen des Tourismus

Viele Entwicklungsländer sehen den internationalen Tourismus als große Chance zur wirtschaftlichen Entwicklung. Durch den Ausbau der touristischen Infrastruktur entstehen zuerst Kosten, aber auch Einnahmen im Baugewerbe. Die Ausgaben der Touristen sollen vielfältige Multiplikatorwirkungen (M 87.3) auslösen. Es entstehen nicht nur zusätzliche Arbeitsplätze und Einkommensmöglichkeiten in Hotels, Gastronomie und Ausflugsgewerbe, sondern durch Zulieferung (z. B. Nahrungsmittel) und Dienstleistungen (z. B. Wäschereien, Reparatur) auch in anderen Branchen. Der Tourismus eröffnet Möglichkeiten zum Erhalt von kultureller Identität, von Baudenkmälern oder von Naturschutzgebieten.

Dem stehen aber vielfältige Risiken gegenüber. Hohe Umweltbelastungen (z. B. Wasserverbrauch, Müllmenge) können entstehen oder regionale Disparitäten auftreten. Auch kann sich ein hoher Grad von Abhängigkeit ergeben; dieser wird besonders deutlich, wenn Ereignisse zum drastischen Rückgang der Besucherzahlen führen (M 87.1).

Die nationalen und regionalen Multiplikatoreffekte sind nur in Ländern mit einer diversifizierten Wirtschaft groß (z. B. Mexiko); in kleinen monostrukturierten Ländern (z. B. Seychellen) fließen viele der Einnahmen zum Erwerb von Gütern zurück in die Industrieländer.

Folgen der Krise in Kenia

Eigentlich herrscht im Januar und Februar Hochsaison im kenianischen Tourismus.

Aber die Hotels in Kenia sind wegen der Gewaltwelle nach der umstrittenen Präsidentschaftswahl so leer wie noch nie. Die Kenianer wissen, wie schwer es ist, das Vertrauen der Reisenden zurückzugewinnen. Es dauerte mehr als fünf Jahre, bis sich der Tourismus vom Al-Qaida-Angriff auf die US-Botschaft in Nairobi erholt hatte.

M 87.1 Zeitungsmeldung 2007

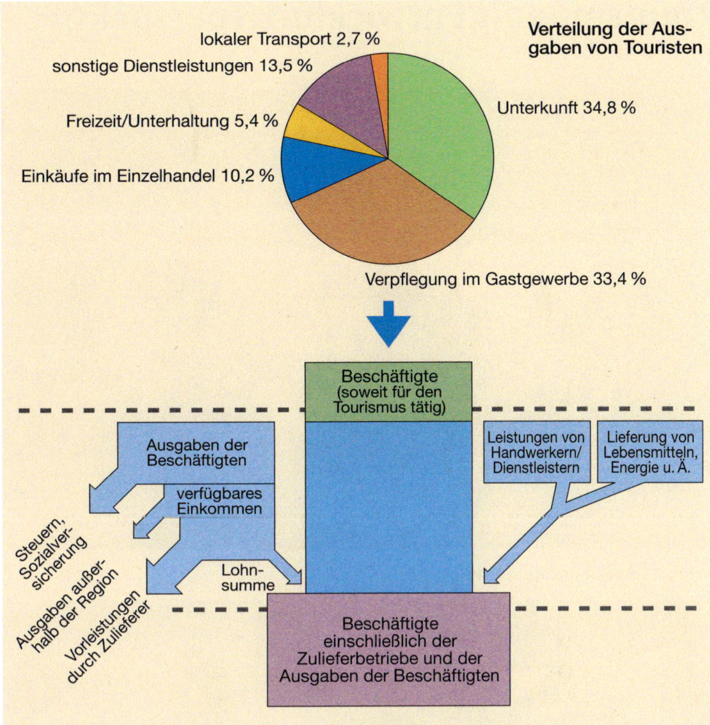

M 87.3 Regionale touristische Multiplikatoreffekte

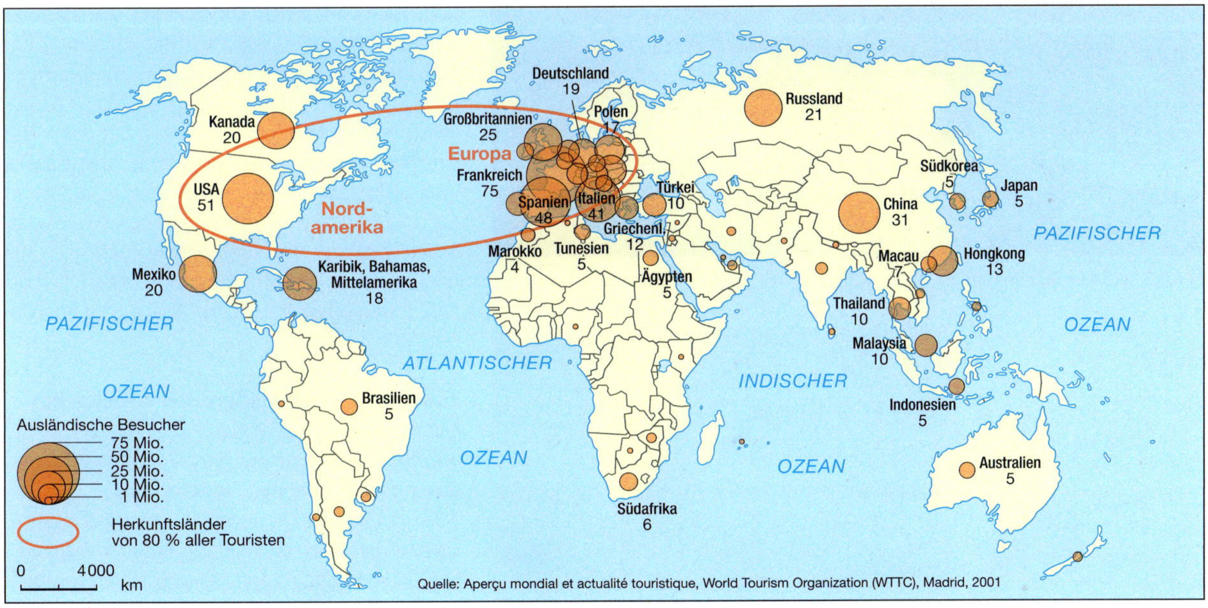

M 87.2 Hauptreiseziele der Fernreisen

1. Diskutieren Sie Voraussetzungen und Gründe des internationalen Tourismus.
2. Stellen Sie Motive der Ferntouristen zusammen und ordnen Sie diesen unterschiedliche Zielgebiete zu (M 87.2).
3. Interpretieren Sie anhand M 87.3 die Vor- und Nachteile des Ferntourismus.
4. Erklären Sie die regionalen touristischen Multiplikatoreffekte. In welchen Ländern treten mehr und in welchen weniger Effekte auf?

Tourismus als Entwicklungsperspektive

M 88.1 Massai mit Rinderherde

M 88.2 Hotelanlage in Kenia

Prozentualer Anteil des Tourismus am gesamtwirtschaftlichen Einkommen	
Länder	%
Antigua u. Barbuda	87
Malediven	82
St. Lucia	46
Bahamas	43
Barbados	33
Vanuatu	29
Bermuda	29
Jamaica	26
Seychellen	26
Belize	14

M 88.3 Wirtschaftliche Bedeutung des Tourismus in ausgewählten Ländern (2000, Quelle: WTTC)

Nach Aussage der World Travel & Tourism Concil (WTTC) hat sich der Tourismus in den letzten 30 Jahren zum weltweit dynamischsten Wirtschafszweig entwickelt. Die bis zum Jahr 2000 steigende Entwicklung der Besucherzahlen ging jedoch vorübergehend durch verschiedene Einflussfaktoren zurück. Wirtschaftliche Stagnation in den Industrieländern, militärische Konflikte im Nahen Osten, die SARS-Epidemie in Ostasien, Naturkatastrophen sowie die Terroranschläge vom 11. September 2001 führten zu einem Rückgang in der Tourismusbranche. Seit 2005 sind wieder Wachstumstendenzen spürbar.

Einnahmen aus dem Tourismus

Die Einnahmen aus dem Tourismus sind jedoch sehr ungleich verteilt. Die höchsten Einnahmen verzeichneten Industrieländer wie USA, Spanien, Frankreich, Italien, Großbritannien und Deutschland. Aufgrund verbilligter Fernflüge wächst der Ferntourismus jedoch rasant.

Aber nur wenige Entwicklungsländer können aufgrund ihrer touristischen Gunstfaktoren (z. B. Badestrände, Nationalparks, exotische Pflanzen und Tiere) an dieser Entwicklung teilhaben. Es stellt sich also die Frage, was die Förderung des Tourismus in Entwicklungsländern bewirken kann.

Der moderne Ferntourismus ist in hohem Maße eine Wohlstandserscheinung der Industrieländer und weitgehend eine Einbahnstraße von Nord nach Süd. So bewirkt etwa die Lebensweise westlicher Touristen mit ihren Ansprüchen nach Klimaanlagen und Swimmingpools einen für die Urlaubsregionen drastischen Anstieg des Energie- und Wasserverbrauchs.

Tourismus – weltweit größter Arbeitgeber

Mit mehr als 250 Millionen Arbeitsplätzen ist der Tourismus der weltweit größte Arbeitgeber, und das mit zunehmender Tendenz.

Allein im Jahre 2004 unternahmen rund 688 Millionen Menschen eine Urlaubsreise ins Ausland.

Die Deviseneinnahmen im grenzüberschreitenden Tourismus betrugen im Jahr 2003 mehr als 605 Mrd. US-$, im Tourismus insgesamt 4,1 Billionen US-$.

Mit jeweils 12 % weltweitem Anteil am BNE und an der Anzahl aller Arbeitsplätze ist das Tourismusgewerbe ein bedeutender Wirtschaftsfaktor und damit auch eine wichtige Beschäftigungsgrundlage in vielen Regionen.

Prognosen gehen davon aus, dass der Tourismus weltweit weiter wachsen wird.

Nationalparks keine heile Welt

Nachdem die ersten Kolonialisten das vorgefundene Paradies zusammengeschossen hatten, begann die nächste Generation, voller Scham und Sentimentalität, sich um den Naturschutz zu kümmern.
Zoologen aus dem Norden fühlten sich dazu auserwählt, Gebiete wie die Serengeti zu schützen, nicht nur vor ihren Landsleuten, sondern vor den Afrikanern selbst, die der Natur seit Jahrtausenden nichts angetan hatten. Also beschlossen schon die Kolonialregierungen, Reservate zu errichten.
BERNHARD GRZIMEK brachte die Meinung auf den Punkt: „Um seinen Zweck zu erfüllen, muss ein Nationalpark eine ursprüngliche Wildnis bleiben. Kein Mensch, auch kein Eingeborener, darf darin leben."
Was im Klartext bedeutete, dass GRZIMEK in die Zeit vor Adam und Eva zurückgehen wollte. Die Viehhirten wurden gewaltsam vertrieben, damit „es so natürlich wie möglich aussieht". Die Wildnis blieb doch nicht so ursprünglich, denn die Reservate mussten finanziert werden und das konnte nur über den Tourismus erfolgen. Also wurden Lodges und Hotels errichtet, Pistenstraßen gezogen, Brunnen gebohrt, Landebahnen planiert.
In wenigen Jahren hatte man mehr Schaden angerichtet, als es die Nomaden je vermocht hätten. Wirtschaftlich war die Entwicklung für Kenia ein voller Erfolg. In Kenia wurde der Tourismus zur Deviseneinnahmequelle Nummer eins. Tourveranstalter verdienten sich eine goldene Nase, ebenso die einheimische Elite.
Wer aber von diesem Geschäft nicht profitierte, waren die aus ihrem angestammten Land Vertriebenen. Die Weidegründe außerhalb der Parks verödeten aufgrund der nun unumgänglichen Überweidung. Das Land konnte die Menschen nicht mehr ernähren. Und neue Arbeitsplätze gab es kaum, wenn man von den Kellnern und Putzfrauen in den Lodges absieht.

(aus: Trojanow, J. In: FAZ vom 9. 1. 1999)

Respekt für die Massai

Die meisten der heutigen National- und Großwildparks in Kenia gehörten einst zum Massailand. Im Namen von „Naturschutz und Naturmanagement", beides importierte Ideen aus Nordamerika und Europa, wurden die Massai aus ihrem Gebiet vertrieben. Dabei ist ihr Lebensstil keine Bedrohung für die Natur. Im Gegenteil: Frei lebende Wildtiere gehören für sie zur natürlichen Landschaft und teilen die Ressourcen mit den Haustieren. Bis heute wildern die Massai nicht: weder für Fleisch noch für Trophäen. [...]
Mit der Beliebtheit der Urlaubsziele stieg auch die Zahl der Touristen. [...] 600 000 kommen jedes Jahr nach Kenia, die meisten zieht es in die Parks nahe der Dörfer der Massai. [...]
In Kenia und Tansania wurden Siedlungsformen eingeführt, die in Kenia als kulturelle „bomas", also Kulturkrals, bekannt sind. Hier wird man Zeuge einer Verfälschung der Massaikultur. Traditionelle Rituale werden für die unwissenden Touristen organisiert. [...]
Die Mitwirkung der Massai an der Tourismusindustrie könnte sicher auf respektvollere Weise gestaltet werden. Regierung und Reiseveranstalter verdienen gut am Massentourismus. Auf wessen Kosten? Die Hauptlast tragen die Massai. Ihre Kultur wird vermarktet, ohne dass sie selbst spürbaren Nutzen daraus zögen. Bald könnten sie vor den Scherben ihrer Kultur und ihrer Identität stehen. [...]
Doch es geht auch anders: Ndorobo Tours zum Beispiel unterrichtet Touristen und Personal striktest über die Verhaltensregeln. Der Gewinn wird mit den besuchten Massai-Gemeinden geteilt.
Ich trete dafür ein, den Qualitätstourismus zu fördern und den Massentourismus zu reduzieren. Alle Beteiligten werden mehr und länger genießen und gewinnen, ohne zu zerstören.

(nach: Francis Shomet Olenaingsia, Massai-Angehöriger, in einem Beitrag für Oneworld, www.oneworld.at vom 18. 10. 2000)

Ob die Einrichtung von Naturschutzgebieten der einheimischen Bevölkerung schadet, untersuchte ein Forscherteam in 45 afrikanischen und lateinamerikanischen Ländern. In der Studie wurde geprüft, wie sich im Umkreis von 10 Kilometern um 300 Schutzgebiete die wirtschaftliche Situation der Bevölkerung entwickelt hatte.
Das Ergebnis dieser Studie war, dass Reservate und ihre Umgebung mehr Arbeitsmöglichkeiten bieten, dass sie eine bessere Infrastruktur und z. B. bessere Versorgung mit Trinkwasser aufweisen.
Probleme sahen die Forscher aber im Bevölkerungsboom. „..die wachsende Bevölkerungszahl darf nicht die Ressourcen gefährden, die eigentlich geschützt werden sollen".

(Quelle: Berliner Zeitung vom 4. 7. 2008, gekürzt)

M 89.1 Nationalparks in der Diskussion

1 Erarbeiten Sie ein Strukturdiagramm zu den möglichen ökonomischen, sozio-kulturellen und ökologischen Folgen des Massentourismus in Entwicklungsländern.
2 Führen Sie mithilfe Ihres Strukturdiagramms ein Rollenspiel zum Thema „Tourismus in Entwicklungsländern – Sackgasse oder Entwicklungschance?" durch.
3 Diskutieren Sie die Chancen alternativer Tourismuskonzepte.
4 „Der Tourist zerstört das, was er sucht, indem er es findet." Erläutern Sie diese Aussage von H. M. ENZENSBERGER und nehmen Sie Stellung dazu.
5 „Die ökologischste Form des Reisens ist das Nichtreisen." Diskutieren Sie diese Aussage.
6 **Referat-Tipp:** Tourismus in Entwicklungsländern – Chance oder Sackgasse?

www.world-tourism.org www.tourism-watch.de www.unwto.org

Steuerung der Globalisierung in Wirtschaftsblöcken

1952 Gründung der Europäischen Gemeinschaft für Kohle und Stahl (D, F ,I , BeNeLux)
1958 Einrichtung der Europäischen Wirtschaftsgemeinschaft (Präferenzzone)
1959 Einrichtung einer Freihandelszone
1968 Verwirklichung der Europäischen Gemeinschaft (Zollunion)
1973 Norderweiterung durch Beitritt von DK, UK, IRL
1981 Süderweiterung durch Beitritt von GR
1986 Süderweiterung durch Beitritt von E, P
1993 Einrichtung der Europäischen Union (Gemeinsamer Markt)
1995 Beitritt der ehemaligen EFTA-Länder A,S, SF
1999 Währungsunion als Vorstufe der Wirtschaftsunion (ohne DK, S, UK)
2004 Beitritt von CY, CZ, EST, H, LIT, LVP, MA, PL, SK, SLO
2007 Beitritt von BG, RO
1.12.2009 Unterzeichnung des Reformvertrags der Europäischen Union

M 90.1 Integrationsschritte der EU

Innerhalb des Systems globaler Verflechtungen erleichtern einzelne Länder noch stärker die Wirtschaftsbeziehungen untereinander; sie bilden supranationale Integrationsräume, innerhalb derer der Warenhandel ohne Beschränkungen möglich ist und auch ggf. ein freier Austausch von Produktionsfaktoren erfolgt.
Ziel der Zusammenschlüsse ist es, durch die Erleichterung der Austauschbeziehungen eine optimale Nutzung der vorhandenen Ressourcen zu erreichen, damit Kosten zu sparen und das Wirtschaftswachstum zu maximieren.

Stufen der Integration

Die Außenwirtschaftpolitik von Ländern kann durch Zölle und nicht-tarifäre Handelshemmnisse (z.B. Kontingente, technische Vorschriften) Einfluss auf den Warenhandel nehmen; mit Zuzugsbeschränkungen wird die Wanderung des Produktionsfaktors Arbeit gesteuert, über Investitionskontrollen die Mobilität des Produktionsfaktors Kapital gelenkt und durch Patente der Faktor Technisches Wissen überwacht. In den supranationalen Integrationsräumen werden schrittweise beschränkende Regulierungen aufgehoben und schließlich immer mehr Aufgaben der Wirtschaftspolitik an länderübergreifende Institutionen abgegeben.
Eine vollständige Integration erfolgt über verschiedene Stufen (M 90.2). Zuerst wird der Handel von Waren und Dienstleistungen erleichtert; in der Präferenzzone betrifft dies nur ausgewählte Güter, in der Freihandelszone alle Güter aus den Mitgliedsländern und in der Zollunion finden auch gegenüber Drittländern einheitliche Regeln Verwendung. Zusätzlich erlaubt der Gemeinsame Markt dann auch noch die freie Mobilität von Produktionsfaktoren (Arbeit, Kapital, Technisches Wissen). In der Wirtschaftsunion übernehmen Institutionen Aufgaben in der gemeinsamen Wirtschaftspolitik (z.B. Währungs-, Arbeitsmarkt-, Struktur-, Konjunkturpolitik).

M 90.3 Gebäude der EU in Brüssel

Integrationsraum Europäische Union

Den höchsten Grad der Integration hat die Europäische Union erreicht. In einem Zeitraum von über vier Jahrzehnten wurde der Gemeinsame Markt realisiert (M 90.2) und teilweise bestehen Elemente einer Wirtschaftsunion (z.B. Euro als gemeinsame Währung; Agrar-, Regional-, Wettbewerbspolitik; M 91.1). Wichtig war der Vollzug des Binnenmarktes im Jahr 1993; seitdem gelten vier Grundfreiheiten: Der freie Personenverkehr bedeutet nicht nur den Wegfall von Grenzkontrollen, sondern auch Niederlassungs- und Beschäftigungsfreiheit für alle EU-Bürger.
Der freie Dienstleistungsverkehr ermöglicht in der ganzen EU Finanz-, Bank-, Versicherungs-, Transport- und Dienstleistungsaktivitäten.
Der bereits seit längerem bestehende freie Warenverkehr wird durch weitere Vereinheitlichung

Präferenzzone	Freihandelszone	Zollunion	Gemeinsamer Markt	Wirtschaftsunion
Zollsenkung für ausgewählte Güter zwischen den Mitgliedsländern	freier Warenhandel (ohne tarifäre und nicht-tarifäre Handelshemmnisse) zwischen den Mitgliedern	Freihandel untereinander und gemeinsame Handelshemmnisse gegenüber Drittländern	Freihandel und freie Mobilität von Arbeit, Kapital und technischem Wissen	Freihandel, freie Mobilität und gemeinsame Wirtschaftspolitik durch supranationale Organisationen

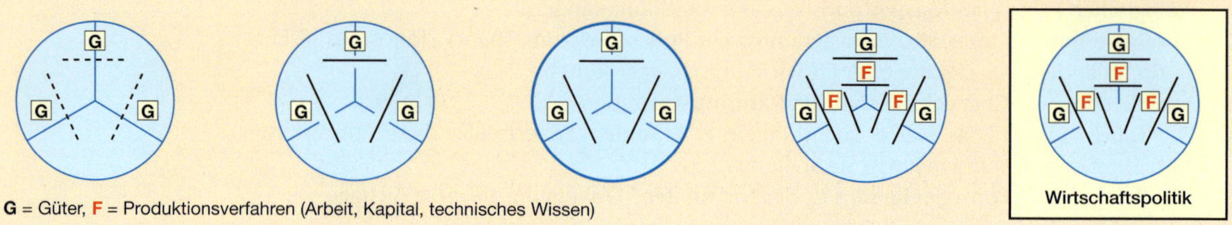

G = Güter, F = Produktionsverfahren (Arbeit, Kapital, technisches Wissen)

M 90.2 Stufen supranationaler Integration

von Normen und Vorschriften erleichtert. Und der freie Kapitalverkehr erlaubt Investitionen in der ganzen EU.
Für die in den Jahren 2004 und 2007 beigetretenen Länder in Südost- und Ostmitteleuropa gelten noch Übergangsbestimmungen hinsichtlich der Grundfreiheiten, um ihnen eine Anpassung an die Bedingungen des Integrationsraumes zu ermöglichen.

Weitere Integrationsräume

Der wirtschaftlich erfolgreiche Entwicklungsprozess der EU hat Vorbildfunktion für aktuelle Bemühungen anderer Länder der Welt (M 90.2). Doch hat noch keine andere Region einen vergleichbaren Integrationsgrad erreicht; alle übrigen Zusammenschlüsse beschränken sich bisher auf Erleichterungen der Handelsbeziehungen. Und trotz eines in den 1990er-Jahren bestehenden Gründungsfiebers haben nur wenige Vereinbarungen längerfristigen Bestand.
Ein relativ stabiler Austausch findet im Bereich des Warenverkehrs zwischen den Staaten des MERCOSUR (seit 1991), der ASEAN/AFTA (1993) und der NAFTA (1994) statt. Problematisch stellen sich dagegen die Integrationsbemühungen zwischen Entwicklungsländern dar.
So besteht zwischen ihnen aufgrund sehr ähnlicher Exportstrukturen (z. B. die gleichen Primärgüter) nur ein begrenztes Austauschpotenzial. Häufig ist auch die Verkehrsinfrastruktur schlecht ausgebaut und sie haben politische Differenzen (z. B. Grenzstreitigkeiten, unterschiedliche Wirtschafts- und Gesellschaftssysteme) untereinander. Besonders zwischen bevölkerungsreichen gering entwickelten Ländern (z. B. Indonesien) und kleinen hoch entwickelten Ländern (z. B. Singapur) bestehen auch unterschiedliche wirtschaftspolitische Interessen. Jene mit einem großen Binnenmarkt bevorzugen eine Abschottung vor internationalen Konkurrenz und den Aufbau einer eigenen Industrie, während jene mit einer hoch entwickelten Wirtschaft sich zusätzliche Absatzmärkte im Ausland erschließen wollen.

Ab 2010 wird der zollfreie Handel der zehn Asean-Staaten auf den Warenaustausch mit China ausgeweitet, ausgenommen sind vorerst nur elektronische Produkte und Textilien. Weitere Verhandlungen der Asean-Staaten über einen Freihandelsvertrag werden mit Japan, Südkorea, Indien, Australien und Neuseeland geführt.

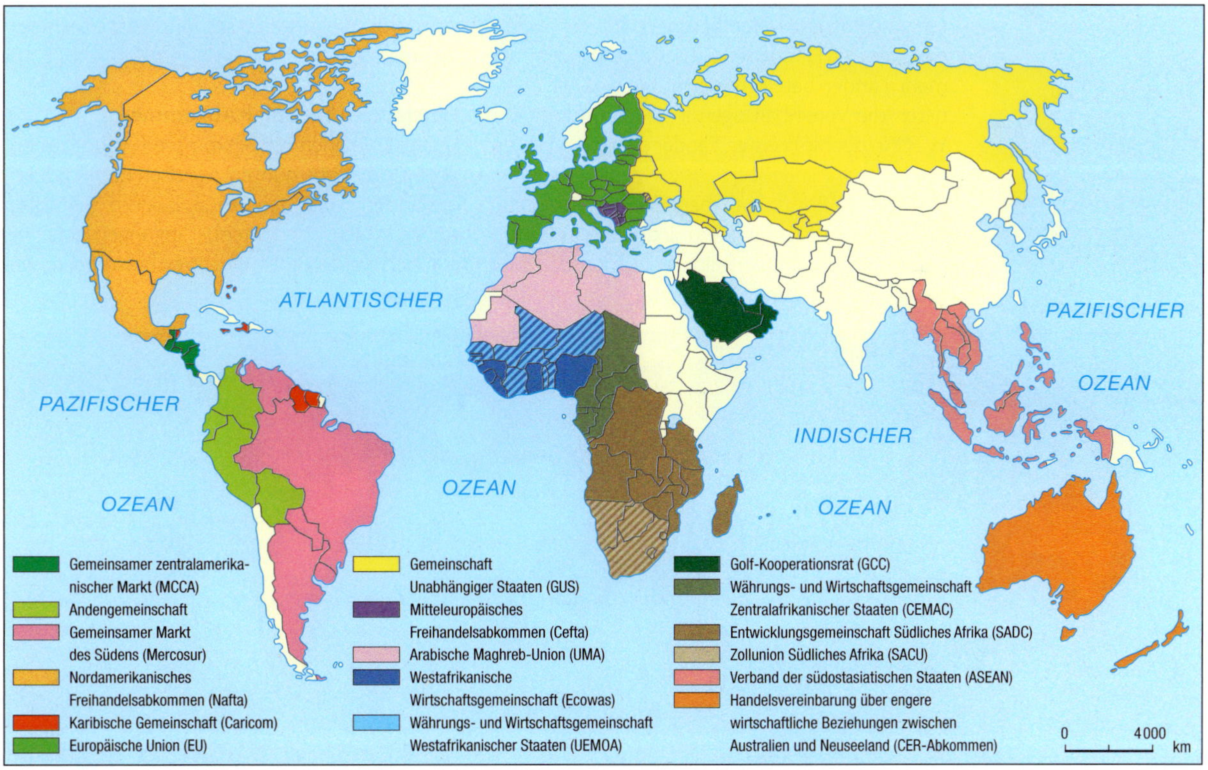

M 91.1 Wirtschaftliche Integrationsräume

1 Beschreiben Sie Gründe, die für die Bildung von supranationalen Integrationsräumen sprechen (**M 90.2**).
2 Erläutern Sie Elemente eines gemeinsamen Marktes und einer Wirtschaftsunion in der EU; nehmen Sie dabei auch eine räumliche Gliederung nach Ländern vor (Atlas, **M 90.1**).
3 Stellen Sie die Probleme einer Integration von gering entwickelten Ländern zusammen.
4 **Referat-Tipp:** „Die Vorbildfunktion der EU“.

Internationale Handelsabkommen

Handelsabkommen dienen dazu, zwischen den Herstellerländern und den Verbraucherländern für bestimmte Güter die produzierten Mengen und deren Preise zu stabilisieren. In der jüngeren Vergangenheit bestanden diese Abkommen für eine Reihe von Gütern (z. B. Kaffee, Textilien). Immer mehr dieser Abkommen laufen aus, da die WTO Liberalisierung mit freien Handel und Wettbewerb als wichtiger für das globale Wachstum bewertet.

WTO – Welthandelsorganisation

Die Vereinbarungen der WTO (World Trade Organization) beruhen auf der Annahme, dass ungehinderter Austausch von Waren den Wohlstand, die Einkommen und den Beschäftigungsgrad aller beteiligter Länder steigert. Bereits 1947 verständigten sich 21 Länder (aus Europa und Nordamerika) auf das GATT (General Agreement on Tariffs and Trade); in den folgenden Jahrzehnten geschlossene Vereinbarungen führten zu immer weiteren Handelserleichterungen und immer mehr Länder beteiligten sich daran. 1994 mündeten die Vereinbarungen in die Gründung der WTO, in der die meisten Länder der Erde Mitglied sind.

Sie setzt die Prinzipien Liberalisierung, Reziprozität und Nicht-Diskriminierung durch. Das Prinzip der Liberalisierung verpflichtet zur Reduzierung der Zölle und zum Verbot von nicht-tarifären Handelshemmnissen (z. B. Kontingente). Das Prinzip der Reziprozität fordert die Gleichwertigkeit von Leistungen und Gegenleistungen zwischen den Vertragspartnern. Das Prinzip der Nicht-Diskriminierung bedeutet, dass Handelserleichterungen, die einem Land gewährt werden, allen anderen Vertragspartnern ebenfalls zustehen. Falls Mitgliedsländer dagegen verstoßen, kann die WTO Sanktionen erlauben (z. B. Strafzölle). Zuerst konzentrierten sich die Vereinbarungen auf die Industrieproduktion, heute werden immer mehr Bereiche (Landwirtschaft, Dienstleistungen) einbezogen. Relativ jung ist das TRIPS (Trade Related Aspects of Intellectual Property Rights), das Mindeststandards beim Patent- und Urheberrechtsschutz setzt. Das TRIM (Trade Related Investment Measures) dient zur Sicherung von ausländischen Investitionen. Vorgesehen sind Weiterentwicklungen zu einer globalen Wettbewerbsordnung, die Umweltstandards, Sozialstandards und Arbeitnehmerrechte umfasst.

Hersteller-Abnehmer-Abkommen

Hersteller-Abnehmer-Abkommen verteilen Import- und Exportquoten zwischen den Produktionsländern und den Absatzländern. Sie sollen stabile Markt- und Preisbedingungen schaffen; zugleich werden aber neue Wettbewerber ausgeschlossen.

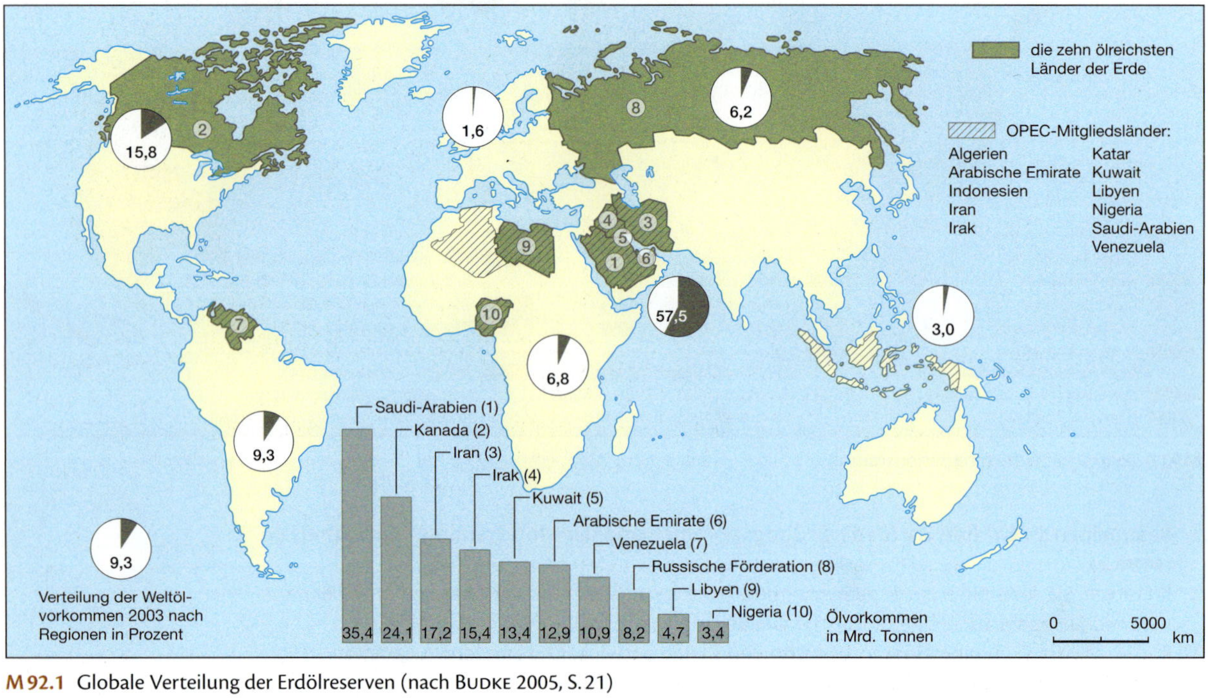

M 92.1 Globale Verteilung der Erdölreserven (nach BUDKE 2005, S. 21)

So gewährte das bis 2005 gültige Welttextilabkommen einzelnen Ländern Quoten für den Export von Textilien und Bekleidung in die drei Hauptmärkte Europa, Japan und USA.
Die über Quoten verfügenden Länder besaßen damit relativ sichere Produktions- und Absatzbedingungen und waren vor Billigkonkurrenz geschützt (M 93.2). Allerdings entstand hoher administrativer Aufwand; Einkäufer großer Handelsketten in Deutschland mussten Einfuhrgenehmigungen beim Bundesamt für Wirtschaft und Ausfuhrkontrolle besorgen.
Länder, die über Quoten verfügten, aber gar keine Textilindustrie besaßen (z. B. Bangladesch, Sri Lanka, Mauritius), richteten Produktionen ein, ohne auf deren zukünftige Wettbewerbsfähigkeit zu achten. Andere Länder mit günstigeren Produktionsbedingungen blieben dagegen ausgeschlossen.

Mit dem Auslaufen kam es zu einer Verschiebung in der globalen Produktionsstruktur der Bekleidungsindustrie. Länder mit höheren Arbeitskosten (z. B. Mexiko, Tunesien, Türkei) waren starkem Preiswettbewerb ausgesetzt und dort mussten viele Produktionseinheiten schließen.
Länder in Süd- und Ostasien (z. B. China) mit extrem niedrigen Löhnen und oft schlechten Arbeitsbedingungen (z. B. Kinderarbeit, Sicherheitsmängeln) bauten dagegen Kapazitäten auf; heute kommt bereits fast ein Drittel der weltweiten Bekleidungsexporte aus China.
Die Konsumenten profitieren von einer breiten Auswahl an Bekleidung zu niedrigen Preisen.

Hersteller-Abkommen

Hersteller-Abkommen sind üblich, wenn eine begrenzte Zahl von Lieferländern einer großen Zahl von Nachfrageländern gegenübersteht.
So befinden sich Lagerstätten von manchen Rohstoffen nur in wenigen Ländern und manche Agrarprodukte wachsen nur in wenigen Regionen. Die Hersteller können sich dann zusammenschließen und über Absprachen von Mengen Einfluss auf die Weltmarktpreise nehmen. Das bekannteste Hersteller-Abkommen ist die OPEC (= Organization of Petroleum Exporting Countries), in der die wichtigsten Erdölförderländer (z. B. Golfstaaten, Nordafrika) zusammengeschlossen sind (M 92.1). Die Organisation, deren Sekretariat sich in Wien befindet, koordiniert die Ölpolitik der Mitgliedsländer. In zweimal jährlich stattfindenden Konferenzen werden die Fördermengen der einzelnen Staaten abgestimmt. Dadurch versucht die OPEC den Preis zu stabilisieren und damit sowohl die Einkommen der Förderländer zu sichern als auch eine ausreichende Versorgung des Weltmarktes zu gewährleisten.

Land	Prozentsatz %	Stundenlohn (in US-$)
Bangladesch	95	0,30
Kambodscha	83	k. A.
Pakistan	73	0,41
Sri Lanka	71	0,48
Nepal	61	k. A.
Tunesien	46	k. A.
Türkei	38	k. A.
Indien	30	0,38
Rumänien	27	k. A.
China	12	0,68/0,88*

* Löhne in chinesischen Fabriken mit mittel- und hochwertiger Kleidung

M 93.1 Textil- und Bekleidungsexporte in % der Exporte industrieller Güter des Landes

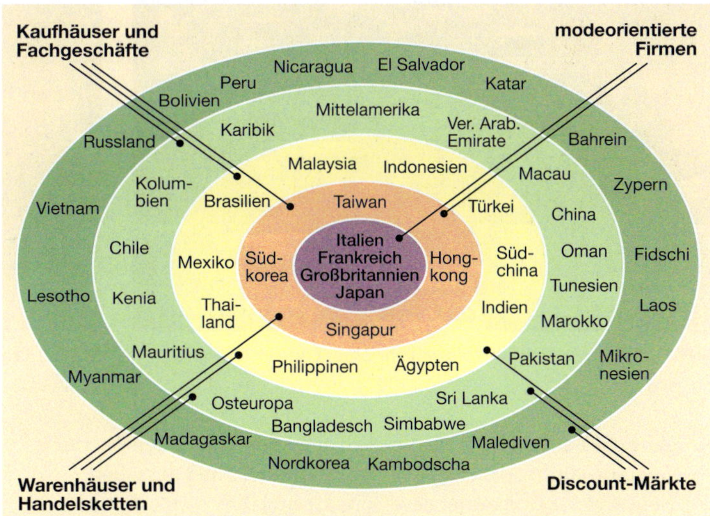

M 93.2 Internationale Einkaufsstrategien bei Textilien und Bekleidung – nach Preis- und Qualitätsansprüchen der Abnehmer sortierte Ländergruppen

1 Erklären Sie die Funktion und Bedeutung der WTO (Text).
2 Stellen Sie Vor- und Nachteile von Hersteller-Abnehmer-Abkommen gegenüber (**M 93.2**).
3 Überlegen Sie, welche unterschiedlichen Qualitäten von Bekleidung bei uns verkauft werden und welche Länder diese liefern können (**M 93.1**).
4 Überlegen Sie, für welche Güter sich Hersteller-Abkommen eignen, und stellen Sie zusammen, welche Wirkungen diese auf die Abnehmer besitzen (**M 93.1**).

Globalisierung

Die Erde ist durch den Menschen sehr unterschiedlich erschlossen und besiedelt worden. Diese Verschiedenheit lässt sich am Entwicklungsstand der einzelnen Länder deutlich erkennen. Man verwendet wirtschaftliche, soziale und politische Indikatoren, um einen bestimmten Entwicklungsstand zu beschreiben und Ländervergleiche vornehmen zu können. Die Auswahl der Kriterien entscheidet über die Zuordnung zu und die Rangfolge innerhalb von Staatengruppen.

Der HDI verwendet für den Grad der menschlichen Entwicklung die Kriterien Lebenserwartung, Lebensstandard und Bildungsstand. An der Ausprägung der Wertschöpfung des BIP in den einzelnen Wirtschaftssektoren ist der ökonomische Entwicklungsstand ablesbar. Die Möglichkeiten zur Teilnahme am Welthandel tragen zur Festigung der jeweiligen wirtschaftlichen Position bei. Daraus ergeben sich häufig Probleme, die besonders für die Entwicklungsländer schwer zu lösen sind. Die rasch wachsende Bevölkerungszahl dieser Länder hat Migration und Metropolisierung zur Folge, sodass Disparitäten und Entwicklungsrückstände verstärkt werden.

Die Globalisierung mit ihren zunehmenden Verflechtungen im Handel, im Transport und in der Kommunikation beeinflusst durch eine Veränderung in der Wahrnehmung von Standortfaktoren wirtschaftliche Entscheidungen und damit die Möglichkeiten der Entwicklung ganzer Regionen. Daraus ergibt sich eine neue Verpflichtung für die Entwicklungszusammenarbeit zwischen den Industrie- und Entwicklungsländern.

Für viele Menschen in der Welt ist es nicht möglich, in diese Prozesse einzugreifen und so zum Beispiel eine Verbesserung ihrer persönlichen Situation oder die Sicherung der Zukunft ihrer Kinder zu erreichen. Die Interessen sind sehr verschieden. Deshalb gibt es weltweit agierende Organisationen, die versuchen, auf internationalen Konferenzen Vereinbarungen zu erzielen, die den Fortbestand der Menschheit und für alle ein menschenwürdiges Dasein ermöglichen sollen.

M 94.1 Bangkok: Kraftfahrzeugverkehr ohne Ende in Thailands Hauptstadt

M 94.2 Problem Trinkwasserversorgung: Afrikanische Frauen beim Wasserholen

Aufgabe: Gestalten Sie ein Planspiel zu einem der folgenden Themen:
- Wie sollte künftig die Entwicklungszusammenarbeit aussehen?
- Wie soll weltweit die Energieversorgung im Jahre 2050 erfolgen?
- Wie kann jedem Menschen auf der Erde der Zugang zu ausreichend sauberem Trinkwasser ermöglicht werden?
- Wie kann die Ernährung der Weltbevölkerung in der Zukunft gesichert werden?

Stellen Sie sich als Situation eine Konferenz im Rahmen der UNO vor, die einen Maßnahmenkatalog zur Lösung der Problemfrage erarbeiten soll.

Die Konferenz wird von einem UN-Vertreter geleitet. Ihm stehen zwei Protokollanten zur Seite, die den Verlauf der Konferenz dokumentieren und am Ende eine Beschlussvorlage formulieren müssen, über die abzustimmen ist.

Teilnehmer der Konferenz sind Vertreter verschiedener Ländergruppen, z. B. der EU, der USA, aus Japan, afrikanischen Staaten, China, Staaten Südostasiens und Lateinamerikas, die jeweils ihre Interessen klar vertreten sollen.

Hinzu können Experten zu bestimmten Themen geladen werden (Greenpeace, OPEC, Gentechniker, Brot für die Welt u. a.), die nur informierende Aufgaben zu erledigen haben.

Methoden zum Planspiel „UN-Konferenz“

1. Festlegen des Themas
2. Erfassen der Rollen bzw. Interessengruppen
3. Beschaffung von Informationen zu den Rollen und Interessenlagen
4. Entscheiden und Planen
   - Festlegen des Ziels der Gruppe
   - Diskutieren von Strategie und Taktik
   - Sammeln von Argumenten
   - Verteilen der Aufgaben in der Gruppe
   - Visualisieren des Standpunktes
5. Konferenzphase
   - Eröffnung der Konferenz durch den UN-Vertreter
   - Jede Gruppe trägt ihr Statement vor.
   - Diskussion der Statements
   - Anhörung von Experten im Bedarfsfall
   - Erfassen von Maßnahmen
   - Entscheidung über den Maßnahmenkatalog
6. Auswertung

Zunächst sprechen die Spieler/Konferenzteilnehmer kurz über ihre Sicht zum Ablauf der Konferenz. Anschließend ist der gefundene Maßnahmenkatalog sachlich dahingehend zu überprüfen, ob die Vereinbarungen von allen Betroffenen wirklich akzeptiert werden können.

Rollenkarten für die Konferenzteilnehmer (Vorschläge)

UN-Vertreter
Sie leiten die Konferenz. Bereiten Sie sich so vor, dass nach den zum gewählten Thema erfolgten Stellungnahmen der einzelnen Ländervertreter konkrete Probleme und Lösungsvorschläge beraten werden.
Überlegen Sie, wie die Experten zur Entscheidungsfindung beitragen können, und fordern Sie diese an geeigneter Stelle zum Vortrag auf.
Ziel muss es sein, am Ende eine abstimmungsfähige Resolution zu erhalten. Diese muss schriftlich fixiert werden.

EU-Vertreter
Sie vertreten als EU-Ratspräsident alle Staaten der Europäischen Union. Damit sind Sie gleichzeitig Staatsoberhaupt eines der Mitgliedsländer. In dieser Rolle können Sie aus der Sicht Ihres Staates, müssen aber immer auch aus Sicht der EU argumentieren.
Informieren Sie sich zum gewählten Thema genau über die Position innerhalb der EU und über bereits getroffene Maßnahmen. Es ist wichtig, die vereinbarten Ziele innerhalb der EU genau zu vertreten.

ASEAN-Vertreter
Informieren Sie sich über die Mitgliedsstaaten und die Ziele von ASEAN.
Überprüfen Sie deren Vorstellungen und Maßnahmen zum gewählten Thema.
Agieren Sie auf der Konferenz als Vertreter des gesamten Bündnisses, Sie können sich aber auch in die Rolle als Staatsoberhaupt eines Mitgliedslandes versetzen, um den eigenen Argumenten mehr Gewicht zu verleihen.

NAFTA-Vertreter
Informieren Sie sich über die Mitgliedsstaaten und die Ziele von NAFTA.
Überprüfen Sie deren Vorstellungen und Maßnahmen zum gewählten Thema.
Agieren Sie auf der Konferenz als Vertreter des gesamten Bündnisses, Sie können sich aber auch in die Rolle als Staatsoberhaupt eines Mitgliedslandes versetzen, um den eigenen Argumenten mehr Gewicht zu verleihen.

OAU-Vertreter
Informieren Sie sich über die Mitgliedsstaaten und die Ziele der OAU.
Überprüfen Sie deren Vorstellungen und Maßnahmen zum gewählten Thema.
Agieren Sie auf der Konferenz als Vertreter des gesamten Bündnisses, Sie können sich aber auch in die Rolle eines Staatsoberhaupts versetzen, um den eigenen Argumenten mehr Gewicht zu verleihen.

Greenpeace-Vertreter
Informieren Sie sich über die Position und bereits erfolgte Aktionen Ihrer Organisation zum gewählten Thema.
Sprechen Sie mit der Konferenzleitung ab, zu welchem konkreten Sachverhalt Sie eine kurze Rede halten, um die Entscheidung der Konferenzteilnehmer durch Argumente zu stützen.

OPEC-Vertreter
Informieren Sie sich über die Ziele und Arbeitsweise Ihrer Organisation.
Sprechen Sie mit der Konferenzleitung ab, zu welchem konkreten Sachverhalt Sie eine kurze Rede halten, um die Entscheidung der Konferenzteilnehmer durch Argumente zu stützen.

„Brot für die Welt“
„Ärzte ohne Grenzen“
Informieren Sie sich über die Position und bereits erfolgte Aktionen Ihrer Organisation zum gewählten Thema.
Sprechen Sie mit der Konferenzleitung ab, zu welchem konkreten Sachverhalt Sie eine kurze Rede halten, um die Entscheidung der Konferenzteilnehmer durch Argumente zu stützen.

Zusammenfassung

Die letzten Jahrzehnte werden als Globalisierungsphase bezeichnet. Internationale Institutionen (z. B. WTO, IWF) reduzierten die Barrieren für den Austausch von Waren und Dienstleistungen. Moderne Verkehrs- und Kommunikationssysteme verringerten die Transport- und Transaktionskosten.
Unternehmen nutzten durch Direktinvestitionen Standortvorteile im Ausland und vertreiben ihre Produkte global. Es kam zu einem starken Anwachsen der wirtschaftlichen Austauschbeziehungen und es entstanden weltweite Produktions- und Absatzsysteme. Länder können sich auf Produktionen spezialisieren, bei denen sie absolute bzw. komparative Vorteile besitzen.

Die weltweiten Verflechtungen bieten den Konsumenten in hoch entwickelten Ländern eine große Vielfalt von Produkten zu niedrigen Preisen. Zugleich steht die Wirtschaft unter starkem Wettbewerbsdruck. Nur mit modernen Produkten und ständigen Innovationen können Unternehmen ihre Konkurrenzfähigkeit sichern.
In Deutschland verändern sich die Qualifikationsanforderungen an die Beschäftigten. Für hoch qualifizierte Personen ist die Arbeitsmarktlage sehr günstig. Dagegen wird es für gering Qualifizierte immer schwieriger, da gerade diese Arbeitsplätze (z. B. einfache Produktionstätigkeit) ausgelagert oder durch Maschinen (z. B. Industrieroboter) ersetzt werden.
Schwellenländer konnten von den zunehmenden Verflechtungen profitieren, arbeitsintensive Industriezweige aufbauen und die Produkte weltweit absetzen.
Probleme treten in den gering entwickelten Ländern auf, die weiter vom Export von Primärgütern abhängig sind. Ihre Erlöse steigen kaum und der Aufbau neuer Wirtschaftszweige ist im globalen Wettbewerb schwierig.

Auf kontinentaler Ebene schließen sich immer öfter Länder zu Integrationsräumen zusammen. Innerhalb dieser werden die Austauschbeziehungen noch weitergehend erleichtert als auf globaler Ebene.
Die EU ist dabei am weitesten vorangeschritten und besitzt Vorbildfunktionen für andere Regionen.

Prüfen Sie sich selbst

1 Erläutern Sie, warum die Globalisierung das Ergebnis bewusster politischer Entscheidungen ist (Pressemeldungen).
2 Erläutern Sie die Bedeutung von Warenhandel in historischer Perspektive.
3 Ordnen Sie in Ihrem Haushalt vorhandene Waren den unterschiedlichen Gründen für Welthandel zu.
4 Erläutern Sie die räumliche Verteilung und die Strukturen des Warenhandels zwischen hoch entwickelten Ländern.
5 Beschreiben Sie den Ablauf von Warentransporten im 19. Jahrhundert.
6 Erklären Sie den Zusammenhang zwischen der Entwicklung von Verkehrssystemen und der räumlichen Arbeitsteilung.
7 Stellen Sie in einer Tabelle wichtige Innovationen im Verkehrssystem und deren Wirkungen zusammen.
8 Diskutieren Sie die Vor- und Nachteile von Transporten unterschiedlicher Güter per Schiffscontainer und Luftfracht.
9 Erläutern Sie die Bedeutung von Kommunikationsverbindungen für die internationale Arbeitsteilung.
10 Erläutern Sie die Veränderungen im Logistiksystem und die neuen Anforderungen an Dienstleister.
11 Beschreiben Sie die räumliche Verteilung der Warenkette von Kaffee.
12 Vergleichen Sie andere Warenketten von Primärgütern mit jener von Kaffee.
13 Besuchen Sie Ladengeschäfte in Ihrer Umgebung und suchen Sie dort nach „Fairtrade"-Produkten.
14 Stellen Sie die räumliche Verteilung der Bekleidungsproduktion zusammen.
15 Erklären Sie, warum in der Phase der Globalisierung immer mehr multinationale Dienstleistungsunternehmen entstehen.

Grundlegende Begriffe

Basisinnovation
Direktinvestition
Divergenz
Europäische Union
Freihandel
Globalisierung
Handelsbeschränkung
Handelsbilanz
Diversifizierung der Wirtschaft
Privatisierung
Deregulierung
Liberalisierung
WTO

Potsdamer Platz in Berlin

Raumstrukturen und aktuelle Entwicklungsprozesse in Deutschland

Der zentrale Standort im Gefüge der Bundeshauptstadt Berlin und die beispiellose und schnelle Erneuerung nach dem Fall der Mauer haben den Potsdamer Platz zu einem der anspruchsvollsten städtebaulichen Projekte in Deutschland gemacht. Er verdeutlicht den Trend weg von der Industrie- und hin zur Dienstleistungsstadt.

Raumstrukturen und aktuelle Entwicklungsprozesse in Deutschland

Produktionsschritte der Industrie werden ins Ausland verlagert, das ist charakteristisch geworden für den Wandel in Deutschland: weg von der Produktion und hin zur Dienstleistung. War in den 1960er-Jahren über die Hälfte der Erwerbstätigen in der Produktion beschäftigt, so ist es heute nur noch knapp ein Drittel mit weiter abnehmender Tendenz. Dafür stieg der Anteil im Dienstleistungssektor auf knapp 70 %. Investitionen im Ausland wirken sich auch positiv auf den Standort Deutschland aus. Für die Arbeitsplätze in den Städten sind zunehmend die weichen Standortfaktoren relevant geworden. Diese weisen soziale und qualitative Komponenten auf, die sich auf die lokale und regionale Wohn- und Lebenswelt der Beschäftigten und Unternehmer beziehen. Üblicherweise versteht man darunter Merkmale wie kulturelles Angebot, Einkaufs-, Bildungs- und Freizeitmöglichkeiten sowie landschaftliche Attraktivität im Wohnumfeld (Freizeitwert).

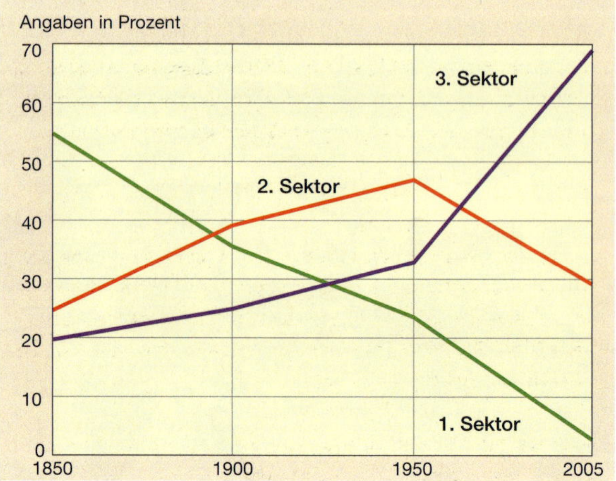

M 98.2 Erwerbstätige nach Sektoren

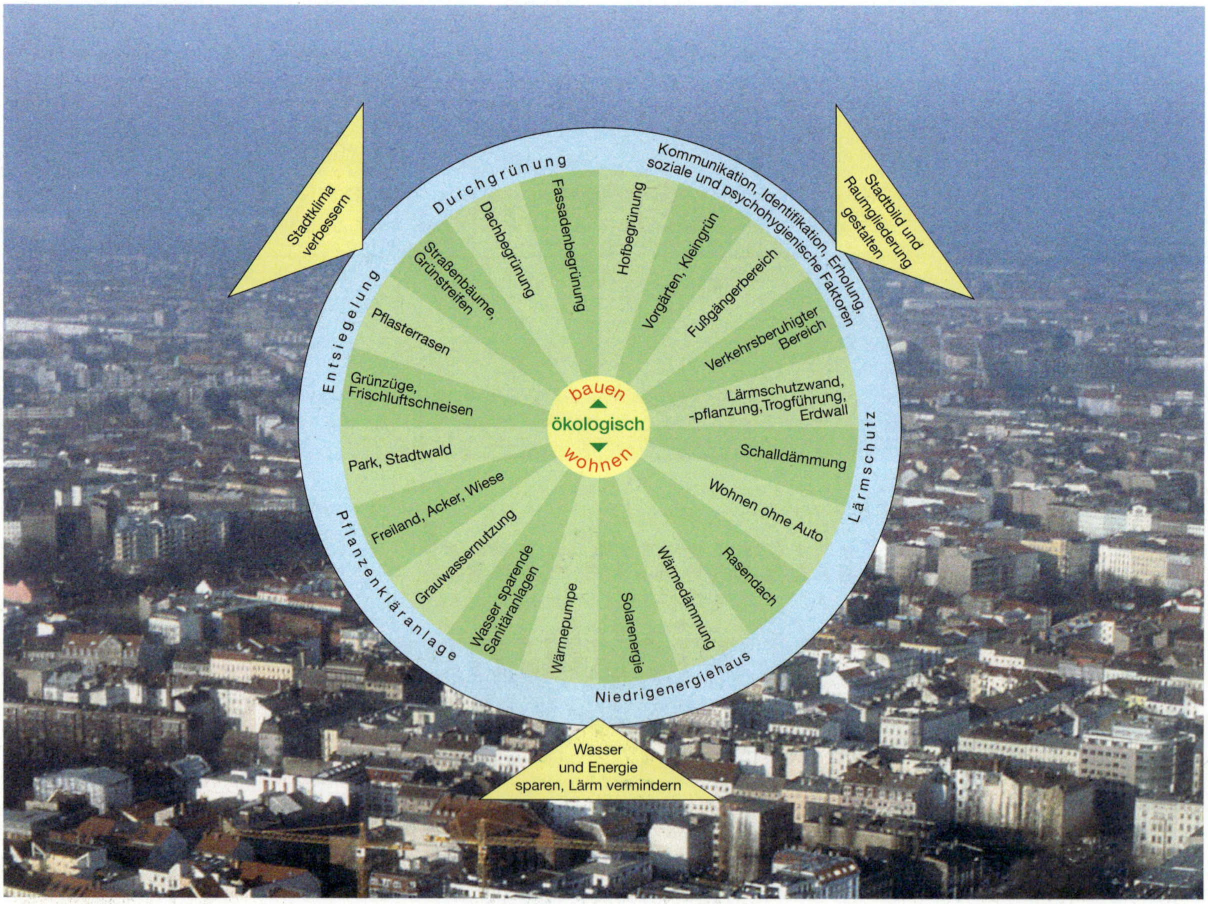

M 98.1 Aspekte der nachhaltigen Stadt

Aufgabe: Erläutern Sie das Prinzip der Nachhaltigkeit und verdeutlichen Sie Ihren Standpunkt anhand einer künftigen Siedlungspolitik.

Grundbegriffe

Die Zusammenstellung enthält einige grundlegende Begriffe, die Sie aus früheren Jahrgangsstufen kennen sollten:

Aktivraum

Altindustriegebiete: Räume früher Industrialisierung, vor allem auf der Basis des Standortfaktors Rohstoffvorkommen, die durch Umbewertung der Standortfaktoren zu Krisenregionen wurden.

Ballungsgebiet

Bevölkerungsentwicklung

Infrastruktur

Ländlicher Raum: Gebiet, das gekennzeichnet ist durch eine geringe Bevölkerungsdichte, das Fehlen größerer Städte, in dem die Landwirtschaft noch eine große Bedeutung hat, einen Mangel an Arbeitsplätzen im sekundären und tertiären Sektor herrscht und die Verkehrserschließung gering ist.

Passivraum

Raumstruktur: Gliederung eines Gebietes nach natur- und/oder wirtschaftsräumlichen Gesichtspunkten.

Stadtökologie: Fachbereich, der die Ökosysteme im Lebensraum „Stadt" untersucht. Da dieser Lebensraum vom Menschen geprägt ist, finden sich dort ganz besondere Wechselwirkungen zwischen den Menschen, Tieren, Pflanzen und ihrer unbelebten Umwelt wie z. B. Klima und Boden. Durch den Schutz der Umwelt sollen die Lebensbedingungen in der Stadt dauerhaft verbessert werden.

Standortfaktoren: Bedingungen, die die Ansiedlung eines Betriebs an einem bestimmten Ort begünstigen. Sie werden unterschieden nach harten (Vorkommen von Rohstoffen, Transportkosten, Absatz- und Arbeitskosten, Grundstückskosten, Steuern, Abgaben) und weichen Standortfaktoren (nicht in Kosten messbare Faktoren wie Freizeitwert, Agglomerationsvorteile, Infrastruktur, Sicherheit, Image).

Strukturwandel: Tiefgreifende Veränderung in der Wirtschaft eines Gebietes, einhergehend mit der Stilllegung und Neugründung von Unternehmen.

Tertiärisierung

Wachstumsregion

Aufgabe: Vergewissern Sie sich, dass Sie alle im Begriffscontainer enthaltenen Begriffe erklären können. Definieren Sie selbstständig die nicht erklärten Begriffe.

Methoden

Die Zusammenstellung enthält grundlegende geographische Arbeitsmethoden, die Sie sicher beherrschen sollten:

- Interpretation und Bewertung von Strukturdaten und Statistiken
- Durchführung und Auswertung von Unterrichtsgängen
- Einholung fundierter Informationen durch Expertenbefragung
- Recherche zu einem ausgewählten Aspekt in der aktuellen Diskussion mithilfe der Fachliteratur und des Internets
- Erstellung und Präsentation der Ergebnisse einer Gruppenarbeit

Aufgabe: Überprüfen Sie selbstständig (z. B. durch das Erstellen von Check-Listen), ob Sie die genannten Methoden sicher beherrschen.

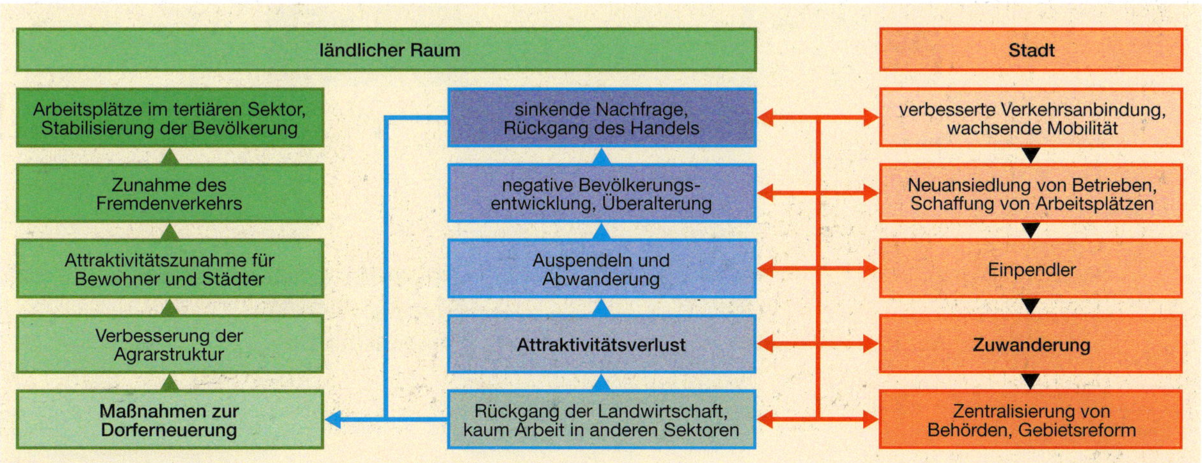

M 99.1 Wechselwirkungen zwischen der Stadt und dem ländlichen Raum

Aufgabe: Erläutern Sie die Wechselwirkungen zwischen dem ländlichen Raum und der Stadt an einem Ihnen bekannten Beispiel aus der Nähe des Schulstandorts.

Demographischer Wandel in Deutschland

Allgemeine Trends und großräumige Unterschiede

	1991	2020
D	21,7	17,4
D-Ost	24,4	16,6
D-West	20,9	17,7

M 100.1 Anteil der unter 20-Jährigen in %

	1991	2020
D	20,4	28,6
D-Ost	19,1	31,0
D-West	20,8	28,0

M 100.2 Anteil der über 60-Jährigen, in %

Quelle: Bundesministerium für Verkehr, Bau- und Wohnungswesen: Herausforderungen des demographischen Wandels für die Raumentwicklung in Deutschland. Berlin 2004

Der demographische Wandel ist ein Prozess, der bereits um 1970 in Deutschland einsetzte. Aber erst seit einigen Jahren werden der demographische Wandel und seine Folgen gesellschaftlich wahrgenommen und diskutiert. Abnahme der Bevölkerungszahl, Alterung, Vereinzelung und Internationalisierung sind die langfristigen Trends des demographischen Wandels.

Allerdings zeigen sich große regionale Unterschiede in der Ausprägung dieser Trends, diese sind besonders deutlich zwischen den östlichen und den westlichen Bundesländern.

Nach der Wende kam es in den 1990er-Jahren im Osten Deutschlands zu einem drastischen Geburtenrückgang und zu starken Abwanderungsbewegungen in die westlichen Bundesländer, die in abgeschwächter Form noch im neuen Jahrtausend anhielten. Besonders gravierend war die Abwanderung junger Frauen, sodass in vielen östlichen Regionen auch die Generation junger Mütter stark dezimiert ist.

Das führt dazu, dass die räumlichen Konsequenzen des demographischen Wandels, z. B. Ausdünnung von Schulnetzen, Ärztemangel vor allem auf dem Lande, Schrumpfung von Städten, im Osten Deutschlands zuerst spürbar werden.

Alterung, Vereinzelung (Zunahme von Einpersonenhaushalten) und Internationalisierung sind landesweite Tendenzen, finden aber in unterschiedlichem Tempo statt. Der Bevölkerungsrückgang weist dagegen große regionale Unterschiede auf.

Es gibt ein Nebeneinander von Gebieten mit Zunahmen und solchen mit Abnahmen in der Bevölkerungszahl.

Die Ursachen gehen meist auf vergangene Entwicklungen zurück. Bei langjährigen Abwanderungsgebieten ist die Bevölkerung im Durchschnitt älter und es kommt zu Sterbefallüberschüssen. In Zuwanderungsgebieten ist die Bevölkerung jünger. Neben Wanderungsgewinnen gibt es hier oft noch Geburtenüberschüsse. Hintergrund für die Wanderungsprozesse sind häufig ökonomische Faktoren.

Der demographische Wandel insgesamt stellt eine große Herausforderung für den Umbau der sozialen Sicherungssysteme, aber auch für die Planung der Raumentwicklung dar.

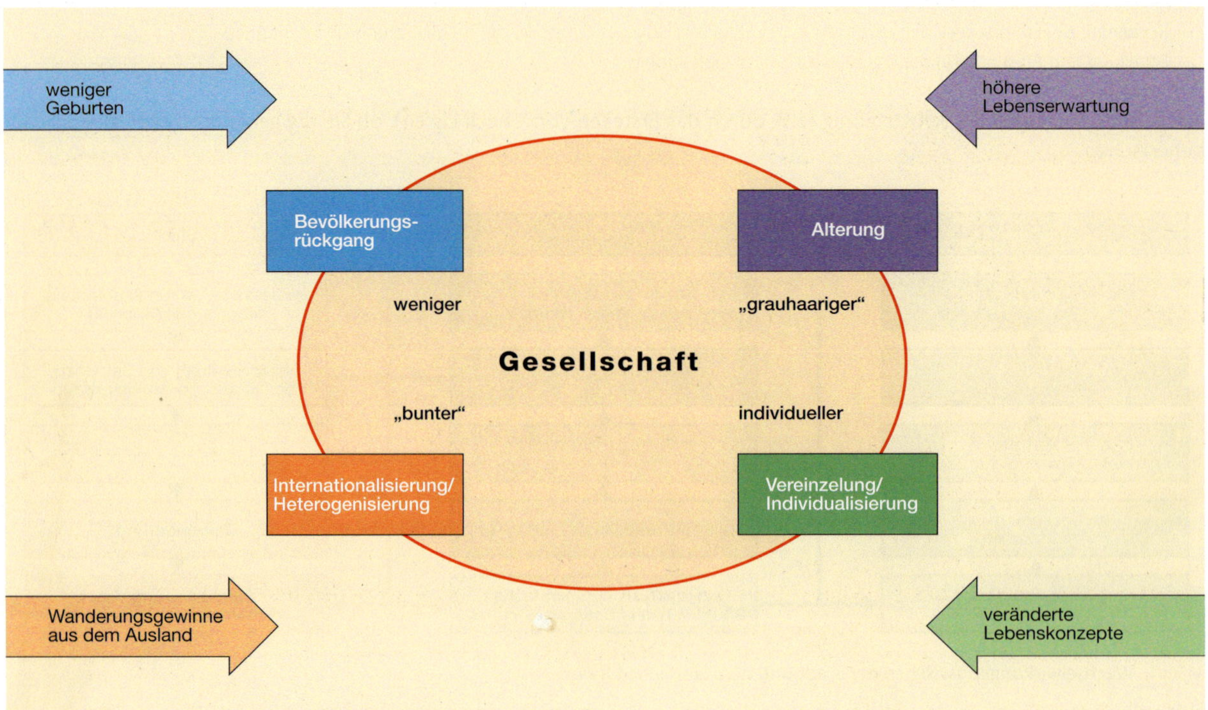

M 100.3 Komponenten des demographischen Wandels

Prinzipiell ist der Prozess des demographischen Wandels nicht umkehrbar. Seine Auswirkungen vollziehen sich vielschichtig und langfristig.
Sie können jedoch mit Familien-, Bildungs-, Gesundheits-, Einwanderungs- und Arbeitsmarktpolitik, in Raumentwicklung und Städtebau durch Vorsorge- und Anpassungsstrategien beeinflusst werden.
So kann eine durchdachte Zuwanderungspolitik in einem gewissen Grade den Bevölkerungsrückgang mindern. Sie muss aber durch wirksame Integrationsmaßnahmen ergänzt werden, die den Bildungs- und Familienbereich wie auch den Arbeitsmarkt einschließen. Maßnahmen zur Erhöhung der Geburtenzahl werden nur begrenzt positiv auf die Bevölkerungsentwicklung wirken, weil die Zahl junger Mütter aufgrund der zurückliegenden geburtenschwachen Jahrzehnte insgesamt gering ist.
In Bezug auf die Alterung besteht Handlungsbedarf in verschiedenen Bereichen der Daseinsvorsorge. In ländlichen Regionen verringern sich durch sinkende Schülerzahlen die Schulstandorte, die Schulwege werden länger. Auch die ärztlichen Versorgungsbereiche vergrößern sich und es wird schwieriger, das Angebot an öffentlichen Verkehrslinien leistungsfähig zu halten. Dadurch verschlechtern sich für die größer werdende Zahl Älterer die Mobilitätsverhältnisse.
In den Städten wiederum differenziert sich die Gruppe der Älteren stark, es müssen vielfältigere Angebote in Bezug auf Wohnen, soziale Kontakte und Gesundheitsfürsorge entwickelt werden.

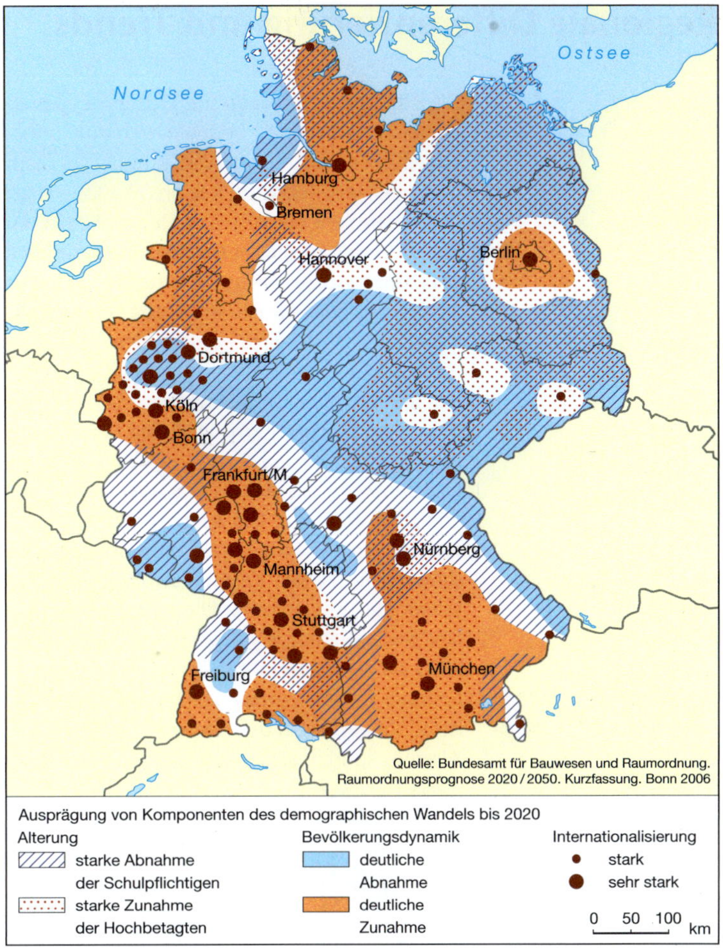

M 101.2 „Der demographische Wandel im Raum – eine Synthese“

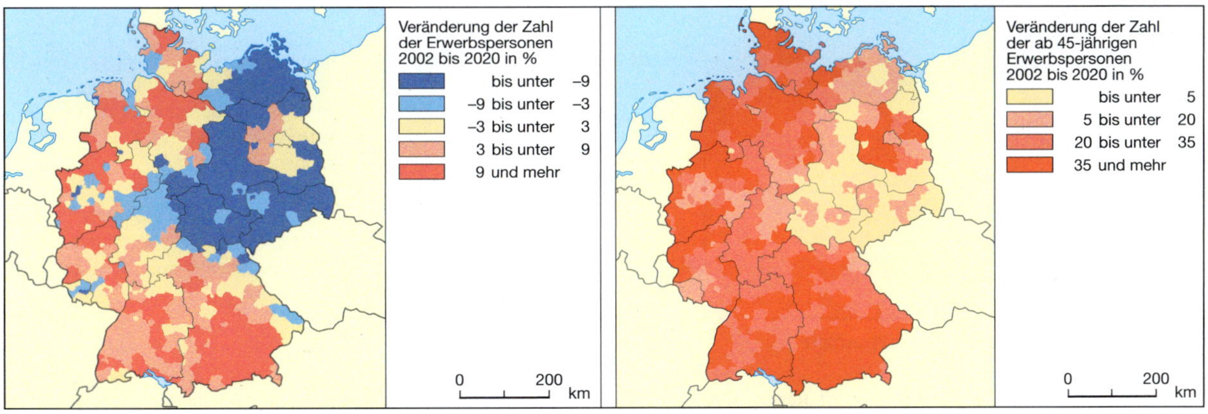

M 101.1 Künftige Dynamik der Erwerbspersonen

1 Kennzeichnen Sie die Prozesse des demographischen Wandels in Deutschland (M 100.3).
2 Erläutern Sie die großräumigen Unterschiede im Verlauf des demographischen Wandels und ihre Ursachen (M 101.1, M 101.2).
3 Beschreiben Sie Konsequenzen für die Raumentwicklung durch den demographischen Wandel.

Benutzen Sie zur Lösung der Aufgaben Studien zum demographischen Wandel aus dem Internet (z. B. Bundesamt für Bauwesen und Raumordnung: www.bbr.bund.de).

Regionale Differenzierung und Trends

Die Alterung als markantester Prozess des demographischen Wandels vollzieht sich mit unterschiedlicher Dynamik in West und Ost, in Stadt und Land, von Region zu Region (M 102.1). Nach Prognosen geht der Anteil der Jugendlichen unter 20 Jahren in den westlichen Bundesländern von 2000 bis 2020 um fast 20 % zurück. Im Osten ist das niedrigste Niveau im Anteil der Jugendlichen bereits 2010 erreicht, nach dem Rückgang um fast 30 % in ländlichen Kreisen. Auswirkungen auf die Infrastruktur (Schulstandorte) und die Wirtschaft (Fachkräftemangel) sind bereits spürbar.

Die Zunahme des Anteils der über 60-Jährigen erfolgt in West und Ost gleichermaßen, mit etwas stärkerer Dynamik im Osten und deutlich schwächerer in den Kernstädten der westdeutschen Agglomerationen. Die suburbanen Umlandgemeinden dagegen waren vor allem in den 1970er- und 1980er-Jahren Zuwanderungsräume für junge Familien, sodass sich hier durch den Generationswechsel in den kommenden Jahren die Alterung spürbar verstärken wird.

In Bayern und Baden-Württemberg sind die Erscheinungen des demographischen Wandels noch nicht so stark ausgeprägt. Nur diese beiden Bundesländer und Hamburg haben nach der Bevölkerungsprognose für die Bundesländer bis 2020 noch Bevölkerungswachstum. Das wirtschaftliche Wachstum in den Agglomerationen München und Stuttgart sowie in vielen städtischen Zentren hat diese Räume über Jahre zu Zuwanderungszentren für junge Arbeitskräfte aus dem In- und Ausland gemacht, was die Bevölkerungsstruktur günstig beeinflusst hat. Hier ist deshalb wie in den Wirtschaftsregionen entlang der Rheinachse eine wachsende Heterogenität der Bevölkerung durch ethnisch-kulturelle Minoritäten zu erkennen.

Der überdurchschnittliche Anstieg bei der Zahl der Einpersonenhaushalte resultiert aus der Zunahme der Singlehaushalte bei der jüngeren und der Witwenhaushalte bei der älteren Bevölkerung (M 102.2). Bei älteren Menschen bedeutet Individualisierung oftmals Vereinsamung und Abnahme sozialer Kontakte.

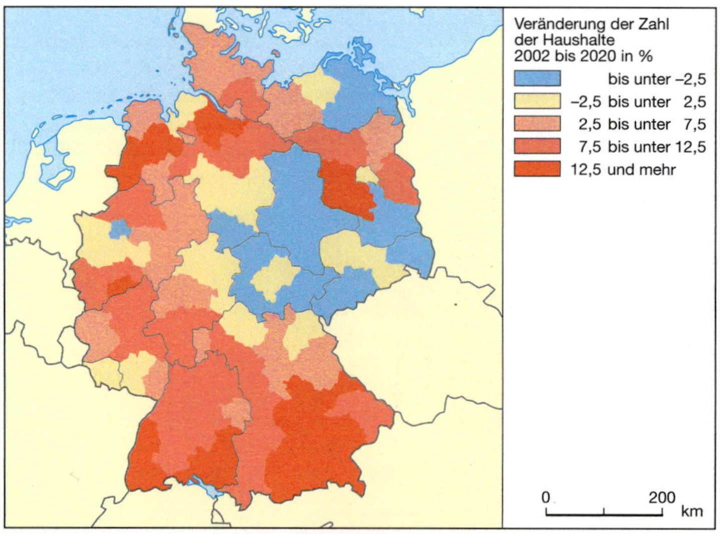

M 102.1 Künftige Dynamik privater Haushalte

Agglomeration
Region mit hoher Bevölkerungs- und Arbeitsplatzdichte. Sie hat ein oder mehrere größere Zentren (meist Großstädte), die intensive Verflechtungsbeziehungen mit der übrigen Region bündeln.

Urbaner Raum
Siedlungsgebiet, das durch städtische Bebauung (hohe Dichte) und städtische Funktionen gekennzeichnet ist.

Suburbaner Raum
Umland von Städten, das durch Suburbanisierung gekennzeichnet ist und entsprechende Flächennutzungen (geringere Bebauungsdichte als in den Städten) und Funktionen aufweist.

Heterogenität der Bevölkerung
Verschiedenartigkeit der Bevölkerung einer Region hinsichtlich ihrer ethnischen Herkunft, ihres soziokulturellen Hintergrundes oder auch ihrer sozialen bzw. beruflichen Stellung.

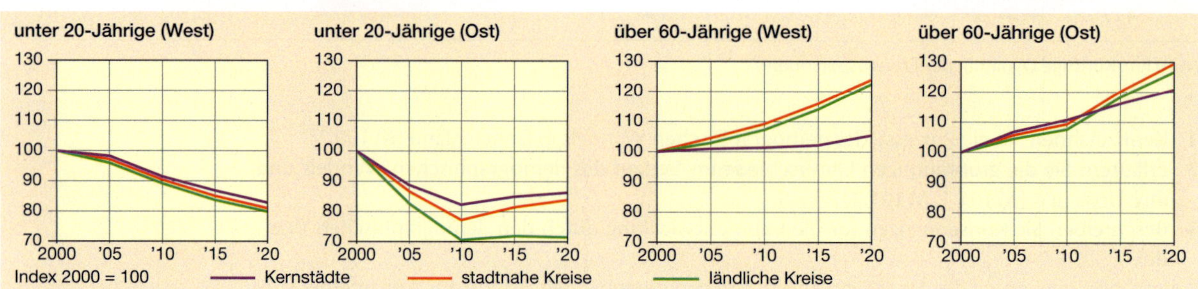

M 102.2 Kleinräumige altersstrukturelle Veränderungen 2000 bis 2020

Der demographische Wandel in Bayern

Er vollzieht sich in den Regionen Bayerns ungleichmäßig und spielt deshalb in der regionalen Politik eine unterschiedliche Rolle. In der Landesplanung wird besonderer Handlungsbedarf in den überwiegend strukturschwachen Regionen gesehen: Grenzlandregionen, Region Main-Rhön, Oberfranken-West, Oberfranken-Ost, Oberpfalz-Nord, Westmittelfranken, Donau-Wald.

Die Bevölkerungsvorausberechnung nach Kreisen bis 2024 zeigt, dass es aber auch innerhalb von Regionen Unterschiede gibt (M 103.2).

Bei einem Vergleich von Daten der Bevölkerungsentwicklung der Kreise Tirschenreuth, Regensburg-Stadt und -Land lässt sich der unterschiedliche Handlungsbedarf gut ableiten. Sie repräsentieren die ländlich-peripheren, suburbanen und städtischen Kreise (M 103.1).

Bei allen Bevölkerungsprognosen muss man beachten, dass die Voraussagegenauigkeit geringer wird, je weiter der Blick in die Zukunft geht und je kleiner das Voraussagegebiet ist. Vor allem Wanderungsprozesse können die Ursache für falsche Prognosen sein.

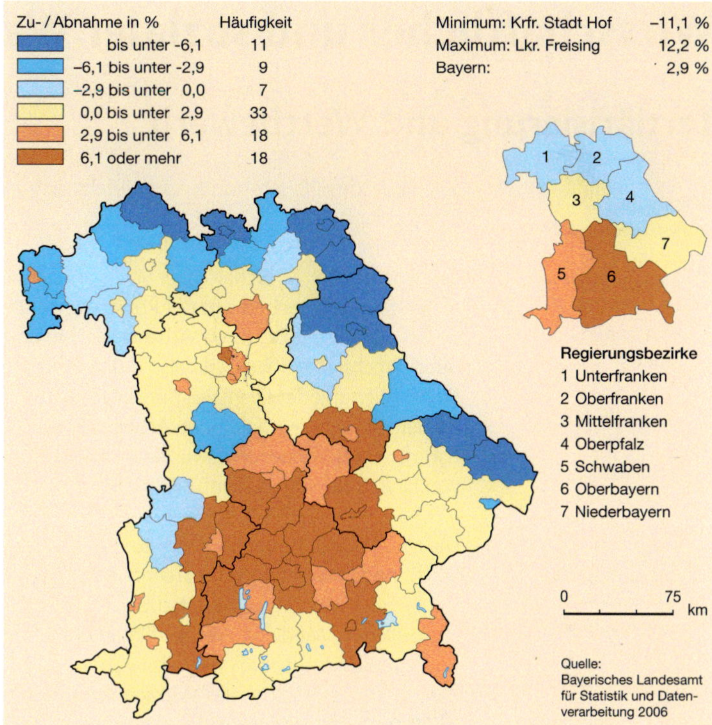

M 103.2 Bevölkerungsvorausberechnung nach Regionen 2004 bis 2024

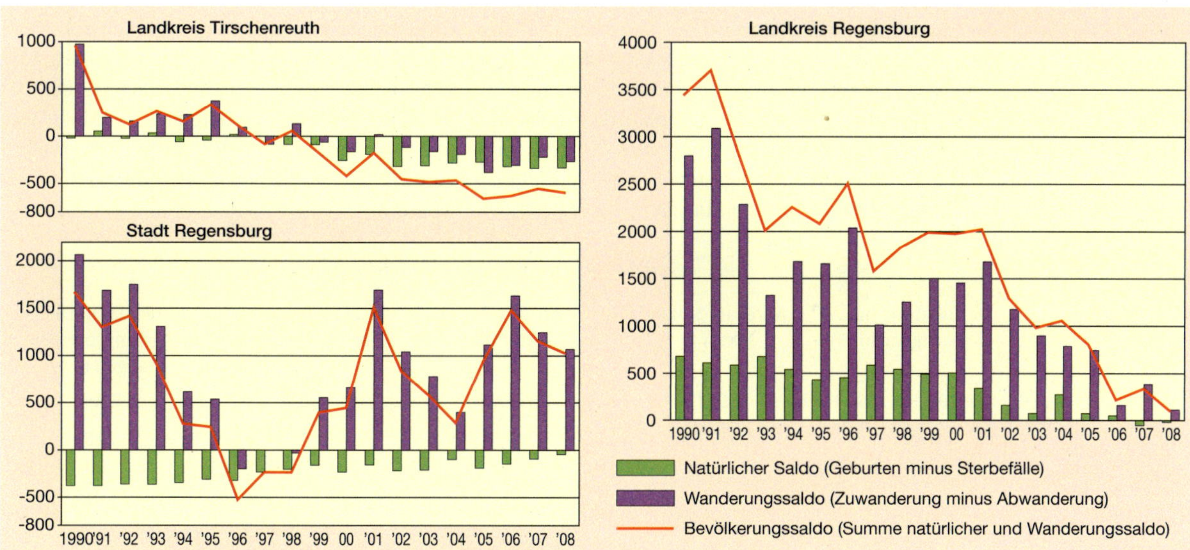

M 103.1 Wanderungs-/Bevölkerungssaldo in drei Kreisen Bayerns

1. Beschreiben Sie die städtebaulichen Folgen, die sich durch die starke Zunahme von Einpersonenhaushalten ergeben (**M 102.1**, **M 102.2**).
2. Diskutieren Sie die Ursachen des verzögerten Einsetzens der Folgen des demographischen Wandels in Bayern.
3. Erörtern Sie Konsequenzen, die sich für ländliche Räume durch den demographischen Wandel ergeben (**M 102.1**, **M 103.1**, **M 103.2**).
4. **Referat-Tipp:** Welche Maßnahmen in den ländlichen Räumen Bayerns können zu einer Minderung der Folgen des demographischen Wandels führen? Nutzen Sie dazu die Internetpräsentation der Landesregierung Oberpfalz zum demographischen Wandel.

Wirtschaftlicher und sozialer Wandel der Städte

Tertiärisierung und Wettbewerb

klassische:
- Bevölkerungszahl
- politische Bedeutung
- internationales Ansehen
- wirtschaftliche Bedeutung

ökonomisch-funktionale:
- Entscheidungs- und Kontrollfunktion
  ... unternehmerische
  ... politische
- Innovations- und Wettbewerbsfunktion
  ... technisch-wissenschaftliche
  ... soziale und kulturelle
- Gatewayfunktion
  ... internationale Verkehrszentren- und Drehscheibenfunktion
  ... Wissenszugang
  ... Messefunktion

M 104.1 Metropolfunktionen

Seit Ende des 20. Jahrhunderts vollzieht sich in Deutschland nach der Wiedervereinigung und unter dem Einfluss zunehmender Globalisierung ein dynamischer wirtschaftlicher Strukturwandel. In den Städten machen sich der Rückgang industrieller Arbeitsplätze durch Arbeitslosigkeit und neue Brachflächen bemerkbar. Andererseits ist die Ausweitung des Dienstleistungssektors durch größere Branchenvielfalt, neue Arbeitsplätze, Zunahme von Büroflächen sowie Neu- und Umbau von Einkaufszentren gekennzeichnet.
Aber auch moderne Industriebranchen wie z. B. Mikroelektronik, Biotechnologie, Luft- und Raumfahrt, Medizintechnik, Softwareentwicklung entstehen oder werden aus bestehenden Standorten ausgegliedert. Medien-, Werbe-, Designbranchen und andere Kreativbereiche verbreitern als so genannte Kulturindustrie das Wirtschaftsprofil vor allem der großen Städte. In Berlin bestanden 2007 beispielsweise 170 000 Arbeitsplätze in rund 22 000 Unternehmen der Kreativwirtschaft.
Nicht alle Städte können den Strukturwandel der Wirtschaft gut bewältigen. Das betrifft teilweise kleine Städte in großstadtfernen Räumen und fast flächendeckend die Städte Ostdeutschlands. Man spricht von schrumpfenden Städten. Sie sind durch Bevölkerungs- und Beschäftigtenrückgang, aber auch durch Rückgang von Infrastrukturangebot, Kaufkraft und regionalem Entwicklungspotenzial gekennzeichnet.
Ursache in Ostdeutschland ist die flächenhafte Deindustrialisierung Anfang der 1990er-Jahre, die vielerorts zum Zusammenbruch der Wirtschaft führte. Qualifizierte Arbeitskräfte wanderten ab und tragfähige industrielle Kerne fehlten, auf deren Grundlage sich vor allem wirtschaftsnahe Dienstleistungen entwickeln können, was den Strukturwandel stark erschwert.
In Westdeutschland betrifft die Schrumpfung altindustrialisierte Regionen, wie das Ruhrgebiet und das Saarland, aber auch Teile Oberfrankens und Niederbayerns.
Kräftiges Wirtschaftswachstum verzeichnen viele Städte aller Größenordnung in den Agglomerationsräumen, insbesondere in den Regionen Hamburg, München, Stuttgart, Rhein-Neckar, Rhein-Main sowie entlang der Rheinschiene Bonn–Düsseldorf.
Den neuen Herausforderungen der Internationalisierung und Globalisierung sind die Großstädte mit ihrem Umland am besten gewachsen. Obwohl wegen der Suburbanisierung (S. 106/107) zeitweilig ihre Bevölkerungszahl rückläufig war, haben viele ihre führende Wirtschaftsposition gestärkt und sind zu regionalen Metropolen geworden.

Stadt	Sozialversicherungspflichtig Beschäftigte				
	Zunahme bzw. Rückgang in % 2002 zu 2007	Anteil im Sekundärsektor in %*) 1995/2007	Anteil im Tertiärsektor in %*) 1995/2007	Anteil der in Fertigungsberufen Tätigen in %*) 2007	Anteil der in Dienstleistungsberufen Tätigen in %*) 2007
Berlin	-5,1	27,5/16,6	71,9/83,0	16,4	74,8
Hamburg	0,4	25,0/18,6	74,6/81,0	15,5	75,2
München	-3,0	27,1/23,0	72,6/76,8	12,4	75,8
Frankfurt a. M.	-3,0	23,9/11,9	75,9/87,9	11,7	79,7
Köln	-4,9	27,9/17,4	71,8/82,4	16,8	74,7
Bochum	-6,7	41,0/27,4	48,6/72,2	27,0	64,5
Leipzig	1,9	29,9/17,1	69,8/82,7	19,6	70,0
Nürnberg	-0,4	34,3/25,0	65,2/74,5	22,2	67,2
Rostock	-4,6	25,2/14,9	73,9/84,7	20,0	71,4
Osnabrück	-1,8	31,1/24,0	68,5/75,8	23,3	68,5

*) bezogen jeweils auf die Gesamtzahl der sozialversicherungspflichtig Beschäftigten

M 104.2 Anteil der sozialversichert Beschäftigten in den Wirtschaftssektoren ausgewählter deutscher Städte 2007 (Quelle: INKAR Indikatoren und Karten zur Raumentwicklung. Ausgabe 2009. Bundesamt für Bauwesen und Raumordnung. Bonn 2009)

M 105.1 Hafencity Hamburg – neue Funktionen auf alter Brache (Dummy)

M 105.2 Das ehemalige Hüttenwerk Völklingen (Saarland) ist heute UNESCO-Weltkulturerbe und Europäisches Zentrum für Kunst und Industriekultur

Berlin, Hamburg, München, Stuttgart, Frankfurt a. M. und Köln-Düsseldorf sind in dieser Entwicklung am weitesten fortgeschritten. Ihre internationale Stärke ergibt sich aus:
- einer großen Bevölkerungszahl,
- der Konzentration wirtschaftlicher und politischer Entscheidungs- und Kontrollinstanzen,
- einer Bündelung leistungsfähiger Forschungs- und Entwicklungseinrichtungen, die die Innovationsfähigkeit der Industrie unterstützen,
- einer hochrangigen Verkehrsinfrastruktur, die eine gute nationale und internationale Erreichbarkeit gewährleistet (M 105.1).

Diese Metropolfunktionen sind aufgrund der spezifischen Entwicklung in den Metropolen unterschiedlich ausgeprägt.
Während in Frankfurt a. M., München und Düsseldorf unternehmerische Entscheidungszentren großes internationales Gewicht haben, sind es in Berlin die politischen Gremien.

Die Gatewayfunktion von Frankfurt a. M., München und Düsseldorf mit ihren großen Flughäfen ist eine andere als in Hamburg, wo dem Seeverkehr eine besondere Rolle zukommt.
Im Vergleich zu anderen europäischen Metropolen ist in Deutschlands Großstädten der Strukturwandel zur Dienstleistungsgesellschaft noch nicht so weit fortgeschritten.

Eine Stärke der deutschen Metropolen aber ist der hohe Anteil an Erwerbstätigen in wissensintensiven Industrien und Dienstleistungen (M 105.3). Hierin liegt auch eine große Chance, denn die Wissensgesellschaft wird im 21. Jahrhundert die wesentliche Grundlage für die Weiterentwicklung der Gesellschaft sein.

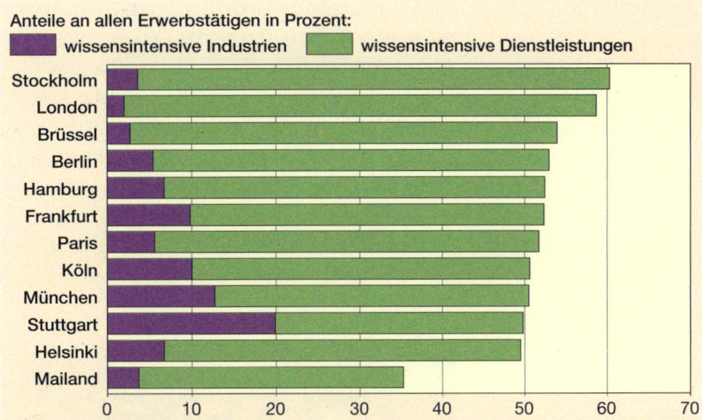

Wissensintensive Industrien: Herstellung von Büromaschinen, EDV-Geräten, Rundfunk- und Nachrichtentechnik, Medizin-, Mess-, Steuer- und Regelungstechnik, Optik, chemische Industrie, Maschinenbau, Herstellung von Geräten zur Stromerzeugung und -verteilung, Fahrzeugbau
Wissensintensive Dienstleistungen: Nachrichtenübermittlung, Datenverarbeitung und Datenbanken, Forschung und Entwicklung, Kredit- und Versicherungswesen, Dienstleistungen für Unternehmen, Erziehung und Unterricht, Gesundheits-, Veterinär- und Sozialwesen, Kultur, Sport, Unterhaltung

M 105.3 Anteil der Erwerbstätigen in wissensintensiven Industrien und Dienstleistungen in einigen europäischen Metropolen 2006 (Rangfolge)

1 Kennzeichnen Sie die Prozesse des wirtschaftlichen Strukturwandels in Deutschland. Fertigen Sie dazu eine tabellarische Übersicht mit eigenen Beispielen an (M 104.1, M 104.2).
2 Durch welche Funktionen können sich Städte zu Metropolen entwickeln (M 104.1, M 105.1).
3 Erstellen Sie eine Infotafel zu Entwicklungsperspektiven des Metropolraums München. Nutzen Sie dazu das Internet.
4 **Referat-Tipp:** Der wirtschaftliche Strukturwandel in meiner Heimatstadt/einer Kreisstadt meiner Heimatregion.

Stadt-Umland-Beziehungen – Suburbanisierung

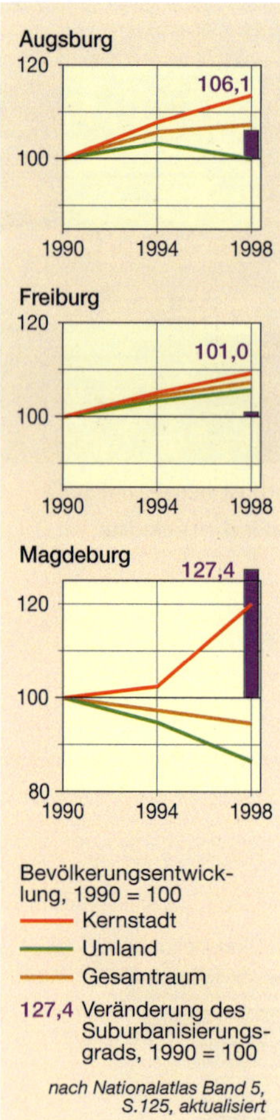

M 106.1 Bevölkerungsentwicklung in Kernstadt und Umland (Beispiele)

Seit es Städte gibt, existieren auch Stadt-Umland-Beziehungen. Im klassischen Sinne waren diese aus dem Umland auf die Stadt als Zentrum zur Versorgung mit städtischen Gütern und Diensten gerichtet (zentralörtliche Funktion der Stadt). Mit der Suburbanisierung entsteht ein neuartiges Beziehungsgefüge zwischen der Stadt und ihrem Umland. Es ist durch Abwanderung aus der Stadt ins Umland entstanden. Die Suburbanisierung (vgl. S. 50 f.) prägt schon lange die Raumentwicklung in Westdeutschland und wirkt seit der Wiedervereinigung auch in Ostdeutschland. Verstärkt seit den 1960er-Jahren zogen junge Familien aus den Städten in das dünner besiedelte Umland. Wachsender Wohlstand, der zunehmende motorisierte Individualverkehr, steuerliche Erleichterungen beim Wohnungsbau, aber auch günstigere Bodenpreise veranlassten viele Städter zu diesem Schritt. Die Arbeitsplätze in der Kernstadt und viele soziale Kontakte dorthin bleiben weiter erhalten.

Auch Unternehmen wählten zunehmend Standorte im Umland (suburbaner Raum). Sei es, dass sie keine Flächen für Erweiterungen fanden, dass die Bodenpreise für Neugründungen zu hoch waren oder hohe innerstädtische Verkehrsdichte die Absatz- und Lieferbedingungen erschwerte.

Manche Unternehmen wollten auch die Arbeitskraftressourcen im Umland an ihrem neuen Standort nutzen. So kam zur Wohnsuburbanisierung die Gewerbesuburbanisierung. Mit dem Anwachsen der Bevölkerungszahl im suburbanen Raum etablierten sich dort auch zunehmend Dienstleistungsunternehmen. Besonders prägend ist dabei die Standortentwicklung des Einzelhandels. Bereits frühzeitig wurden Möbel-, Bau- und andere Fachmärkte im Umland der Kernstädte errichtet. Hier war neben ausreichend Flächenangeboten die günstige Autoanfahrt sowohl für Kunden als auch für die Belieferung ein wichtiger Standortfaktor. Mit dem Bau großer Einkaufszentren hat diese Entwicklung eine andere Qualität erreicht. Es sind den Stadtzentren mit ihrer klassischen Einkaufsfunktionen starke Konkurrenten erwachsen. Insgesamt verläuft die Entwicklung zwischen Kernstadt und Umland nicht widerspruchsfrei. Dennoch besteht zwischen Kernstadt und Umland durch verkehrliche Verflechtungen, durch Arbeitsmarkt, Versorgung, aber auch durch soziale und kulturelle Kontakte ein umfangreiches Beziehungsgeflecht. Zu Recht wird deshalb von der Stadtregion gesprochen.

Der Prozess der Suburbanisierung vollzieht sich in West- und Ostdeutschland unterschiedlich.

In Ostdeutschland war in den 1990er-Jahren durch den angestauten Bedarf nach Wohnen im Grünen, durch Sondersteuervergünstigungen im Wohnungsbau sowie der vereinfachten Planungsmöglichkeiten im ländlichen Raum die Wohn- und Gewerbesuburbanisierung mit sehr hoher Dynamik charakteristisch.

Überlagert wurde dieser Prozess durch eine große Abwanderungswelle nach Westdeutschland bis Mitte der 1990er-Jahre. Das alles ging zulasten der Kernstädte, die bis auf wenige Ausnahmen auch heute noch schrumpfende Städte sind.

M 106.2 Wohn- und Gewerbesuburbanisierung in Emmering (bei Fürstenfeldbruck)

In Westdeutschland wachsen die Stadtregionen immer mehr in die Fläche, weil die Nahbereiche um die Kernstädte inzwischen schon hoch verdichtet sind und günstigere Ansiedlungsbedingungen erst weiter entfernt bestehen (M 107.1). Eine neue, verstädterte Landschaft ist entstanden, die auch als Zwischenstadt bezeichnet wird (M 106.2).

Durch die lang andauernde selektive Stadt-Umland-Wanderung hat sich zwischen Kernstadt und Umland ein deutliches Einkommensgefälle zugunsten des Umlandes herausgebildet.
Dadurch verringert sich das Steueraufkommen in den Städten und es fehlen finanzielle Mittel für Leistungen, die die Städte für die gesamte Region erbringen, z. B. auf kulturellem und sozialem Gebiet sowie im Verkehrsbereich.
Einigen Städten ist es inzwischen gelungen, durch städtebauliche Maßnahmen und soziokulturelle Aktivitäten die Wohn- und Lebensbedingungen so zu verbessern, dass sie für junge Familien, aber auch für ältere Menschen als Zuzugsorte wieder attraktiv werden (Reurbanisierung).
Viele Auswirkungen bei der Herausbildung von Stadtregionen lassen sich in der Region München analysieren (M 107.1–M 107.3).

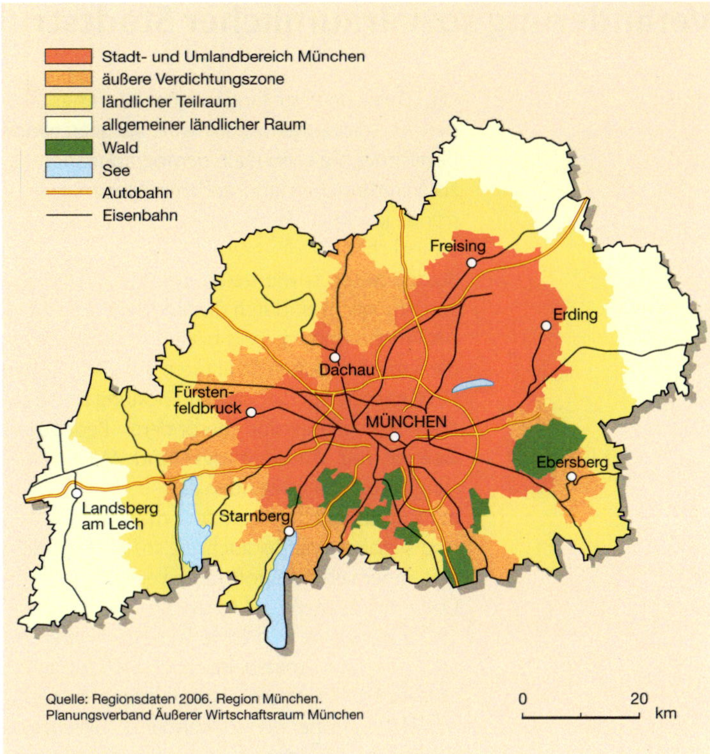

M 107.2 Gebietskategorien der Region München

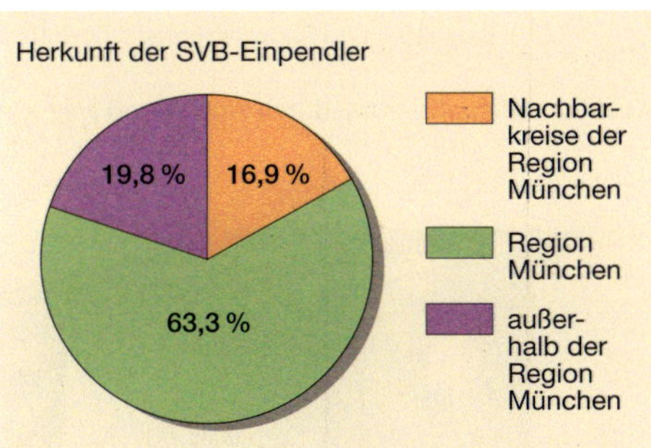

SVB in München	1 102 318	100,0 %
in München Wohnende	445 676	40,4 %
Einpendler	656 642	59,6 %

(SVB = sozialversicherungpflichtig Beschäftigte)

M 107.1 Arbeitspendlerströme in der Region München 2007

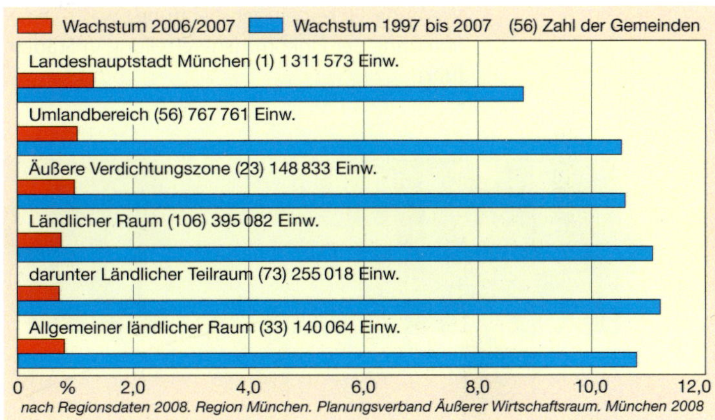

M 107.3 Bevölkerungsentwicklung in den Strukturräumen der Region München

1 Kennzeichnen Sie den gegenwärtigen Prozess der Suburbanisierung in Deutschland (**M 106.1, 106.2**).
2 Stellen Sie die Unterschiede in der Suburbanisierung zwischen dem Westen und dem Osten Deutschlands dar. Nutzen Sie dazu auch Ihre Kenntnisse zum demographischen Wandel (**M 106.1**).
3 Recherchieren Sie am Beispiel der Region München, wie sich durch die Suburbanisierung die Raumstruktur verändert, und diskutieren Sie die sich ergebenden Planungsprobleme (**M 107.1–M 107.3**). Nutzen Sie dazu auch die Internetseite des Planungsverbandes (www.region-muenchen.com).
4 **Referat-Tipp:** Stellen Sie die raumverändernde Wirkung von Suburbanisierung an einem selbst gewählten Beispiel dar.

Veränderung sozialräumlicher Stadtstrukturen

Die ungleiche Verteilung von Bevölkerungsgruppen im städtischen Raum wird als Segregation bezeichnet. Sie kann nach demographischen, sozialen, ethnischen und anderen Merkmalen zustande kommen. Sie ist zugleich Ausdruck unterschiedlicher Wohnraumausstattung in den Stadtgebieten sowie deren Bewertung und Zugangsmöglichkeit durch die Stadtbevölkerung.
Als Prozess und Ergebnis beeinflusst Segregation die sozialräumlichen Strukturen vor allem in den Großstädten. Für die Stadtentwicklung ist die soziale Segregation von besonderer Bedeutung, weil sie mit Ausgrenzungs- und Marginalisierungsprozessen verbunden ist.
In Deutschland hat sich mit dem ökonomischen und sozialen Wandel auch die soziale Ungleichheit innerhalb der Großstädte verstärkt.
Dafür gibt es mehrere Ursachen:
1. Die Abnahme von Erwerbsmöglichkeiten für ehemalige Industriearbeiter, aber auch für gering Qualifizierte allgemein. Letztere stammen häufig aus der Gruppe der Zuwanderer. Gleichzeitig stiegen die Einkommen in bestimmten Dienstleistungsbranchen (unternehmensorientierte Dienstleistungen, z.B. Marketing, EDV-Dienste, Werbung, Unternehmensberatung), was zu einer Spreizung der Einkommensverteilung in Städten führt.
2. Anstieg der Ausgaben für Sozialleistungen in den Städten, weil die Zahl der Bedürftigen steigt. Zugleich Reduzierung des Leistungsumfangs wegen der Finanznot der Städte.
3. Rückzug des Staates aus der Wohnungsversorgung durch Privatisierung staatlicher und kommunaler Wohnungsbestände. Zugleich können steigende Wahlmöglichkeiten auf dem Wohnungsmarkt das Abwandern von Haushalten aus sozial gemischten Quartieren ermöglichen und so die Zunahme von Armut und Benachteiligung im Viertel erhöhen.

Wer weniger Geld hat, dem steht nur ein reduziertes Wohnungsangebot zur Verfügung. Entsprechend treffen sich Wenigverdienende, Migranten und auf Zuwendung Dritter angewiesene junge Singles in Wohngebieten schlechter Qualität. Solche Gebiete können zum Problemfall werden, wenn sich ihr schlechter Ruf verfestigt. In der neuen Umfrage wird deutlich, dass eine arme Nachbarschaft aktuell noch stärker stigmatisiert als eine ausländische Nachbarschaft. Dieser Befund geht mit dem erfreulichen Ergebnis zunehmender Integrationsbereitschaft in der Bevölkerung und dem bedenklichen Ergebnis der zunehmenden Wahrnehmung von Armut einher.

(Aus: Leben in deutschen Städten. Bundesamt für Bauwesen und Raumordnung/BBR, 2008)

M 108.2 Stigmatisierung durch Armut und Migration

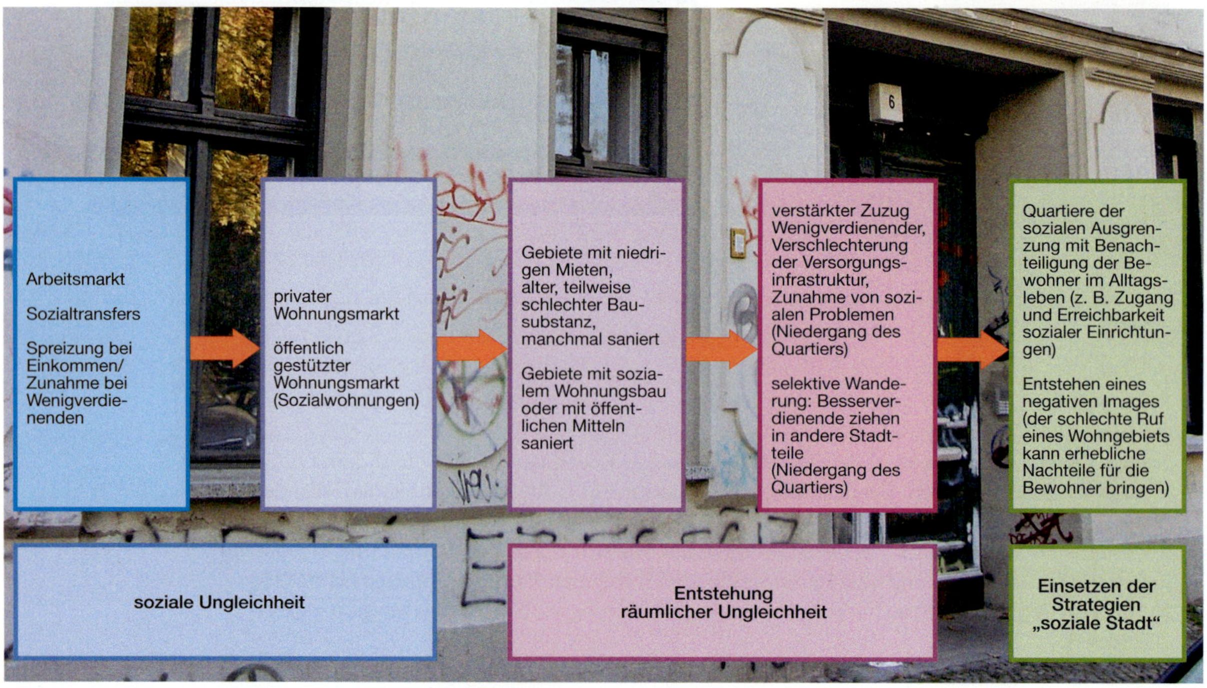

M 108.1 Herausbildung von Problemquartieren in großen Städten

In allen großen Städten gibt es heute Gebiete, in denen sich soziale Probleme und Konflikte im Alltagsleben häufen. Städtische Politik und Gesellschaft müssen hier Abhilfe schaffen bzw. Lösungswege aufzeigen. Es geht um eine nachhaltige Verbesserung der Lebensumstände in diesen Stadtteilen. Das ist zugleich ein Schlüssel zur Verbesserung des sozialen Zusammenhalts. Seit 1999 gibt es deshalb das Bund-Länder-Programm „Soziale Stadt“, das die Städte bei der Lösung dieser komplexen Problematik unterstützt. Durch Quartiersmanagement und Projektarbeit werden die Bewohner in den Gebieten motiviert, sich aktiv an der Gestaltung ihres Quartiers zu beteiligen.
In Sozialraumanalysen werden Fortschritte, aber auch negative Veränderungen beobachtet, damit für das weitere Vorgehen Schlussfolgerungen gezogen werden können. Die Abbildungen von M 109.1 und M 109.2 zeigen solche Beobachtungsergebnisse für Stadtgebiete von Köln.

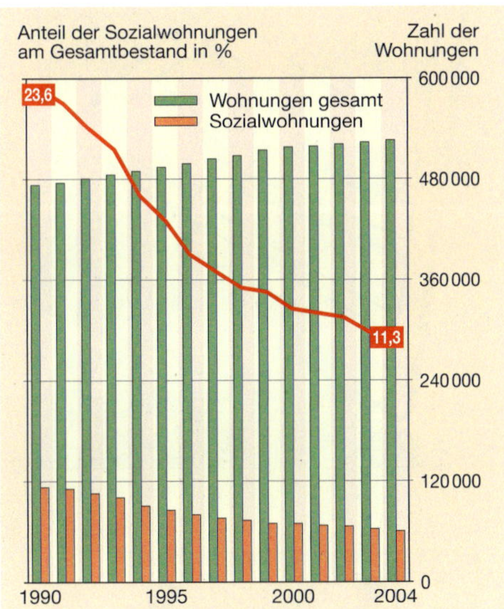

M 109.1 Entwicklung des sozialen Wohnungsbaus im Vergleich zum Gesamtwohnungsbestand in Köln

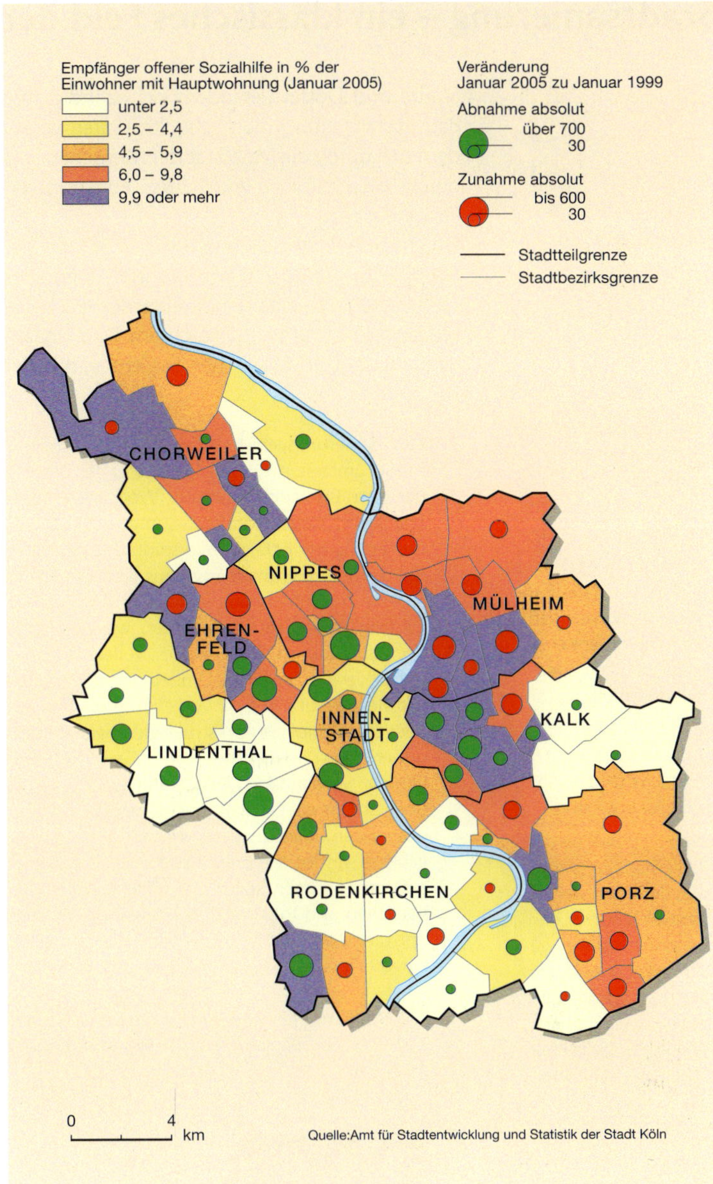

M 109.2 Sozialhilfeempfängerdichte und Veränderung in den Kölner Stadtteilen zwischen Januar 2005 und Januar 1999

1 Erklären Sie, wie sich aus sozialer Ungleichheit problembehaftete Stadtquartiere herausbilden können (**M 108.1**, **M 108.2**).

2 Welche stadtstrukturellen Prozesse und Bedingungen begünstigen den sozialen Segregationsprozess (**M 108.2**)?

3 Weisen Sie den integrativen Handlungsansatz des Bund-Länder-Programms „Soziale Stadt“ nach und diskutieren Sie wichtige Rahmenbedingungen für seine Umsetzung (Internet: www.sozialestadt.de).

4 Erläutern Sie am Beispiel der Stadt Köln die Rolle des sozialen Mietwohnungsbaus als eine Strategie gegen räumliche Ausgrenzung (**M 109.1**, **M 109.2**).

5 Machen Sie sich mithilfe des Internets mit den Ergebnissen der sozialräumlichen Analyse von Berlin vertraut und berichten Sie über Probleme der Segregation in der Hauptstadt (Internet: Monitoring soziale Stadtentwicklung unter www.stadtentwicklung.berlin.de).

Stadtsanierung – ein klassisches Feld der Stadterneuerung

Städte und Dörfer verändern sich ständig. Ihre Bausubstanz altert, räumliche Strukturen verändern sich durch die Mobilität der Menschen und durch wirtschaftliche Aktivitäten, Funktionsverluste treten auf.

Durch diese Prozesse können sich in Stadtgebieten oder Teilen von Dörfern Wohnbedingungen, Verkehrsverhältnisse oder die allgemeine Lebenssituation sogar stark verschlechtern. Durch Maßnahmen der städtebaulichen Sanierung, d. h. der Stadt- und Dorferneuerung, kann man von der baulichen Seite her diese Missstände beseitigen. Dazu gibt es im Baugesetzbuch das besondere Städtebaurecht und ein Bund-Länder-Programm zur Förderung städtebaulicher Sanierungs- und Entwicklungsmaßnahmen. Für die Dorferneuerung werden in jüngerer Zeit auch EU-Fördermittel genutzt. Dabei werden Maßnahmen in der Regel mit anderen Entwicklungsaktivitäten kombiniert (integrierte ländliche Entwicklung).

Städtebauliche Sanierungsmaßnahmen dienen dem Wohle der Allgemeinheit. Sie sollen dazu beitragen, dass

1. die bauliche Struktur in allen Teilen des Bundesgebietes nach den sozialen, hygienischen, wirtschaftlichen und kulturellen Erfordernissen entwickelt wird,
2. die Verbesserung der Wirtschafts- und Agrarstruktur unterstützt wird,
3. die Siedlungsstruktur den Erfordernissen des Umweltschutzes, den Anforderungen an gesunde Lebens- und Arbeitsbedingungen der Bevölkerung und der Bevölkerungsentwicklung entspricht oder
4. die vorhandenen Ortsteile erhalten, erneuert und fortentwickelt werden, die Gestaltung des Orts- und Landschaftsbilds verbessert und den Erfordernissen des Denkmalschutzes Rechnung getragen wird.

M 110.1 Auszug aus dem Baugesetzbuch

Das Sanierungsgebiet „Connewitz-Biedermannstraße" umfasst im Ortsteil Connewitz den Bereich, der von Bornaischer Straße, Wolfgang-Heinze-Straße und Meusdorfer Straße umgrenzt wird. Das Gebiet war bis 1990 als innerstädtischer Standort des komplexen Wohnungsbaus vorgesehen. In diesem Zusammenhang wurden in erheblichem Umfang Baufreiheitsmaßnahmen wie Abbrüche der vorhandenen Bausubstanz, Verlagerung des vorhandenen Gewerbes, Umsiedlung der ansässigen Bevölkerung u. a. m. vorgenommen. Die mit der Wende erfolgten Umstrukturierungen im produzierenden und dienstleistenden Gewerbe ließen von den vorhandenen Resten an Gewerbe nichts übrig, sodass das Gebiet als zerstörter Raum seinen ehemaligen Charakter eines vorstädtischen Mischgebietes restlos verloren hatte. Mit den Sanierungsmaßnahmen sollen die noch bestehenden baulichen und funktionalen Missstände beseitigt und damit das positive Image des Gebietes wiederhergestellt werden.

Nach: Amt für Stadtsanierung und Wohnungsbauförderung der Stadt Leipzig 2000

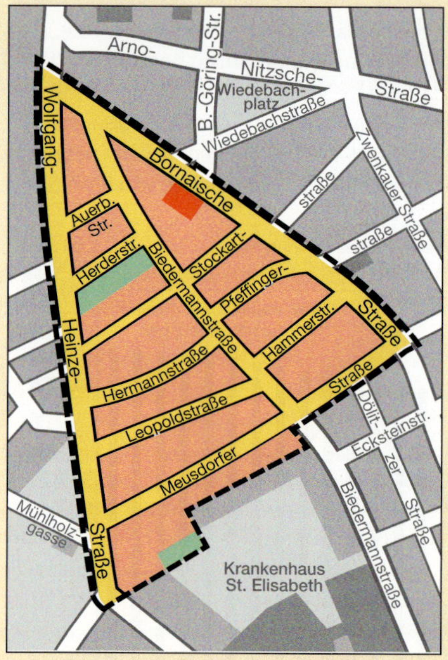

Auerbachstraße vor der Sanierung, Mai 1998

Auerbachstraße nach der Sanierung, Nov. 1999

M 110.2 Beispiel: Sanierungsgebiet Leipzig-Connewitz

Stadtumbau

Stadtumbau findet statt, um das Vorhandene an veränderte Rahmenbedingungen anzupassen. Dieser meist kontinuierlich vor sich gehende Stadtentwicklungsprozess wurde durch ein Förderprogramm in ein strategisches Handlungskonzept für Städte in Ostdeutschland umgewandelt. Durch hohe Einwohnerverluste (Abwanderung, Geburtenrückgang) und wirtschaftliche Strukturschwäche haben diese einen extrem hohen Wohnungsleerstand, vor allem in Plattenbauten, und erleiden Funktionsverluste durch sinkende Nachfrage bei Infrastrukturleistungen. Durch Rückbau von Wohnungen, Aufwertung und Stabilisierung der Wohnquartiere sowie Revitalisierung der Innenstädte soll trotz Schrumpfung von Städten die Lebensqualität in ihnen erhalten bleiben. Bis 2009 sollen auf diese Weise etwa 300 000 bis 400 000 leerstehende Wohnungen zurückgebaut werden. Da auch in einigen Regionen Westdeutschlands Städte erhebliche demographische und Strukturprobleme haben, werden Forschungen mit Pilotprojekten in 16 Städten durchgeführt, um das Bund-Länder-Programm „Stadtumbau West" zu begleiten.

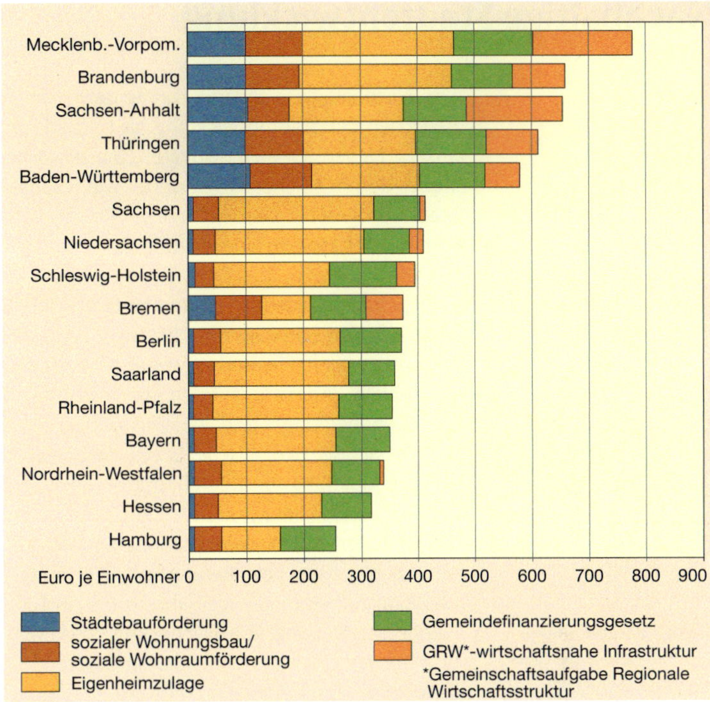

M 111.2 Ausgaben für Stadtentwicklung und Wohnen 1999 bis 2003

Duisburg

Die Einwohnerzahl der Stadt Duisburg (501 600 Einwohner, 2005) verringerte sich seit 1990 um annähernd 34 000 Einwohner. Ursachen für diese Entwicklung sind vor allem der Beschäftigtenrückgang infolge der Strukturkrise und Abwanderungen ins Umland. Außerdem führt schon allein die negative natürliche Bevölkerungsentwicklung (demographischer Wandel) zu Einwohnerverlusten. Es kam zur Entspannung auf dem Wohnungsmarkt (Rückgang der Zahl der Wohnungssuchenden). Aber es entstanden auch negative Auswirkungen durch Wohnungsleerstände in Wohnquartieren des geförderten Wohnungsbaus der 1970er- und 1980er-Jahre sowie in hochgeschossigen Häusern.

Halle an der Saale

Die Einwohnerzahl der Stadt Halle ist seit 1990 durch einen sehr starken Bevölkerungsrückgang gekennzeichnet. Aufgrund der Transformationsprozesse nach der Wende gingen die Geburtenzahlen stark zurück. Außerdem kommt es zur Abwanderung junger Arbeitskräfte (Fernwanderung) und zur Umlandwanderung junger Familien und/oder einkommensstarker Haushalte. Allein zwischen den Jahren 1993 und 2005 sank die Einwohnerzahl um annähernd 60 000 auf 236 000. Diese Bevölkerungsverluste sind mit sehr hohen Wohnungsleerständen verbunden und wirken sich negativ auf den Wohnungsmarkt aus. Das Investitionsklima hat sich verschlechtert. Der Mietwohnungsneubau kommt zum Erliegen, aber auch notwendige Bestandsinvestitionen in Plattenbauten werden von Wohnungsunternehmen wegen der Leerstandsrisiken nur zögerlich begonnen.

M 111.1 Schrumpfende Städte

1. Welche Fördermittel gibt es für städtebauliche Sanierungs- und Entwicklungsmaßnahmen und mit welchen Zielstellungen werden sie eingesetzt (**M 110.2**, **M 111.2**)?
2. Legen Sie eine Liste mit Beispielen für städtebauliche Missstände an, die Anlass für eine Sanierungsplanung sein könnten (**M 110.1**, **M 110.2**).
3. Diskutieren Sie am Beispiel von Duisburg und Halle Ursachen für Schrumpfung und Stadtumbau in ost- und westdeutschen Städten. Legen Sie dazu eine Vergleichstabelle an und nutzen Sie die Internetseiten der jeweiligen Stadtverwaltungen (Bereich Bauen/Stadtentwicklung) (**M 111.1**).

Nachhaltige Stadtentwicklung

Der Nachhaltigkeitsgedanke ist heute in vielen Bereichen der Stadtentwicklung als Leitbild verankert. Neben sozialen Aspekten, die beispielsweise durch solche Programme wie „Soziale Stadt" umgesetzt werden, spielen Ressourcen- und Umweltaspekte eine wichtige Rolle.

Eine vorausschauende Flächenhaushaltspolitik gehört zu den Eckpfeilern nachhaltiger Stadtentwicklungspolitik. Die immer weiter ausufernden städtischen Agglomerationen beeinträchtigen mit ihren Siedlungs- und Verkehrsflächen großräumig wichtige ökologische Prozesse wie Grundwasserneubildung und Strahlungshaushalt. Sie verbauen auch klimawirksame Freiflächen.
Obwohl durch den demographischen Wandel der Anteil junger Bevölkerung mit Wohnungs- und Baulandbedarf geringer wird, ist die jährliche Neubeanspruchung von Flächen für Siedlungs- und Verkehrszwecke hoch, auch in Städten mit rückläufiger Einwohnerzahl.
In der nationalen Nachhaltigkeitsstrategie, die 2002 von der Bundesregierung verabschiedet wurde, ist das so genannte „30-ha-Ziel" formuliert. Es beinhaltet die Forderung, die Neuinanspruchnahme von Flächen für Siedlungs- und Verkehrszwecke auf maximal 30 ha pro Tag bis zum Jahr 2020 zu vermindern. Im Jahr 2002 betrug diese in der Bundesrepublik noch 105 ha pro Einwohner.

Siedlungsfläche: Gebäude und zugehörige Freiflächen, Erholungsflächen (z. B. Parks) und Friedhöfe sowie Betriebsflächen ohne Abbauland.

Verkehrsfläche: unbebaute Flächen, die dem Straßen-, Schienen- oder Luftverkehr dienen, einschließlich der Seitenstreifen.

Quelle: Statistisches Bundesamt, Flächenerhebung

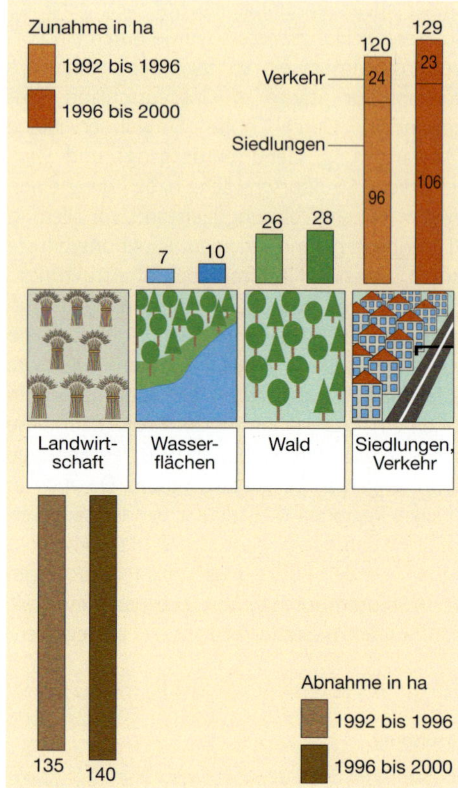

M 112.2 Tägliche Veränderung der Bodennutzung Deutschlands (Quelle: Raumordnungsbericht 2005)

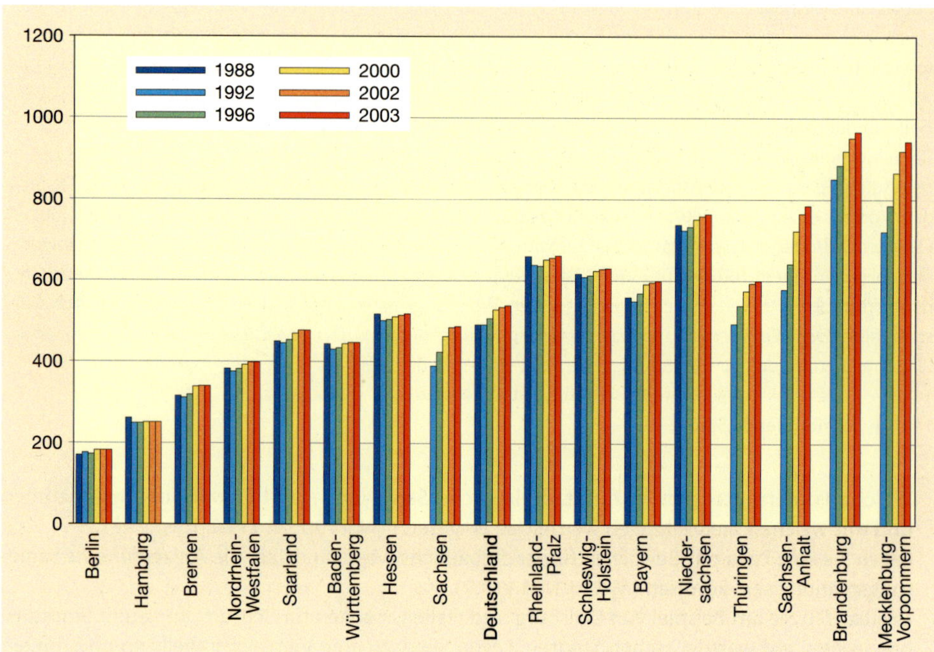

M 112.1 Siedlungs- und Verkehrsfläche pro Einwohner (in m²) nach Jahren; Bundesländer gereiht nach Bevölkerungsdichte

Im Sinne einer nachhaltigen Entwicklung muss bei der Siedlungsentwicklung der Verbrauch von bisher unbebauten, unversiegelten Flächen stark reduziert werden. Die räumliche Entwicklung Münchens soll deshalb auf Areale innerhalb der Stadt konzentriert werden. Im Mittelpunkt stehen Konzepte zur Umnutzung und Umstrukturierung bestehender Baugebiete und Verkehrsflächen wie ehemalige Gewerbe- und Industrieflächen, Kasernen oder Bahngelände. Durch die Privatisierung der Bahn und Post, durch die Konversionsflächen der Bundeswehr und durch Rationalisierung im Flächenverbrauch öffentlicher und privater Unternehmen hat München auf viele Jahre hinaus Siedlungsflächen zur neuen Nutzung.
Landschafts- und Grünflächen in der Stadt sollen gesichert und entwickelt werden. Dies bezieht sich nicht nur auf die Erhaltung der bedeutenden Freiräume und Landschaftsteile, sondern auch auf die kleinteilige Vernetzung und Versorgung innerhalb der einzelnen Quartiere, die vielerorts verbesserungsbedürftig ist. (2005)

Aus: Stadtentwicklungsbericht München

M 113.1 Räumliche Entwicklung Münchens

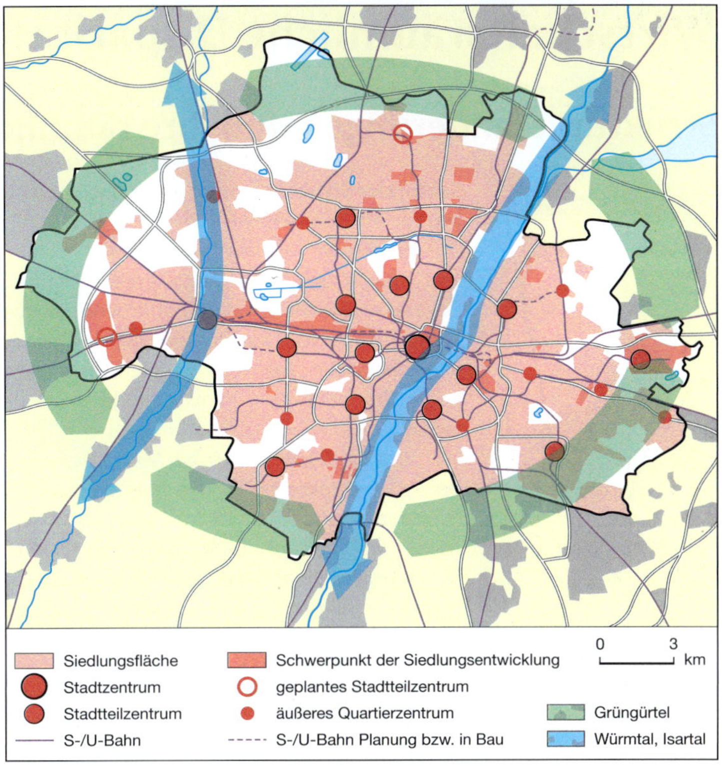

M 113.3 München – Leitbild der Stadtentwicklung

Die Zentralen Bahnflächen liegen zwischen dem Münchner Hauptbahnhof und dem Bahnhof Pasing. Sie umfassen auf 8 km Länge etwa 170 ha einschließlich kleinerer Teilflächen der Post und eines privaten Eigentümers.
Unter dem Motto „kompakt, urban, grün“ entstehen auf diesen eigenständige Quartiere, die sich in die Nachbarschaft einfügen und gleichzeitig mit ihren Grünflächen, Plätzen und Wegen, Läden, Cafés und kulturellen Einrichtungen neue Angebote schaffen. Es werden insgesamt Flächen für bis zu 19 000 Arbeitsplätze und Wohnungen für ungefähr 16 000 Einwohner entstehen. Die Strategie einer Mischung von Wohnen, Arbeiten und Freizeit wird durch standortdifferenzierte Planungen verfolgt. Zu jedem Bebauungsplan gehören städtebauliche Verträge. Sie beteiligen diejenigen an den Aufwendungen für die Gebietsentwicklung, die durch die Wertsteigerung bei der Entwicklung der Flächen begünstigt sind (Grundstückseigentümer oder Investoren).

M 113.2 Zentrale Bahnflächen als städtisches Entwicklungsgebiet in München

1 Erläutern Sie die Dynamik in der Veränderung der Bodennutzung und begründen Sie, warum die Abnahme der Landwirtschaftsflächen den Nachhaltigkeitszielen widerspricht.
2 Begründen Sie den starken Anstieg der Siedlungs- und Verkehrsfläche pro Einwohner in Ostdeutschland und versuchen Sie den Zusammenhang zwischen Bevölkerungsdichte und der Inanspruchnahme von Siedlungs- und Verkehrsfläche zu erklären (M 112.1, M 112.2).
3 **Referat-Tipp:** Nachhaltige Stadtentwicklung in München (M 113.1–M 113.3 und im Internet unter www.muenchen.de/Rathaus).
4 Welche Vorstellungen haben Sie, wenn Sie den Slogan „kompakt, urban, grün“ hören (M 113.1, M 113.2)?

Wirtschaftsräumliche Disparitäten

Strukturveränderungen und ihre räumlichen Auswirkungen

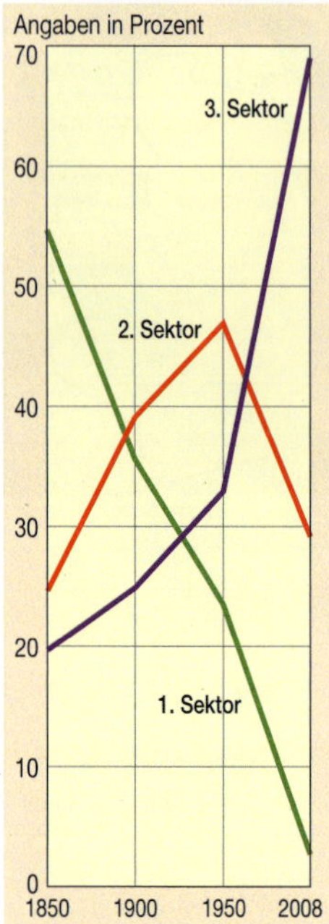

M 114.1 Erwerbstätige nach Sektoren

Sektoraler Strukturwandel und Konsequenzen für die Raumentwicklung

Die langfristige wirtschaftliche Entwicklung ist von einem strukturellen Wandel gekennzeichnet. Das Hauptgewicht der wirtschaftlichen Aktivität verlagerte sich im Lauf der Zeit vom primären über den sekundären zum tertiären Sektor, wie z. B. in Großbritannien, Frankreich und Deutschland.

Während in diesen Ländern bis Mitte des 19. Jhs. der Schwerpunkt der Produktion und Beschäftigung in der Landwirtschaft (primärer Sektor) lag, vollzog sich bis in die 1970er-Jahre eine Schwerpunktverlagerung in Richtung Industrie (sekundärer Sektor). Die tragende Säule der heutigen Wirtschaftsentwicklung bildet der Dienstleistungssektor (tertiärer Sektor).

Im Zuge des sektoralen Strukturwandels kommt es auch zu regionalen Veränderungsprozessen. So hat sich in den Industrieländern West- und Mitteleuropas beim Übergang von der Industrie- zur Dienstleistungsgesellschaft auch eine räumliche Schwerpunktverlagerung herauskristallisiert.

Gründe für sektorale und räumliche Schwerpunktverlagerungen

Die entscheidende Triebfeder für den Strukturwandel ist der technische Fortschritt. Als technischer Fortschritt wird zum Beispiel die Entwicklung neuer Produkte, die Einführung neuer Produktionsprozesse und neuer Organisationsformen bezeichnet. Mithilfe der Theorie der „langen Wellen" lassen sich langfristige und großräumige Verschiebungen der ökonomischen Wachstumsdynamik innerhalb Europas erklären. Auslöser für diese Verschiebungen sind grundlegende technische Neuerungen (Basisinnovationen), die in zyklischen Abständen auftreten und lange Wachstumsschübe (lange Wellen) auslösen.

Die Basisinnovationen lassen neue Wachstumsbranchen, wie z. B. Mikroelektronik oder Biotechnologie, entstehen und wirken sich zusätzlich auf bestehende Branchen in Form von Prozessinnovationen aus. Nach einer Aufschwungphase sorgt das Auftreten einer neuen Basisinnovation für einen wirtschaftlichen Abschwung der etablierten Technologie.

Bayern gelang ein sehr dynamischer Aufholprozess. In den 1970er-Jahren wies Bayern das niedrigste Pro-Kopf-Einkommen im Bundesvergleich auf. 2006 verzeichnete Bayern dagegen das höchste Pro-Kopf-Einkommen.

1970	5 572	5.
1975	8 427	5.
1980	12 550	3.
1985	16 261	2.
1990	21 102	2.
1995	25 523	1.
2000	29 487	1.
2005	32 155	1.
2007	34 716	1.

M 114.2 BIP je Einwohner Bayerns in Euro (absolut) und jeweilige Platzierung im interregionalen Vergleich von 1970 bis 2007

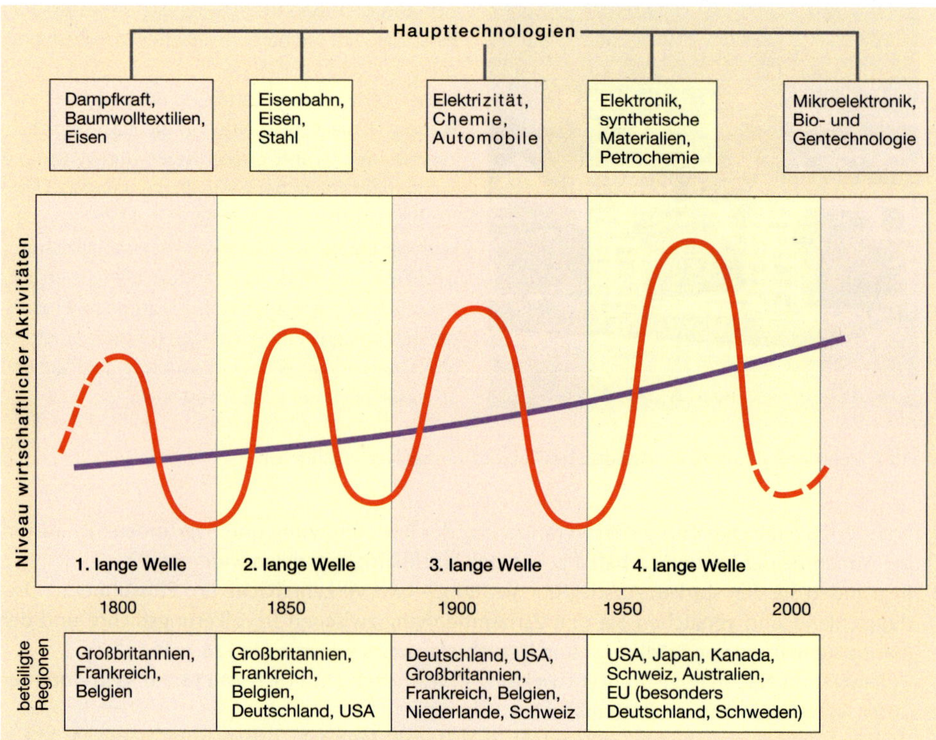

M 114.3 Stadien der wirtschaftlichen Entwicklung in „langen Wellen"

Zahlreiche frühindustrialisierte Regionen haben nach einer sehr dynamischen Phase im 19. und Anfang des 20. Jahrhunderts einen drastischen Schrumpfungsprozess erlebt. Diese ehemals erfolgreichen Industrieregionen, z. B. das Ruhrgebiet, werden als Altindustriegebiete bezeichnet. „Alt" ist nicht im Sinne von Alter zu verstehen, sondern im Sinne von fehlender bzw. mangelnder Kraft zur Erneuerung.

Gründe für den Niedergang

Durch die Integration in die weltwirtschaftliche Arbeitsteilung können Impulse von außen positive wie negative Wirkungen auslösen. Während der Wachstumsphase profitiert eine Region durch die hohe internationale Nachfrage. Kommt es zu einem Nachfragerückgang bzw. zu Nachfrageveränderungen, kann ein regionaler Stagnations- bzw. Schrumpfungsprozess die Folge sein.
Für das Entstehen von Strukturproblemen in Altindustrieregionen wird die veränderte staatliche und private Nachfrage nach technologisch immer höherwertigen Produkten gesehen, die in der Regel von den „alten" Branchen nicht hergestellt werden können. Entsprechend dem Konzept der „langen Wellen" (M 114.3) wurden die ehemaligen rohstofforientierten Wachstumsbranchen Steinkohlenbergbau, Eisen- und Stahlindustrie und die Textilindustrie zu Schrumpfungsbranchen. Ein weiterer Grund ist in der zunehmenden Konkurrenz zu sehen. Der optimale Standort verschiebt sich durch die zunehmende Standardisierung der Produktion vom Hoch- zum Niedriglohnland.

Subventionspolitik und Strukturwandel

Die staatliche Subventionspolitik, die in Europa von der EU und von zahlreichen Regierungen den Erhalt der nicht mehr wettbewerbsfähigen Branchen versucht, hält unrentable Produktionen und ungerechtfertigt hohe Kapazitäten künstlich am Leben.
Nach einer Studie des Instituts für Weltwirtschaft summieren sich die Subventionen für Unternehmen in Deutschland 2007 auf 143 Mrd. €. Ein Großteil dieser Unterstützung, die in Form von Steuervergünstigungen oder direkten Finanzbeihilfen geleistet wird, geht gezielt an ausgewählte Wirtschaftszweige. Besonders stark profitieren die Bereiche Verkehr, Wohnungsvermietung, Bergbau, Land- und Forstwirtschaft. Beispiele für Subventionen im Bergbau sind z. B. Zuschüsse für den Absatz deutscher Steinkohle zur Verstromung und Stahlherstellung sowie Ausgleichszahlungen für Arbeitnehmer, Sanierung in Gebieten des Uranerzbergbaus (Wismut) und der stillgelegten Braunkohlentagebaue.

Steinkohlenbergbau	
1957	607 000
1980	186 600
2005	38 500
Eisen- und Stahlindustrie	
1978	206 000
1987	146 000
2001	76 139

M 115.1 Rückgang von Beschäftigungszahlen im Ruhrgebiet

Kennzeichen von Altindustriegebieten

- eine überdurchschnittlich hohe Bevölkerungsdichte
- eine überdurchschnittlich hohe Industriedichte (Industriebeschäftigte pro 1000 Einwohner) sowie ein hoher Anteil der Industriebeschäftigten an den Gesamtbeschäftigten im Vergleich zum nationalen und zum EU-Durchschnitt
- eine umfangreiche, oft spezifische Infrastrukturausstattung, die auf die vorherrschende, veraltete Industriestruktur ausgerichtet ist
- eine Industriestruktur, die durch zumeist wenige, spezialisierte Großbetriebe, Branchen mit unterdurchschnittlichem Wachstum oder Rückgang, einen sinkenden oder nicht wachsenden Anteil an der Wertschöpfung und eine Produktionsstruktur am Ende des Produktlebenszyklus geprägt ist
- eine hohe und wachsende Arbeitslosigkeit und Wanderungsverluste, d. h., junge und ausgebildete Arbeitskräfte wandern ab
- durch den frühen Zeitpunkt der Industrialisierung ein veralteter Zustand des Sachkapitals (z. B. Produktionsanlagen) und durch die Konzentration auf Schwerindustrie ein schlechter Zustand der Umwelt.

Regionsinterne Ursachen, die einen schnellen Anpassungsprozess erschweren

- der hohe Anteil von kontaminierten und nur sehr kostspielig zu recycelnden Flächen
- die typische Gemengelage von Wohnen und Arbeiten, die nur nach aufwändiger Modernisierung zu attraktiven Dienstleistungsstandorten oder Wohngebieten entwickelt werden kann
- Anpassungsprobleme der Arbeitskräfte an neue Beschäftigungen in Dienstleistungsbranchen
- Die auf die Bedürfnisse der traditionellen Industriezweige ausgerichtete Infrastruktur wie z. B. das umfassende Eisenbahnnetz, Wasserstraßen passen nicht auf die Bedürfnisse moderner Betriebe, z. B. Biotechnologie.
- Die Interessensidentität von Unternehmen, Gewerkschaften und Politik, die die bestehenden Strukturen zu erhalten versuchen, hemmt unternehmerische Tätigkeiten in neuen Branchen.
- Aufgrund der strukturellen Probleme von Altindustrieregionen hat sich ein Negativimage gefestigt, dass das Ansiedeln potenzieller Investoren und gut ausgebildeter Arbeitskräfte erschwert.

Einigung über das Ende der Steinkohlensubvention

Der Bund und Nordrhein-Westfalen verständigen sich auf die Beendigung der Kohleförderung. NRW steigt 2012, der Bund 2018 endgültig aus der Subventionierung des deutschen Steinkohlebergbaus aus. Seit Jahrzehnten ist die deutsche Kohle nicht mehr wettbewerbsfähig. Für im Untertagebau geförderte deutsche Kohle liegt der Preis pro Tonne bei 150 Euro, der Weltmarktpreis dagegen bei nur rund 50 Euro.

Pressemeldung 30. 1. 2007

1 Erläutern Sie die Gründe für den sektoralen Strukturwandel.

Altindustriegebiet im Wandel

Die Netzwerk-Aktivitäten der IHK für Oberfranken Bayreuth

Seit mehreren Jahren beschäftigt sich die Firma helsa-automotive aus Gefrees mit der Herstellung von Filtermaterialien, die eine effizienzsteigernde Ausrüstung mit Nanofasern besitzen.
„Nach dem von uns entwickelten Verfahren können solche Fasern auf die unterschiedlichsten Trägermaterialien aufgebracht werden. Wir mittelständische Betriebe sind auf Kooperationen mit anderen Firmen angewiesen, die sich durch die Netzwerk-Aktivitäten der IHK für Oberfranken Bayreuth leichter herstellen lassen", sagte die Geschäftsführerin des Unternehmens.

(Aus: Oberfränkische Wirtschaft, 7/05)

Textilindustrie in Oberfranken

Die Textil- und Bekleidungsindustrie zählte zu den Leitindustrien des vergangenen Jahrhunderts, seitdem durchlief sie einen drastischen Strukturwandel. 1957 hatte die Textil- und Bekleidungsindustrie in Oberfranken 47000 Beschäftigte, 2007 waren es etwa 10976 in 304 Unternehmen.
Die internationale Konkurrenz, z. B. durch südkoreanische Unternehmen, hat die Betriebe Oberfrankens stark unter Druck gesetzt. Trotzdem zählt die Region Oberfranken mit 10 % aller Beschäftigten immer noch zu den wichtigen Produktionsstandorten der Textilindustrie in Deutschland.
Mit dem Einsatz moderner Produktionsverfahren, dem Einrichten intensiver Kooperationsbeziehungen (Netzwerkbildung) und einem sehr hohen Spezialisierungsgrad konnte der drastische Rückgang der Beschäftigung abgeschwächt werden. Zunehmend stellen die Textilunternehmen ihre Produktion auf die Herstellung von so genannten technischen Textilien um, z. B. Medizintextilien (M 116.2), Spezialschutzbekleidung, Industrietextilien. Statt der Bekleidungsindustrie, die ihre Produktion im großen Umfang nach Asien verlagert hat und somit als lokaler Abnehmer weggefallen ist, sind nun Medizintechnik, Automobilzulieferer und Innenausstatter wichtige Kunden.

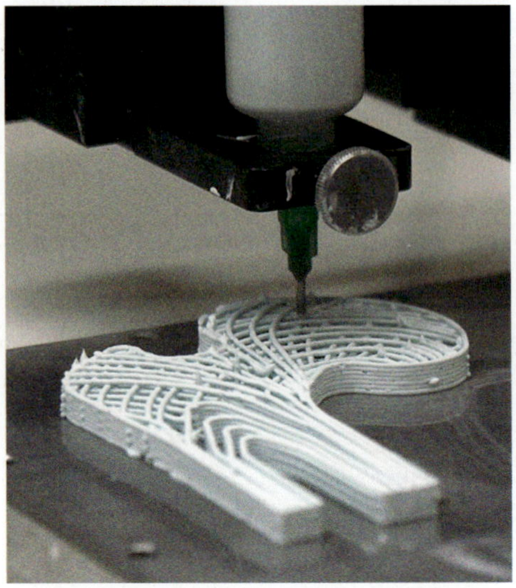

M 116.2 Hightechindustrie aus Oberfranken: Rapid-Protoyping Dispensdrucken für biomechanische Strukturen (Knochen)

IHK-Hauptgeschäftsführer Hunger: „Gerade für die Textilindustrie ist Innovation zum entscheidenden Schlüssel für wachsende Marktanteile geworden. Wie man an der Entwicklung der vergangenen 25 Jahre sieht, haben die heimischen Textilunternehmen ihre Hausaufgaben gemacht. Längst ist aus der klassischen Textilindustrie eine innovative Hightechindustrie geworden."

(IHK Oberfranken: Presseinfo vom 9.9.2005)

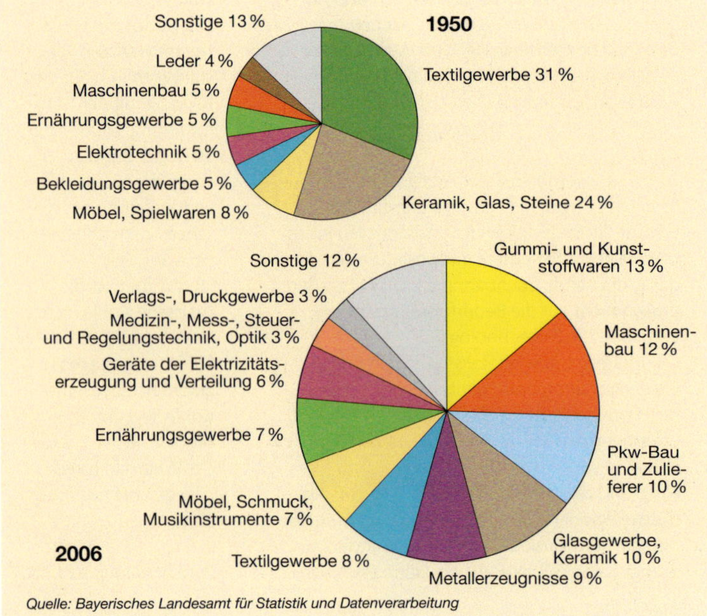

M 116.1 Verarbeitendes Gewerbe in Oberfranken; Beschäftigte in Betrieben ab 20 Beschäftigten

	Beschäftigte/Betriebe
1997	13473/117
1998	13158/111
1999	12893/111
2000	12580/108
2001	12461/109
2002	11479/106
2003	10723/100
2004	9957/93
2005	9354/83
2006	8718/77
2007	8542/73
Veränderung in %:	-42,6/-42,1

M 116.3 Beschäftigte und Anzahl der Betriebe in der Textilindustrie in Oberfranken

Glasindustrie in Ostbayern

In Ostbayern gehört die Glasherstellung zu den traditionellen Wirtschaftszweigen. Im Bayerischen Wald ist die Glasherstellung seit 750 Jahren, im Oberpfälzer Wald seit 500 Jahren bekannt. Entscheidende Standortvoraussetzung war die Nähe einerseits zu Wäldern, die zur Gewinnung von Energie und Pottasche genutzt werden konnten, und andererseits zu den reichen Rohstoffvorkommen vor allem von Quarz und Feldspat. Neben den produzierenden Unternehmen haben sich im Lauf der Zeit wichtige Zulieferer wie z. B. Glasofenbauer, spezialisierte Werkzeugmacher und Formenbauer angesiedelt, die eng zusammenarbeiten. Dennoch durchläuft die Glasherstellung im Oberpfälzer Wald seit den 1980er-Jahren einen Strukturwandel, der mit starken Arbeitsplatzverlusten einhergeht.

Grund für die Entwicklung sind zunehmende Importe von billiger Massenware aus Osteuropa und Asien. Durch den starken Wettbewerb sind die Preise für die wichtigsten Erzeugnisse wie Kelchgläser und Geschenkartikel um etwa ein Drittel gefallen. Um den Absatz von Kelchgläsern zu erhöhen, entwickelten die Unternehmen das Lifestyle-Konzept des „gedeckten Tisches", bei dem Gläser als Einheit mit Porzellan, Besteck und Tischwäsche beworben werden. In Zukunft versucht sich die Region stärker auf die Herstellung technischer Gläser, etwa für die Automobilindustrie, die Bauindustrie oder den Pharmabereich, zu konzentrieren.

M 117.2 Attraktionen für Touristen: die Glasstraße

GENESIS REGIONAL-DATENBANK:	Glasgewerbe, Keramik, V. v. Steinen u. Erden (DI26)			
	30.09.1996		30.09.2007	
	Betriebe Anzahl	Beschäftigte Anzahl	Betriebe Anzahl	Beschäftigte Anzahl
Neustadt a.d.Waldnaab, Landkreis	16	2615	9	931
Tirschenreuth, Landkreis	19	3536	9	1920
Weiden i.d.OPf., Kreisfr. Stadt	7	1946	7	1346
SUMME	42	8097	25	4197

M 117.3 Entwicklung der Glasindustrie

Produktionstrends: Neue Oberflächenveredlungen, Nanotechnologie, Technische Keramik in Medizintechnik, Fahrzeug-, Luft- und Raumfahrt, Faserverbundwerkstoffe und Leichtbauwerkstoffe mit Keramikverstärkung;
Ressourcenausstattung/Infrastruktur: Vorhandensein von Rohstofflieferanten, Dienstleistern (Forschungs- und Entwicklungseinrichtungen), Prototyping, Lead-Products;
Forschungs- und Entwicklungseinrichtungen: Universität Bayreuth, FH Hof (Werkstoff- und Oberflächentechnik), Kompetenzzentrum Neue Materialien, KE KU TEX Forschungszentrum, Friedrich-Baur-Forschungsinstitut für Biomaterialien, Bayreuther Zentrum für Kolloide und Grenzflächen, Multifunktionelle nanostrukturierte Glasoberflächen, Johann-Friedrich-Böttger-Institut, Berufsbildungszentrum für Keramik. Uni Erlangen, FH Nürnberg, technische Keramik Nürnberger Land;
Arbeitsmarkt: 10 % aller Industriebeschäftigten in Oberfranken sind in der Glas- und Keramikbranche tätig; Starke Vernetzung zu Automobilindustrie und Medizintechnik;
Ergebnis: Über 200 Jahre Erfahrung bei der Verarbeitung von Porzellan/Keramik und Glas; Dieser Industrie kommt national und international eine wichtige Stellung zu, mit großer arbeitsmarktpolitischer Bedeutung für Oberfranken. Sie ist entscheidender Impulsgeber für technische, wissenschaftliche und gesellschaftliche Anwendungen in den Bereichen Automobil, Architektur, Kommunikationstechnik, Solartechnik, Verpackung etc.

M 117.1 Aus der Cluster-Initiative Oberfranken zur Förderung der Glas-, Keramik- und Porzellanproduktion in Oberfranken (Quelle: IHK + Handwerkskammer Oberfranken)

1 Erklären Sie, warum aus ehemaligen Wachstumsregionen Schrumpfungsregionen geworden sind.
2 Stellen Sie die Entwicklung der Textilindustrie Oberfrankens unter dem Aspekt der Netzwerkbildung dar. Recherchieren Sie nach konkreten Beispielen.
3 Kooperation und Vernetzung im Glasgewerbe – Erörtern Sie, welche Chancen die „Cluster-Initiative Oberfranken" für mittelständige Betriebe des Glasgewerbes bietet (M117.1).
4 **Referat-Tipp:** „Ein Altindustriegebiet und sein Wandel"

Wirtschaftsdynamik in Wachstumsräumen

FuE – Forschung und Entwicklung
Investitionen in die Forschung und Entwicklung (FuE) sind Voraussetzung für erfolgreiche Innovationsprozesse. Der Staat und die private Wirtschaft tragen die Verantwortung dafür, dass durch FuE neues Wissen gewonnen wird. Ein großes Wachstumspotenzial wird zukünftig den Branchen Biotechnologie, Informations- und Kommunikationstechnologie, Nanotechnologie, neue Materialien und Werkstoffe zugeschrieben.

Merkmale von Wachstumsregionen

Das charakteristische Merkmal einer Wachstumsregion ist das im Vergleich zum Landesdurchschnitt überdurchschnittliche Wachstum z. B. des Bruttoinlandsprodukts oder der Beschäftigung. Dieser Wachstumsprozess verstärkt sich durch stetig ansteigende Investitionen von einheimischen und ausländischen Unternehmen, Zuwanderung hoch qualifizierter Arbeitskräfte und einen Exportüberschuss der ansässigen Wirtschaft.

Hohes Wachstum erzielen die Regionen München, Stuttgart und Berlin in Deutschland. Ausgelöst wird diese Dynamik durch Unternehmen in frühen Phasen des Produktlebenszyklus, die durch hohe Anfangsinvestitionen im Bereich FuE und einem sich anschließenden starken Wachstum des Umsatzes geprägt sind.

Gerade in einem Hochlohnland wie Deutschland muss es den Unternehmen gelingen, durch neue Produkte oder Produktverbesserungen höhere Preise durchzusetzen und damit so genannte Monopolgewinne zu erzielen. Forschungsintensive Unternehmen können mit innovativen Produkten einen regionalen Wachstumsprozess auslösen. Unternehmen, die in der Lage sind, bestimmte Produkte oder Dienstleistungen erstmalig zu verkaufen, können aufgrund fehlender Mitbewerber hohe Preise durchsetzen und hohe Gewinne erzielen. Sobald ähnliche Produkte von Konkurrenten angeboten werden, fällt der Preis, der von nun an den Wettbewerb bestimmt.

Entstehung von Wachstumsregionen

Innovationsprozesse führen zu Wechselbeziehungen und Arbeitsteilungen zwischen verschiedenen Unternehmen und Institutionen. Die erfolgreiche Entwicklung neuer Produkte, Verfahren und organisatorischer Lösungen hängt nicht nur allein von eigenen betrieblichen Entscheidungen und Fähigkeiten ab, sondern wird auch vom betrieblichen bzw. regionalen Umfeld geprägt. Die Globalisierung zwingt Unternehmen, sich auf Kernkompetenzen zu konzentrieren, um im internationalen Wettbewerb zu bestehen. Das erfordert den ständigen Austausch mit Abnehmern, Zulieferern, unternehmensnahen Dienstleistungsbetrieben, Wettbewerbern und Forschungseinrichtungen.

Wachstumsregionen zeichnen sich durch spezifische Rahmenbedingungen aus, die das Innovationsverhalten von Unternehmen positiv beeinflussen. Man spricht in diesem Zusammenhang auch von so genannten regionalen Innovationssystemen. Einfache Indikatoren, um die Innovationskraft einer Region zu messen, sind die Ausgaben für Forschung und Entwicklung oder die Zahl der Beschäftigten in diesen Bereichen. In Deutschland lässt sich ein starkes Gefälle zwischen den Bundesländern erkennen. Der Südwesten verfügt über eine viel größere Innovationskraft als der Nordwesten und der Osten Deutschlands. Allein die Großräume München und Stuttgart vereinen rund ein Viertel aller FuE-Beschäftigten in Deutschland.

Unternehmen des Verarbeitenden Gewerbes – sind Empfänger neuer technologischer Problemlösungen und erzeugen durch FuE-Anstrengungen neues Wissen.

Unternehmens- bzw. innovationsorientierte Dienstleistungsunternehmen – sind Empfänger und Entwickler neuen Wissens; durch Flexibilisierung und Spezialisierung der Produktion greifen Unternehmen des Verarbeitenden Gewerbes bei der Realisierung von Produkt-, Prozess- und/oder organisatorischen Innovationen auf spezialisierte Dienstleistungsunternehmen zurück.

Forschungseinrichtungen – sind an Wissensentstehung, -verbreitung und Ausbildung qualifizierter Arbeitskräfte beteiligt.

Innovationsunterstützende Einrichtungen des privaten und öffentlichen Sektors – versuchen die Entstehung und den Transfer von Wissen zwischen Wissensproduzenten und Anwendern bzw. Nutzern zu verbessern (Transfer- und Informationsvermittlungsstellen, Technologie- und Gründerzentren, Kammern, Banken).

Marktimpulse – sind Anreiz für die Realisierung von Produkt-, Prozess- und organisatorischen Innovationen. Technologische Neuerungen z. B. in Form neuer Produkte gelangen über den Markt an die Verbraucher. Bereits in frühen Phasen des Innovationsprozesses kommt es zu Wechselwirkungen zwischen Markt und Entwicklern.

Bildungssystem – ist verantwortlich für die Verfügbarkeit qualifizierter Arbeitskräfte, die bei Wissensentstehung und bei der Umsetzung in Produkte bzw. Prozesse beteiligt sind.

Staat bzw. öffentliche Verwaltung – kann sich positiv auf das Innovationsverhalten in einer Region auswirken, z. B. indem sie die FuE-Kapazitäten der Unternehmen und Forschungseinrichtungen stärken und die Zusammenarbeit zwischen diesen fördern. Wichtig für die Entwicklung neuer Branchen ist auch, für eine gesellschaftliche Akzeptanz zu sorgen.

Unternehmenskultur – ist positiv, wenn unterschiedliche Akteure miteinander vernetzt sind und gemeinsame Lösungen anstreben (Kooperationsneigung, gemeinsame Vertrauensbasis).

M 118.1 Kennzeichen regionaler Innovationssysteme

Wachstumsregion München

Seit Jahren gehört der Raum München zur Spitzengruppe der innovativsten Regionen Europas. Ursache für den Erfolg bildet die Konzentration von so genannten Hightech-Branchen, die ein hohes Wachstumspotenzial aufweisen. Dazu gehören z. B. die Luft- und Raumfahrttechnik, die Mikroelektronik, die Halbleitertechnik.

München gehört zu den führenden FuE-Standorten Europas. In den vergangenen Jahren ist es München eindrucksvoll gelungen, neben den Bereichen Informations- und Kommunikationstechnologie sowie Automobilindustrie auch im Bereich Biotechnologie eine Spitzenstellung einzunehmen.

Im Rahmen der Hightech-Initiative hat der Freistaat Bayern massiv in den Aufbau eines neuen Biotechnologieclusters investiert. Zentraler Standort der Biotechnologieregion ist Martinsried. In enger räumlicher Nähe sind universitäre und außeruniversitäre Einrichtungen angesiedelt, insgesamt mehr als 150 Unternehmen mit über 10 000 Beschäftigten, z. B. Klinikum Großhadern, naturwissenschaftliche Fakultäten der Ludwig-Maximilians-Universität, die Max-Planck-Institute für Biochemie und Neurobiologie, das Genzentrum und das Innovations- und Gründerzentrum für Biotechnologie (IZB) sowie das GSF-Forschungszentrum für Umwelt und Gesundheit. In der Regel handelt es sich dabei um Ausgründungen aus den Forschungseinrichtungen. Daneben finden sich auch renommierte Pharma- und Biotechnologieunternehmen wie Novartis, Sandoz, Roche, Hexal und Medigene.

M 119.2 München

Merkmale der Wachstumsregion München
- Einbindung in internationale Kommunikations- und Infrastrukturnetze
- ein breites Angebot unternehmensbezogener Dienstleistungen
- Fühlungsvorteile innerhalb der Hightech-Branche und zu Forschungseinrichtungen
- hoher Wohn- und Freizeitwert

Nach dem Gewinn im BioRegio-Wettbewerb wurde im Jahr 1997 die Bio^M als „Geburtshelfer" und Anlaufstelle für Biotechnologie-Unternehmen gegründet.

Ihre Aufgabe ist die Standortbetreuung in Form von Networking, PR- und Öffentlichkeitsarbeit für die Biotechnologieregion.

Die Bio^M organisiert Seminare, die den Mitarbeitern der Biotechunternehmen unternehmerisches, aber auch wissenschaftliches Wissen vermitteln.

Um den Standort zu stärken, fördert die Bio^M auch das Networking innerhalb des Clusters zwischen Unternehmern, Wissenschaftlern, Kapitalgebern und politischen Entscheidungsträgern. 2005 hat sie 13 feste sowie 3 freie Mitarbeiter.

http://www.biom-.de

M 119.3 Bio^M-Service-, Beratungs- und Finanzierungsgesellschaft in München

Siemens AG und Strukturwandel

1948 Verlagerung des Hauptsitzes von Berlin nach München (Furcht vor Demontage); Auslösung eines raschen Aufholprozesses in dem bis dahin agrarisch geprägten und ökonomisch rückständigen Bayern; Schlüsselindustrie: Mikroelektronik.

Durch die Siemensansiedlung entwickelten sich zahlreiche Zulieferbetriebe, insbesondere Hard- und Softwareentwickler. Standortgunst durch Verfügbarkeit qualifizierter Arbeitskräfte; Universitäten, Forschungseinrichtungen. Beeindruckend ist der begonnene Standortausbau (Diversifizierungsstrategie), der in Martinsried innerhalb weniger Jahre mithilfe staatlicher und privater Investitionen (z. B. Hochschulausbau, ein europäisches Zentrum der Biotechnologie entstehen ließ. Damit ist es München gelungen, den regionalen Strukturwandel erfolgreich zu gestalten.

M 119.1 Eine Erfolgsgeschichte

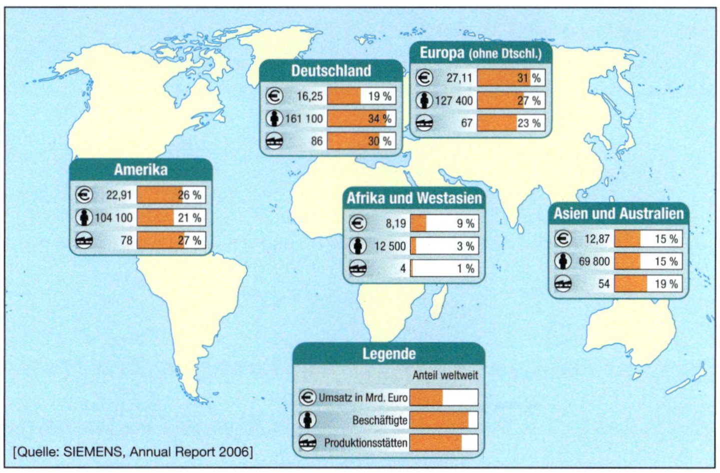

M 119.4 Standorte des Siemens-Konzerns

1 Erläutern Sie am Beispiel der Wachstumsregion München welche Rahmenbedingungen für die wirtschaftliche Entwicklung günstig waren.

2 **Referat-Tipp:** Stellen Sie die Siemens AG oder die Bio^M vor.

Bedeutungswandel ländlicher Räume

LAG – Die Lokale Aktionsgruppe ist eine Partnerschaft aus Vertretern der Kommunen, des wirtschaftlichen und gesellschaftlichen Lebens, um regionale Entwicklungsstrategien zu entwickeln.
REK – Regionales Entwicklungskonzept

Der ländliche Raum steht vor großen Herausforderungen. Auf der einen Seite hat die Landwirtschaft immer weniger Beschäftigte mit der Folge, dass viele ländliche Regionen eine hohe Abwanderung gerade junger und qualifizierter Arbeitskräfte erleiden. Auf der anderen Seite scheint der ländliche Raum im Standortwettbewerb benachteiligt. In den Medien wird häufig vom „Ausbluten", „Veröden" ländlicher Räume gesprochen, die in ihrer Entwicklung zurückbleiben und „abgehängt" werden. Seit 1991 wird mit der LEADER-Initiative versucht, die Potenziale des ländlichen Raumes stärker zu nutzen (M 120.3).

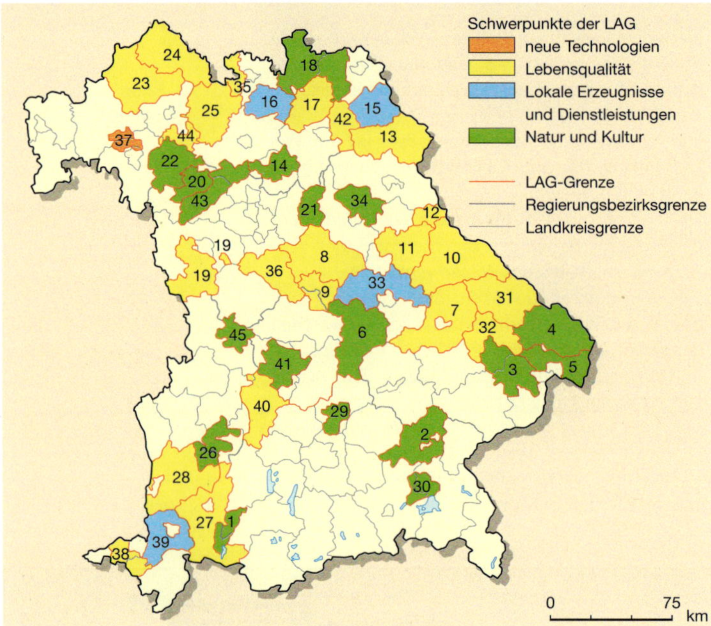

M 120.1 Schwerpunkte der LAG

Zur Umsetzung der integrierten ländlichen Entwicklungsstrategien unterstützt LEADER folgende vier Maßnahmenbündel:

1. Einkommensschaffende Investitionen
Es sollen Initiativen zur Schaffung bzw. Stärkung regional und intersektoral abgestimmter Wirtschaftskreisläufe und Wertschöpfungsketten gefördert werden. Kleinbetriebe und Kooperationen erhalten Förderungen; Unternehmensgründungen, Erschließung neuer Produktlinien, Dienstleistungen, Anwendung neuer Informations- und Kommunikationstechnologien werden unterstützt.

2. Nicht einkommensschaffende Investitionen
Projekte, die die strukturellen Voraussetzungen in den Regionen verbessern, sodass sie für die Einwohner attraktiver und in ihrer Außenwirkung verbessert werden (kulturelles Angebot, Erhaltung von Bauwerken mit kulturgeschichtlicher Bedeutung, touristische Interessen).

3. Nicht investive Maßnahmen
Gefördert werden z. B. Marketinginitiativen, Aufbau von Netzwerken zwischen Betrieben, Initiativen zur Aktivierung der lokalen Bevölkerung (z. B. Zukunftswerkstätten), Organisation von Regionalmessen, Unterstützung für Präsentationen auf überregionalen Messen.

4. Regionalmanagement
Kostenübernahme für Zusammenarbeit und Erfahrungsaustausch (z. B. Teilnahme an Seminaren und Tagungen), Sachkosten der Büroinfrastruktur (Anschaffungen, Mieten), Öffentlichkeitsarbeit (Herausgabe von Publikationen und Broschüren; Veranstaltung von Tagungen, Seminaren, Websites).

M 120.3 Geförderte Maßnahmen in LEADER

1. Bergwerkstollen Hunding – Freilegungskonzept soll die touristische Erschließung ermöglichen
2. GEHsundheitsweg – in Rusel entsteht ein Pfad mit Stationen zum „Erleben mit allen Sinnen" (z. B. barfuß auf verschiedenen Böden laufen)
3. Radwegekonzept – für den Fahrradtourismus werden 10 Familien-/Freizeitradtouren erarbeitet
4. Kulturzentrum in Aholming – neue Räumlichkeiten sollen Platz für die Pfarrbücherei und verschiedene lokale Gruppen bereitstellen
5. ‚Infohafen' – das alte Schiffmeisterhaus in Deggendorf soll Anziehungspunkt für Fahrradtouristen werden

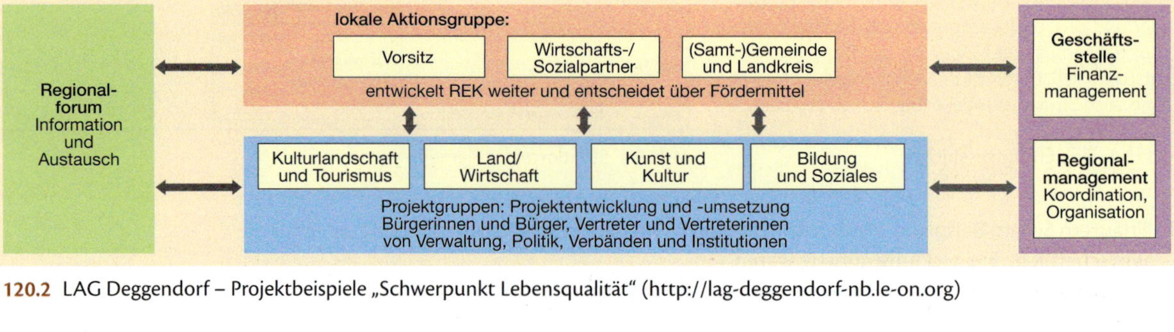

M 120.2 LAG Deggendorf – Projektbeispiele „Schwerpunkt Lebensqualität" (http://lag-deggendorf-nb.le-on.org)

Aktuelle Situation der bayerischen Landwirtschaft

1950 waren rund 31 % der Erwerbstätigen in der Landwirtschaft tätig, 2005 nur noch 3 % (rd. 190 000 Erwerbstätige). Um die tatsächliche Zahl der in der Landwirtschaft Beschäftigten zu erfassen, müssen die Erwerbstätigen hinzugerechnet werden, die die Landwirtschaft nur noch im Nebenerwerb betreiben. Dadurch erhöht sich die Zahl der beschäftigten Personen auf 330 000. Dabei handelt es sich bei 84 % der Erwerbstätigen um Familienangehörige.

Durch die enge Verzahnung der Landwirtschaft mit der Ernährungsindustrie (Mühlen, Bäckereien, Molkereien) sind im Agrarbereich rd. 11 % aller Erwerbstätigen in der Land- und Forstwirtschaft sowie in ihr vorgelagerten Bereichen beschäftigt. Innerhalb des Verarbeitenden Gewerbes ist die Ernährungsindustrie mit rund 400 000 Beschäftigten nach dem Fahrzeugbau und dem Maschinenbau die drittgrößte Branche in Bayern.

Die Produktivität der Bauern hat z. B. durch den Einsatz verbesserter Saaten und zunehmender Mechanisierung zugenommen. Versorgte ein bayerischer Bauer im Jahr 1900 rund 10 Personen, also kaum mehr als die eigene Großfamilie, waren es im Jahr 2005 115 Personen.

Vier Schwerpunktbereiche der Förderung werden im Strategieplan ausgewiesen:

Schwerpunkt 1: Verbesserung der Wettbewerbsfähigkeit der Land- und Forstwirtschaft

Verbesserung
- der Produktivität/Rentabilität der Land- und Forstwirtschaft
- der Absatzmöglichkeit und der Marktstruktur
- der Produktqualität
- des Umwelt-, Natur- und Tierschutzes
- des Küsten- und Hochwasserschutzes

Schwerpunkt 2: Verbesserung der Umwelt und der Landschaft

- Sicherung/Verbesserung des Zustandes bzw. der Vielfalt an natürlichen bzw. schutzwürdigen Lebensräumen und heimischen Tier- und Pflanzenarten (Biodiversität)
- Vermeidung bzw. Reduzierung von Emissionen, unerwünschten Stoffeinträgen und Beeinträchtigungen in/von Boden, Wasser und Luft durch entsprechende Bewirtschaftungsmaßnahmen (Wasser-, Klima- und Bodenschutz)
- Aufrechterhaltung einer möglichst flächendeckenden, standortangepassten, nachhaltigen Landbewirtschaftung
- Ausbau einer umwelt- und besonders artgerechten landwirtschaftlichen Nutztierhaltung
- Erhöhung der Stabilität und der Naturnähe der Wälder

Schwerpunkt 3: Lebensqualität im ländlichen Raum und Diversifizierung der ländlichen Wirtschaft

- Sicherung und Schaffung von Arbeitsplätzen und Einkommen
- Sicherung und Verbesserung von Lebensqualität und Zukunftsperspektiven
- Erhaltung bzw. Herstellung der Mindestversorgung mit Gütern und Dienstleistungen
- Erhaltung und ggf. Wiederherstellung des ländlichen Natur- und Kulturerbes
- Erhaltung und Verbesserung des Freizeit- und Erholungswertes ländlicher Räume

Schwerpunkt 4: Leader

- verstärkte Mobilisierung der endogenen Entwicklungspotenziale in ländlichen Regionen
- Verbesserung von regionaler Kooperation und Stärkung der Beteiligung wesentlicher Akteure
- Entwicklung und Verbreitung innovativer Ansätze

M 121.1 Nationale Rahmenregelung der Bundesrepublik Deutschland für die Entwicklung ländlicher Räume im Zeitraum 2007–2013 (Download unter: www.bmelv.de)

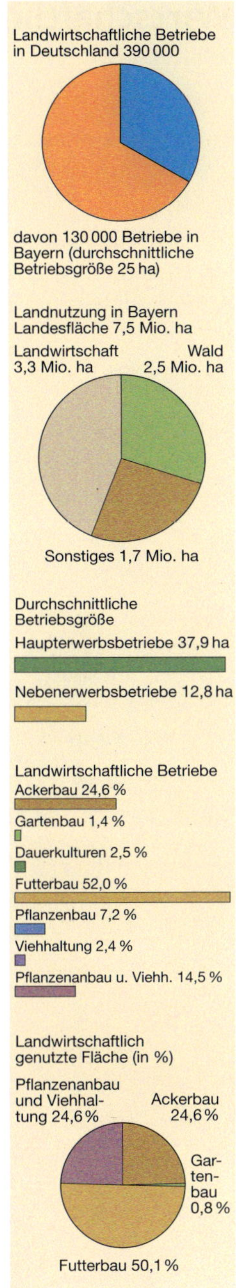

M 121.2 Statistische Angaben zur Landwirtschaft in Bayern (2005)

1 Diskutieren Sie Entwicklungshemmnisse und -chancen für ländliche Räume.

2 Stellen Sie die bayerische Regionalpolitik für ländliche Räume dar und bewerten Sie den Erfolg regionalpolitischer Maßnahmen. Suchen Sie sich hierfür konkrete Beispiele aus. Eine Liste der „Leader+"-Projekte finden Sie auf der offiziellen Internetseite (www.leaderplus.de).

3 Sprechen Sie über die Möglichkeiten zur Verbesserung der Lebensqualität der Menschen in ländlichen Räumen. Nutzen Sie das Beispiel LAG Deggendorf (Atlas, M 120.1).

Wirtschaftlicher Strukturwandel in Ostdeutschland

Am 3. Oktober 1990 übernahmen die neuen Bundesländer das politische, wirtschaftliche und soziale System Westdeutschlands. Die rasche Einführung der Marktwirtschaft in den neuen Ländern löste eine massive wirtschaftliche Krise aus. Es kam zu gravierenden Einbrüchen in allen Wirtschaftsbereichen, die eine hohe Arbeitslosigkeit zur Folge hatten, wie auch in den übrigen ehemals sozialistischen Staaten.

In Ostdeutschland halbierte sich das Bruttoinlandsprodukt von 1989 bis 1991. Die Zentralverwaltungswirtschaft hinterließ Betriebe, die international nicht konkurrenzfähig waren. Die veralteten Produktionsanlagen arbeiteten ineffizient und Hightechprodukte für den Weltmarkt waren Ausnahmen.

Neben dem Einbruch der Produktion und der Freisetzung von zahlreichen Arbeitskräften ist zwischen den sozialistischen „Bruderstaaten" der Außenhandel zum Erliegen gekommen.

Kurz nach der Wiedervereinigung wurden drei sehr kontroverse Szenarien zur langfristigen Wirtschaftsentwicklung in der Öffentlichkeit diskutiert.

Prognose der Optimisten: Nach der Einführung der Marktwirtschaft und Kapital- und Technologietransfer aus Westdeutschland wird sich ein schnelles Wachstum („blühende Landschaften") mit Hightechindustrien entwickeln.

Prognose der Pessimisten: Entwicklung der Region, die durch den massiven Abbau von Arbeitsplätzen gekennzeichnet ist und langfristig keine Chance hat, sich dem westdeutschen Entwicklungsniveau anzunähern.

Prognose vor allem der Wissenschaftler: Szenario des „langen Atems" – der Aufbau neuer, leistungsfähiger Unternehmen gestaltet sich langwieriger als in der Anfangseuphorie nach der Wiedervereinigung erwartet, dennoch wird eine positive Entwicklung Ostdeutschlands erwartet, die regional allerdings unterschiedlich verläuft (M 122.1).

M 122.1 Deutschland – BIP nach Bundesländern und die Abwanderung Erwerbstätiger nach Bundesländern

Index	1991	1996	2001	2007
BRD* = 100	100	100	100	100
Berlin	84	93	85	84
Brandenburg	35	64	65	71
MVP	34	64	63	70
Sachsen	35	65	65	75
Sachsen-Anhalt	33	60	62	73
Thüringen	30	59	63	72
*Gebiet Deutschland-West (BRD) bis 1990				

M 122.2 Bruttoinlandsprodukt pro Kopf

	1992	1996	2001	2007
Deutschland-West	5,6	1,3	2,5	2,3
Berlin	10,0	−1,5	0,4	1,8
Brandenburg	24,9	4,5	2,1	2,2
MVP	24,8	3,7	2,0	2,5
Sachsen	25,1	3,8	3,2	2,7
Sachsen-Anhalt	26,3	3,9	1,7	2,4
Thüringen	35,0	3,7	2,6	1,9

M 122.3 Wachstum des Bruttoinlandsprodukts (in %): Vergleich zum jeweiligen Vorjahr

Beispiel Hoyerswerda

1956 wurde die Stadt für die Arbeiter des „größten Braunkohleveredlungskombinats Europas", Schwarze Pumpe, errichtet und wuchs in der Folgezeit auf über 70 000 Einwohner.

Die einseitige wirtschaftliche Ausrichtung auf die Bergbau- und Energiewirtschaft in der Vergangenheit führte zum Verlust von Tausenden Arbeitsplätzen nach der Wende. Die Einwohnerzahl schrumpfte auf etwa 39 885 Einwohner im Jahre 2007.

Es gibt nur wenige Gewerbebetriebe, die in der Zukunft eine positive wirtschaftliche Entwicklung in Gang setzen könnten.

Heute liegt die Arbeitslosigkeit in Hoyerswerda bei 16,5 %. Schwerpunkt der Regionalentwicklung wird es darum in der Zukunft sein, den Schrumpfungsprozess in der Region offensiv und so sozialverträglich wie möglich zu gestalten.

Die Region Dresden

Dresden vollzog nach 1990 einen rasanten wirtschaftlichen und technologischen Aufholprozess. Getragen wird diese Dynamik durch die Entwicklung eines Clusters Mikroelektronik sowie Informations- und Kommunikationstechnologie (IuK), insbesondere auf den Gebieten Halbleiterfertigung, Mikro- und Nanotechnologie, Systemintegration. Seit Anfang der 1990er-Jahre sind erhebliche Investitionen in den Aufbau von universitären und außeruniversitären Forschungseinrichtungen sowie in den Aufbau von Produktionskapazitäten geflossen. Standortprägende Unternehmen sind z. B. Infineon, AMD, Zentrum Mikroelektronik Dresden (ZMD) und Schäfer IT-Systems. Das Cluster zeichnet sich durch sehr gut funktionierende Netzwerke zwischen Unternehmen und Forschungseinrichtungen aus (vgl. M 123.2). Darüber hinaus zeigt sich, dass Dresden für die Unternehmen auch ein wichtiger Forschungsstandort ist. Ausdruck hierfür sind z. B. die Advanced Mask Technology Center GmbH & Co. KG (AMTC), ein Gemeinschaftsprojekt von AMD, Infineon und DuPont, oder das Entwicklungszentrum von Infineon in Dresden-Boxdorf.

Ein bekanntes Opfer des Niedergangs war der „Trabbi", der zu DDR-Zeiten stark nachgefragt war und auf den die Verbraucher mehrere Jahre warten mussten. Gegen die technisch bessere, optisch moderne westdeutsche und ausländische Konkurrenz waren das Fahrzeug und das Unternehmen sehr schnell chancenlos.

M 123.1 Einstellung der Produktion des Trabant (Zwickau 1991)

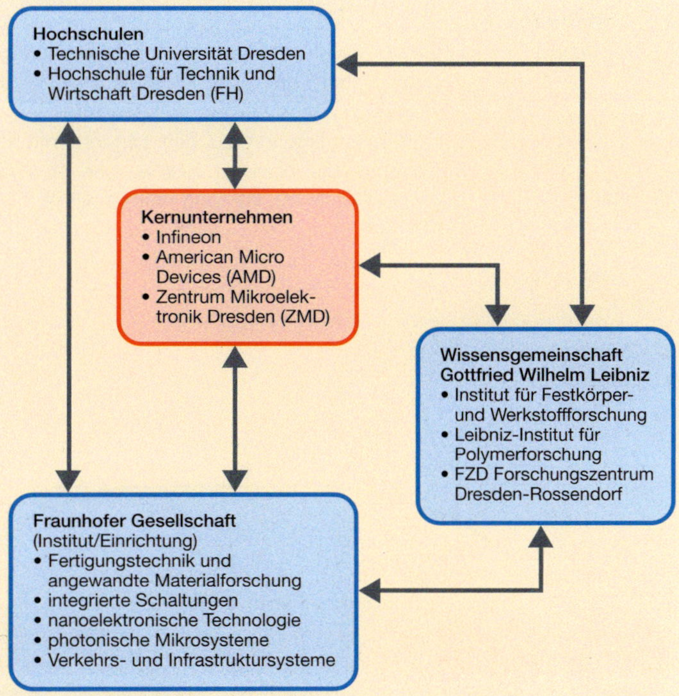

M 123.2 Mikroelektronik-Cluster Dresden: Die Bedeutung von universitären und außeruniversitären Forschungseinrichtungen

1 Kommentieren Sie die Angaben aus den Tabellen (M 122.2, M 122.3).
2 Beschreiben Sie die Lage der auf S. 123 genannten Orte. Werten Sie die Karte M 122.1 aus (Atlas).
3 Erklären Sie den Erfolg des Mikroelektronik-Clusters Dresden.
4 **Referat-Tipp:** Cluster – Instrument der Gebietsentwicklung.

Formen und Bedeutung des Tourismus

Entwicklung und Trends

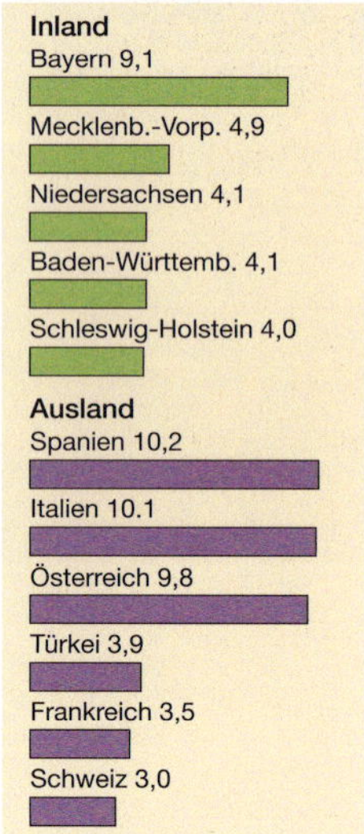

M 124.1 Die beliebtesten Reiseziele der Deutschen 2006 (Mio. Reisen)

- Vielfalt und Individualität
- Ferne
- Aktivität
- Heimat und regionale Identität
- Künstliche Welten
- Events

M 124.2 Trends in Freizeit und Tourismus

Zum Massenphänomen entwickelte sich der Fremdenverkehr (heute meist durch den Begriff „Tourismus“ ersetzt) in den Industrieländern vor etwa fünfzig Jahren. Zwar gab es Fremdenverkehr schon lange davor, er war aber auf eine kleine gesellschaftliche Schicht beschränkt. Zum Beispiel nutzten Adel und Bürgertum im 19. Jahrhundert Sommerfrischen und Kurbäder. Auch gab es aus religiösen Gründen (Pilgerfahrten) Gebiete mit einem erheblichen Fremdenverkehr.

Höhere Einkommen, Verkürzung der Arbeitszeit, bezahlter Urlaub, verbesserte Mobilität waren Rahmenbedingungen, die immer mehr Menschen Urlaubsreisen ermöglichten. Bis in die 1970er-Jahre war Urlaub vor allem Gegenpol zum Arbeitsleben und diente der Erholung und physischen Regeneration. Seit den 1990er-Jahren erweiterte sich das Spektrum an Freizeitinteressen. „Der Urlauber“ wurde vielseitiger, anspruchsvoller, seine Wünsche individueller und ebenso die Angebote. Die Menschen verreisen heute häufiger, oftmals aber zeitlich kürzer und der Anteil der Fernreisen wächst.

Deutschland gehört zu den Ländern mit der höchsten Reiseintensität. 2006 wurden 105,5 Mio. private Reisen mit vier und mehr Übernachtungen gezählt, 40,5 Mio. davon innerhalb Deutschlands. Dieser Tourismus wird durch den Freizeit- und den Dienstreiseverkehr noch erheblich erweitert (M 124.1–M 124.3).

M 124.4 Strandidyll auf Gran Canaria

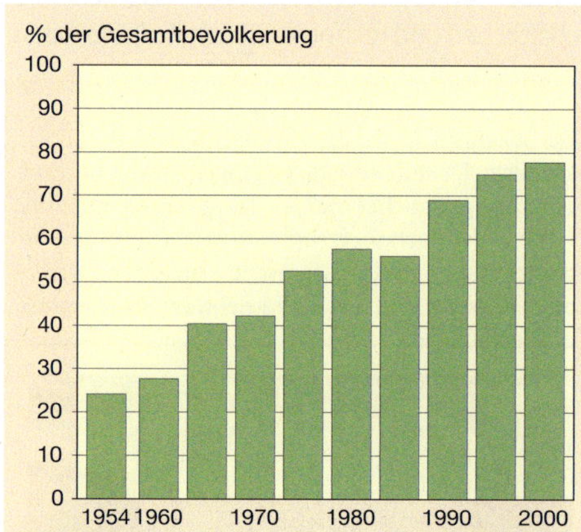

M 124.5 Bevölkerungsanteil, der den Urlaub zum Reisen nutzt, 1954–1998

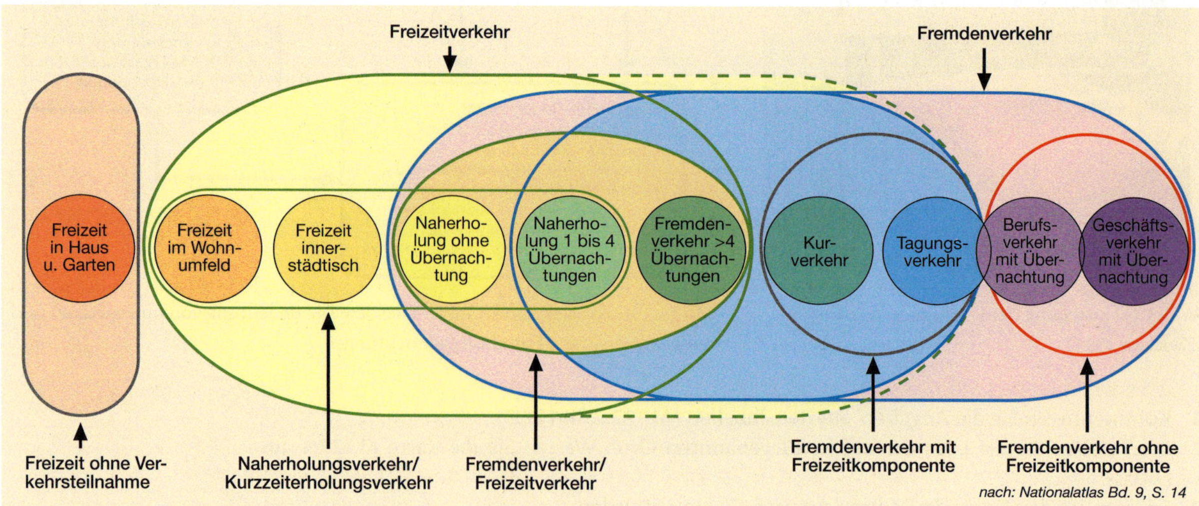

M 124.3 Ordnungsschema der Typen von Freizeit- und Fremdenverkehr

Tourismus als Wirtschaftsfaktor

Durch die wachsende Zahl von Touristen aus dem In- und Ausland sowie das große Angebot zur Freizeitgestaltung sind Tourismus und Freizeitsektor in Deutschland wichtige Bereiche der Dienstleistungswirtschaft.

Neben dem Urlaubsverkehr spielen der Ausflugsverkehr und der Tagungs- und Geschäftsverkehr eine große Rolle. Viele verschiedene Wirtschaftsunternehmen leben direkt oder indirekt von Tourismus und Freizeitverkehr in ihren unterschiedlichen Formen (M 125.2). Etwa acht Prozent des Bruttoinlandprodukts werden durch Freizeitverkehr und Tourismus erwirtschaftet.

Die Beschäftigungsquote im Tourismus ist im Vergleich zu anderen Branchen hoch, aber die Entlohnung eher unterdurchschnittlich. Saisonabhängige und Teilzeitbeschäftigungen führen zu starken Schwankungen.

Vielfältige Trends fördern einen immer stärkeren Ausbau von Freizeit- und touristischen Angeboten (M 124.2).

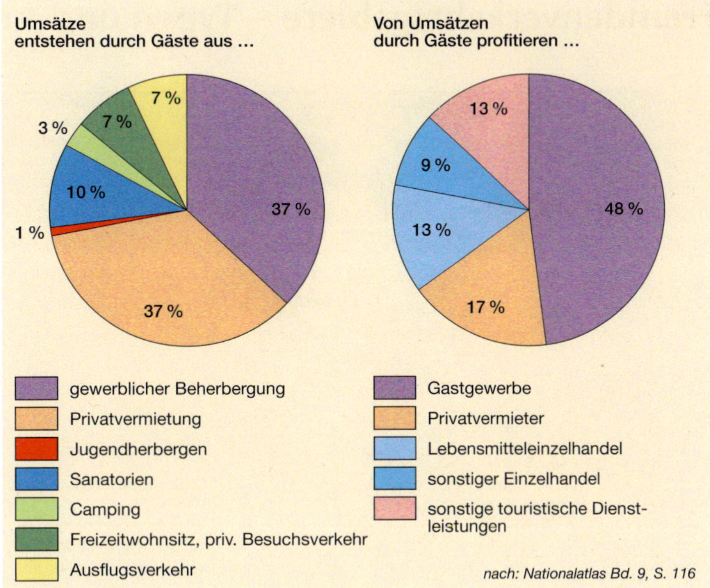

M 125.2 Herkunft und Verteilung tourismusbedingter Umsätze

Einwohnerzahl und Gliederung: etwa 9000 E., 42 Ortsteile und Weiler
Lage: südliches Oberbayern, am Alpenrand, im Reisegebiet Isarwinkel, etwa 680 m ü. NN
Geschichte: 1257 n. Chr. erste Erwähnung „Ort Lenggries", 1924 Anschluss an das Bahnnetz, 1952 erste Skischule, lange Tradition im Wintersport, 1957 erste Liftanlage, Luftkurort
Angebote 2007: 18 Liftanlagen, Hotels, Pensionen, Ferienwohnungen, Urlaub auf dem Bauernhof

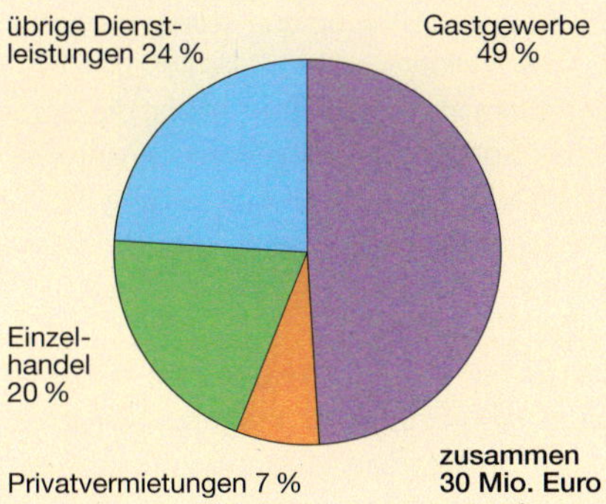

M 125.1 Beispiel Luftkurort Lenggries

1 Erläutern Sie die Veränderungen im Urlaubsreiseverhalten und die Ursachen, die zu diesen Veränderungen führten (M 124.1, M 124.3, M 124.4).

2 Fertigen Sie eine Übersicht an, bei der Sie verschiedene Freizeit- und Reiseaktivitäten den verschiedenen Freizeit- und Fremdenverkehrstypen zuordnen (M 124.3).

3 Welche Wirtschaftsbranchen sind direkt und indirekt mit dem Tourismus verbunden? Schätzen Sie dabei kritisch die Beschäftigungsproblematik ein (M 125.2, M 124.3).

4 Erläutern Sie am Beispiel Lenggries, welchen Anforderungen sich Tourismusgemeinden stellen müssen. Nutzen Sie dazu auch die regionale Infoplattform www.bayregio-lenggries.de (M 125.1).

Fremdenverkehrsgebiete – Typen und Angebote

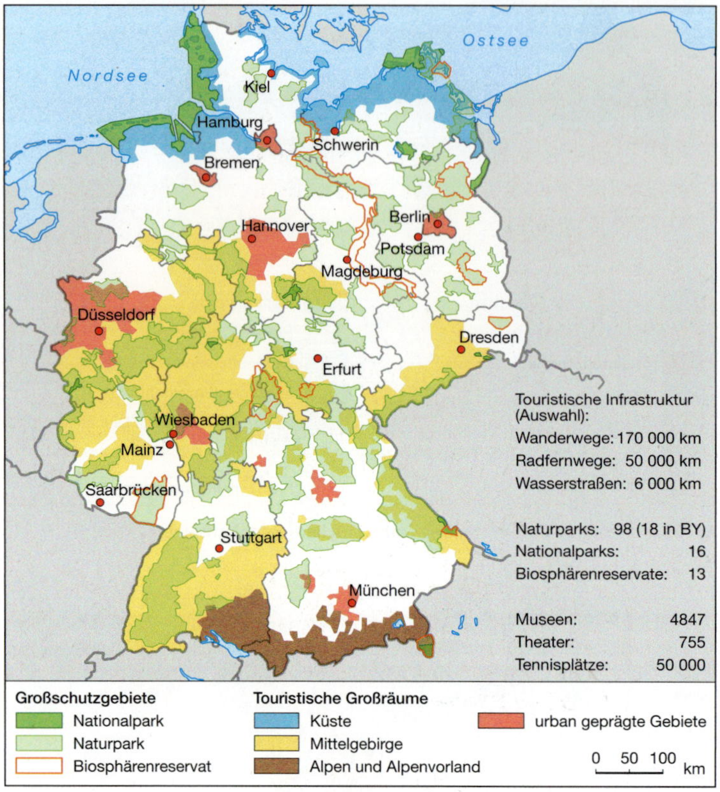

M 126.1 Touristische Großräume und Reisegebiete in Deutschland

Land	Insgesamt		Veränderung gegenüber 2007	Zum Vergleich: Veränderung gegenüber 1992
	1000	%	%	%
Baden-Württemberg	43617	11,8	2,9	1,0
Bayern	76910	20,8	0,9	–5,6
Berlin	17770	4,8	2,8	126,3
Brandenburg	10172	2,8	2,4	119,5
Bremen	1651	0,4	7,8	58,1
Hamburg	7728	2,1	4,4	91,1
Hessen	27326	7,4	1,6	–5,9
Mecklenburg-Vorpommern	27502	7,4	4,5	191,8
Niedersachsen	36902	10,0	2,8	1,0
Nordrhein-Westfalen	41521	11,2	2,8	11,5
Rheinland-Pfalz	20233	5,5	1,5	–0,2
Saarland	2264	0,6	0	14,2
Sachsen	16182	4,4	0,8	124,3
Sachsen-Anhalt	6670	1,8	2,1	104,4
Schleswig-Holstein	23855	6,5	1,1	–6,3
Thüringen	9247	2,5	1,2	61,9
Deutschland	**369550**	**100,0**	**2,1**	**16,0**

M 126.2 Übernachtung in Beherbergungsbetrieben (einschließlich Campingplätzen) 2008 nach Bundesländern

Für die Herausbildung und Entwicklung von Fremdenverkehrsgebieten sind verschiedene Landschaftselemente förderlich, z. B.
- Reizklima an Nord- und Ostsee, Höhenlagen von Mittelgebirgen und Hochgebirgen,
- Abwechslungsreichtum von Waldgebieten und Waldrändern,
- Abwechslungsreichtum von Gewässern und ihren Uferbereichen,
- hohe Reliefvielfalt,
- kleinstrukturierte landwirtschaftliche Nutzflächen,
- kleinteilige dörfliche Besiedlung.

Die touristischen Großregionen (M 126.1) zeigen die regionale Verteilung attraktiver Erholungslandschaften in Deutschland, die in sich durch weitere natürliche und kulturgeographische Faktoren, wie Thermal- und Heilquellen, historische Siedlungselemente und Baudenkmale, differenziert sind.
Urlaubsgäste werden angezogen durch die so genannten abgeleiteten Angebote, wie Beherbergungsmöglichkeiten, gastronomische Einrichtungen, Sport-, Freizeit- und Unterhaltungsangebote sowie die verkehrliche Erreichbarkeit und Erschließung.
Die verschiedenen Reiseregionen stehen miteinander im Wettbewerb um Gäste. Deshalb versucht jede Region ihre Besonderheit oder etwas Einzigartiges (USP = unique selling proposition, d. h. Alleinstellungsmerkmal) herauszustellen.
Ein Problem im Tourismus ist häufig die Saisonalität bei spezifischen Angeboten (Wintersport, Meeresbaden). Durch die Erweiterung ihrer „Indoor-Angebote" versuchen viele Fremdenverkehrsorte die saisonalen Schwankungen in der Gästezahl zu mindern.
Bezogen auf die Bevölkerungszahl (Übernachtung je 1000 Einwohner = Tourismusintensität) nimmt Mecklenburg-Vorpommern den ersten Rang ein, aber gemessen an den Übernachtungszahlen ist Bayern das bedeutendste Reiseziel in Deutschland. Mehr als ein Fünftel aller Übernachtungen werden hier gezählt (M 126.2).
Die Karte der touristischen Großregionen Deutschlands zeigt die Konzentration auf Vorzugsräume. Dennoch gibt es außerhalb dieser Räume vielseitige Faktoren, die auch dort den Tourismus oder Ausflugsverkehr attraktiv machen. Zum Beispiel Seengebiete in Schleswig-Holstein, Mecklenburg-Vorpommern und Brandenburg oder Städte in landschaftlicher reizvoller Lage und mit vielen Sehenswürdigkeiten, aber

auch Erlebnisparks und künstliche Badewelten. Insbesondere der Städtetourismus hat im letzten Jahrzehnt an Bedeutung gewonnen, denn die großen Städte haben den Tourismus als einen wichtigen Wirtschaftsfaktor entdeckt (M 127.2). Die Zunahme von Kurzurlauben (bis vier Übernachtungen), des Ausflugsverkehrs und das Ansteigen der Anzahl ausländischer Gäste verbessern die Möglichkeiten für touristische Entwicklungen. Vielfältige kulturelle oder sportliche Angebote zur Gestaltung der Freizeit verbessern die Möglichkeiten für touristische Entwicklungen auch außerhalb touristischer Vorzugsräume.

Abgrenzungskriterium	Beispiele für Tourismusformen
Motivation	Kultur-, Bildungs-, Gesundheits-, Geschäftstourismus
Beherbergung	Hotel-, Ferienhaus-, Campingtourismus
Soziale Gruppe	Familien-, Jugend-, Seniorentourismus
Aktivität	Ski-, Rad-, Golf-, Reittourismus
Saisonalität	Winter-, Sommertourismus
Einkommen	Sozial-, Luxustourismus
Landschaftsbezogen	Mariner, Alpiner Tourismus, Städtetourismus
Umweltbezogen	Öko-, Sanfter, Harter Tourismus

M 127.3 Gliederungsmöglichkeiten von Tourismus (Auswahl)

M 127.1 Berliner City Tour

M 127.4 „Ferienglück" in Bayern

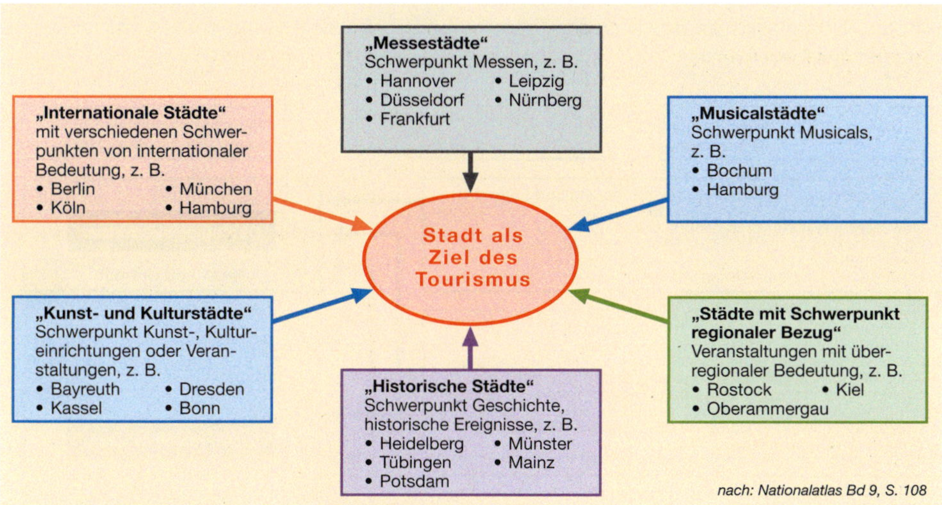

M 127.2 Wie vermarkten sich Großstädte im Tourismus?

1 Erläutern Sie die Unterschiede zwischen den Bundesländern bei den Übernachtungszahlen, begründen Sie die unterschiedliche Dynamik und stellen Sie Bezüge zur Verbreitung touristischer Großräume her (M 126.1, M 126.2).

2 Informieren Sie sich über die „Romantische Straße". Charakterisieren Sie diese Form des Städtetourismus und beurteilen Sie die Vorteile der Städtekooperation, www.romantischestrasse.de.

3 Vergleichen und bewerten Sie räumliche Standortanforderungen für Freizeitgroßanlagen (Spaßbäder oder Themenparks) und für landschaftsbezogene Angebote (Radfahren oder Klettern) (M 127.3).

Tourismus und Nachhaltigkeit

Das starke Anwachsen des Tourismus- und des Freizeitverkehrs seit den 1970er-Jahren – verbunden mit Erscheinungen des Massentourismus – führte zu erheblichen Umweltbeeinträchtigungen. Mehr als 50% der im Personenverkehr zurückgelegten Wegstrecken gehen auf Tourismus und Freizeit zurück, somit geht vom Verkehr die größte Umweltbelastung aus.

Auf Umweltprobleme im Tourismus durch zunehmenden Individualverkehr, Verbau und Zerschneidung der Landschaft, Verdrängung traditioneller Landnutzungsformen wurde erstmals anhand von Befunden aus dem Alpenraum aufmerksam gemacht.

Besonders in sensiblen Räumen, wie Hochgebirgs- oder Küstenlandschaften bestand und besteht die Gefahr, dass der Fremdenverkehr selbst seine wichtigste Grundlage, die intakte Natur, zerstört. Seit den 1980er-Jahren wird deshalb vom „Konzept des sanften Tourismus" gesprochen. Es sollte eine neue Reisekultur entwickelt werden, die die Belange von Natur und Soziokultur stärker berücksichtigt und trotzdem eine gute Wertschöpfung ermöglicht (M 129.1).

Spätestens seit der Agenda 21 der UN-Konferenz über Umwelt und Entwicklung in Rio 1992 betrifft das Nachhaltigkeitsprinzip auch den Tourismus und den Freizeitverkehr. Seine Stärke ist, dass Belange von Ökologie, Ökonomie und Sozialem gleichrangig berücksichtigt werden und die Perspektive generationsübergreifend ist.

Die globale Diskussion zum Klimawandel hat bei Tourismusverantwortlichen das langfristige Denken unter dem Nachhaltigkeitsaspekt weiter verstärkt. Dabei müssen die Zusammenhänge und Wechselbeziehungen zwischen den drei Säulen der Nachhaltigkeit im Tourismus als durchaus konfliktreich angesehen werden (M 128.1).

Um den Nachhaltigkeitsgedanken im Tourismus umzusetzen, müssen die Fremdenverkehrsorganisationen, die touristischen Unternehmen, aber auch die Touristen und Freizeitnutzer ihr Handeln verändern (M 128.1). Umweltgütesiegel für einzelne Leistungskomponenten sollen dabei helfen. Die lokale und regionale Ebene eignen sich zur Umsetzung von Nachhaltigkeit am besten. Die Gemeinde Hindelang im Allgäu (M 129.1, M 129.2, M 129.4) ist ein Beispiel dafür, wie Gemeindeverwaltung, Tourismus- und andere Unternehmen sowie einheimische Bevölkerung eine stabile touristische Entwicklung sichern, sich wirtschaftlich entsprechend ausrichten, die gewachsene Kulturlandschaft pflegen und auch soziale Probleme beachten.

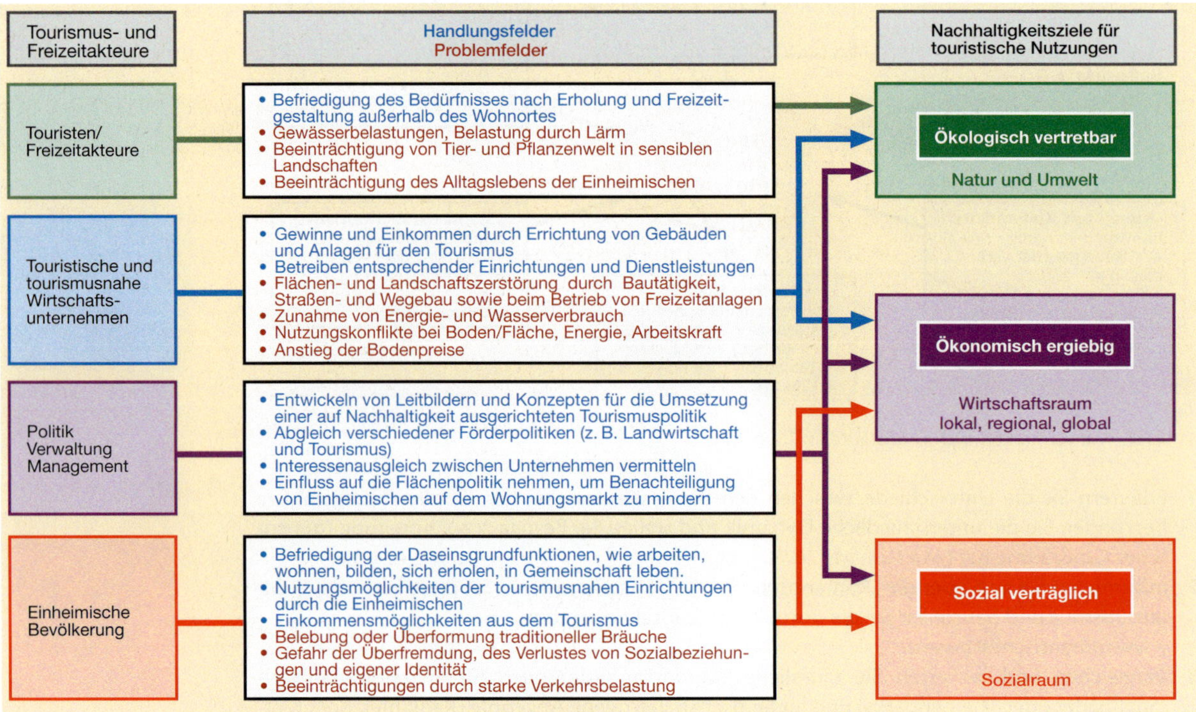

M 128.1 Zusammenhänge zwischen Tourismus und Nachhaltigkeit

Die Verbindung zwischen extensiver Berglandwirtschaft und dauerhaftem Tourismus
(www.hindelang.net)
Die Reize der Bad Hindelanger Erholungslandschaft sind nicht alle naturgegeben; erst jahrhundertelange Pflege durch die Hand des Bauern machte sie attraktiv für den Touristen. Die Europäisierung der Landwirtschaft drohte die kleinstrukturierten landwirtschaftlichen Betriebe hinwegzufegen. Dies hätte nicht nur zur Folge gehabt, dass die ökologische Vielfalt der Täler und Höhen um Hindelang verschwunden wäre, auch die Dörfer wären mit der Umwandlung des letzten Kuhstalls zur Ferienwohnung eintönig geworden. 1992 schlossen die 86 Landwirte mit der Gemeinde Bad Hindelang einen Pakt: Sie verpflichteten sich darin, künftig ihre Flächen extensiv zu bewirtschaften und auf den Einsatz von Kunstdünger zu verzichten.
Damit war ein Regelkreis zwischen Landwirtschaft und Tourismus geschlossen. Die Touristen können sich weiter in Bad Hindelang erholen, die Landwirte können ihr Einkommen durch direkte Vermarktung ihrer Produkte an die Touristen stabilisieren.

M 129.1 Aus der Internetpräsentation der Gemeinde Hindelang

Hartes Reisen	Sanftes Reisen
Massentourismus	Einzel-, Familien- und Freundesreisen
wenig Zeit	viel Zeit
schnelle Verkehrsmittel	angemessene (auch langsame) Verkehrsmittel
festes Programm	spontane Entscheidungen
außengelenkt	innengelenkt
importierter Lebensstil	landesüblicher Lebensstil
Sehenswürdigkeiten	Erlebnisse
bequem und passiv	anstrengend und aktiv
wenig oder keine geistige Vorbereitung	vorhergehende Beschäftigung mit dem Besuchsland
keine Fremdsprachen	Sprachen lernen
Überlegenheitsgefühl	Lernfreude
Einkaufen („Shopping“)	Geschenke bringen
Souvenirs	Erinnerungen, Aufzeichnungen, neue Erkenntnisse
Knipsen und Ansichtskarten	Fotografieren, Zeichnen, Malen
Neugier	Takt
laut	leise

M 129.3 Hartes und sanftes Reisen (nach R. JUNGK, der den Begriff des sanften Tourismus prägte)

M 129.2 Bad Hindelang – Ein Ort setzt auf nachhaltige Wirtschaftsentwicklung

M 129.4 Schuhe aus Bad Hindelang – auch ein Beispiel für Direktvermarktung

- @ www.viabono.de
- @ www.forum-anders-reisen.de
- @ www.fahrtziel-natur.de
- @ www.oete.de
- @ www.oecotrans.org

M 129.5 Adressen für Individualtouristen (Auswahl)

1 Diskutieren Sie mögliche Konflikte, mit denen Akteure im Tourismus bei der Umsetzung von Nachhaltigkeit umgehen müssen (M 128.1).
Stellen Sie mithilfe der Tabelle Tourismusprodukte für „hartes“ und „sanftes“ Reisen zusammen (M 129.3).
3 Erläutern Sie, Zusammenhänge zwischen Klimawandel und Tourismusentwicklung in Bayern.
4 Recherchieren Sie Tourismusangebot und -entwicklung in der Gemeinde Hindelang und beurteilen Sie die Umsetzung des Nachhaltigkeitsgedankens (M 129.1). Nutzen Sie dazu das Internet: www.hindelang.net.

Raumstrukturen und aktuelle Entwicklungsprozesse in Deutschland

Seit 1990 haben sich die gesellschaftlichen Rahmenbedingungen in Europa, Deutschland und der Welt insgesamt grundlegend verändert. Davon sind auch die räumlichen Strukturen betroffen.

Deutschland hat seit der Wiedervereinigung sehr unterschiedliche wirtschaftliche, soziale und raumstrukturelle Grundprozesse zu bewältigen: Die Transformation der ostdeutschen Bundesländer in marktwirtschaftliche Strukturen und entsprechende soziale Systeme musste erfolgen. Zugleich aber hatte das Land den Wachstums- und Integrationsprozess innerhalb der Europäischen Union mitzugestalten. Diese Prozesse spielen sich unter den Bedingungen einer zunehmenden Globalisierung ab, innerhalb derer sich Deutschland als Wirtschaftsstandort und mit politischen Haltungen behaupten muss. Klimawandel und demographischer Wandel erfordern neue Strategien und Lösungsansätze von Politik und Gesellschaft, die auch Konsequenzen für die Raumentwicklung haben. Der Nachhaltigkeitsgedanke findet bei Veränderungen der Raumstruktur verstärkt Beachtung.

In den Regionen Deutschlands wird die Raumstruktur durch die verschiedenen Prozesse in unterschiedlichem Maße beeinflusst. So existieren nach wie vor großräumig Unterschiede zwischen den ostdeutschen und westdeutschen Ländern. Altindustrieregionen haben im Unterschied zu Wachstumsregionen größere Anpassungsschwierigkeiten im Strukturwandel. Mehr denn je erweist es sich als wesentlich, dass die Akteure in den einzelnen Regionen sich auf die eigenen Potenziale besinnen und diese nutzen und stärken. Dadurch wird es möglich, passgerechte Strategien für die Gestaltung der wirtschaftlichen Entwicklung und der Lebensverhältnisse in der Region zu finden.

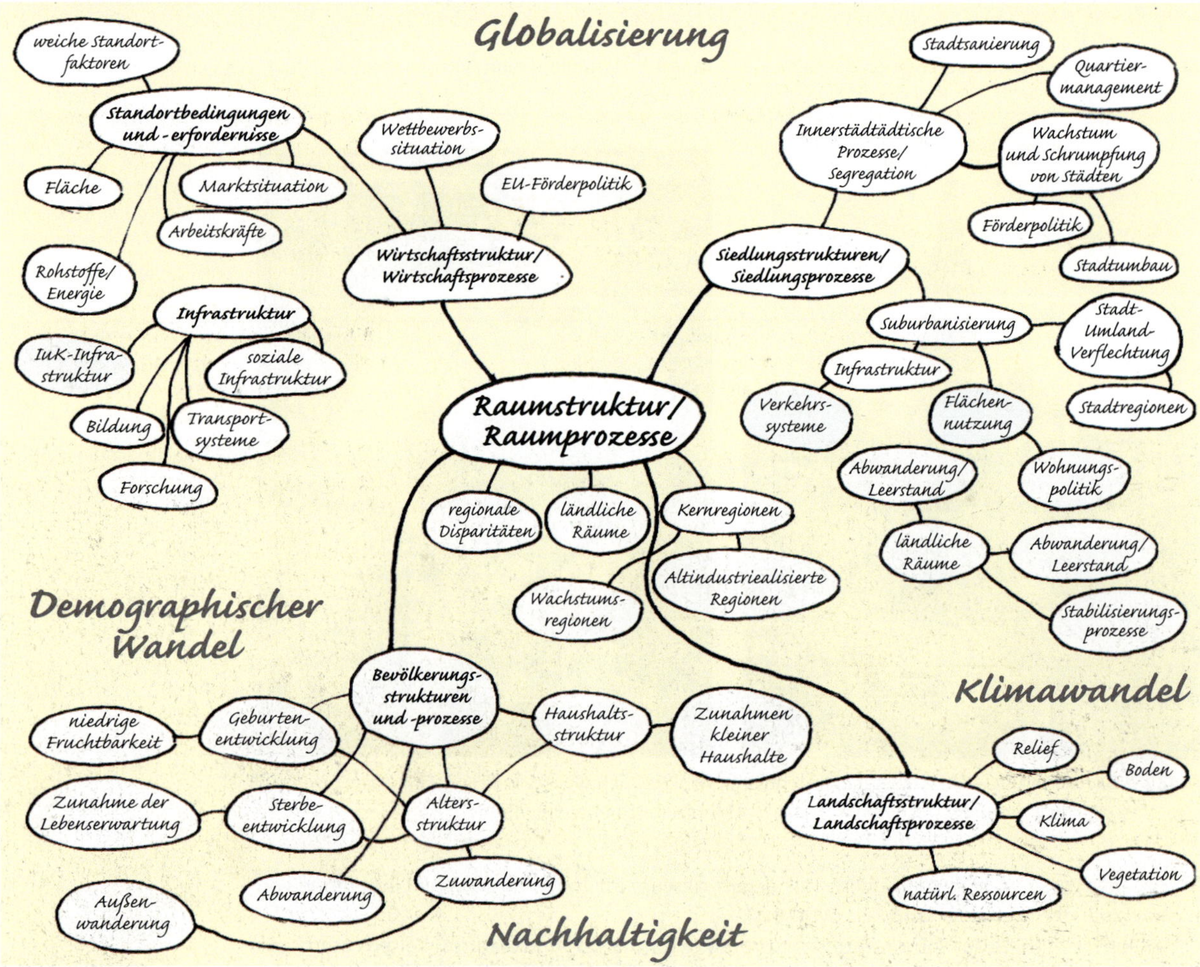

M 130.1 Mindmap zu Raumstrukturen und Entwicklungsprozessen in Deutschland

Aufgabe: Ergänzen Sie die Mindmap (M130.1) und halten Sie mit ihrer Hilfe ein Kurzreferat zum Thema Raumstrukturen/Raumprozesse.

Aus dem „Landesentwicklungsprogramm Bayern 2006" zum Thema Nachhaltigkeit in Bayern

(Z) = Ziel der Raumordnung; (G) = Grundsatz der Raumordnung

(Z) Die Belange der Ökologie, der Ökonomie sowie des Sozialwesens und der Kultur sollen miteinander vernetzt sowie bei Entscheidungen zur Raumnutzung gleichrangig eingestellt und ihre Wechselwirkungen beachtet werden. In den Regionalplänen soll die räumliche Entwicklung auf der Basis der ökologischen Belange festgelegt werden. Bei Konflikten zwischen Raumnutzungsansprüchen und ökologischer Belastbarkeit ist den ökologischen Belangen der Vorrang einzuräumen, wenn eine wesentliche und langfristige Beeinträchtigung der natürlichen Lebensgrundlagen droht.

(G) Eine räumlich ausgewogene Bevölkerungsentwicklung des Landes und seiner Teilräume ist anzustreben. Dabei kommt der Schaffung von Arbeitsplätzen in allen Landesteilen im Rahmen von Planungs- und Abwägungsentscheidungen besondere Bedeutung zu. Negative Folgen von altersstrukturellen Verschiebungen und Wanderungsbewegungen sind gering zu halten.

(G) Es ist anzustreben, die Sicherung und Weiterentwicklung der technischen, sozialen und kulturellen Infrastruktur sowie des Bildungswesens unter Beachtung ökologischer und ökonomischer Belange darauf auszurichten, dass der Bevölkerung in allen Landesteilen in zumutbarer Entfernung die erforderlichen Einrichtungen und Angebote dauerhaft bereitgestellt werden.

(Z) Der Flächen- und Ressourcenverbrauch soll in allen Landesteilen reduziert werden. Die Entwicklung des Landes und seiner Teilräume soll so flächen- und ressourcensparend wie möglich erfolgen.

Durch die Suburbanisierung nehmen der Verbrauch an Freiflächen und die Verkehrsbelastung weiter zu.

In Wachstumsregionen kommt es zu Engpässen in der Infrastruktur und im Wohnungsmarkt.

Wodurch können Arbeitsplätze in ländlichen Räumen gesichert werden?

In schrumpfenden Städten kann durch Stadtumbau die Lebensqualität verbessert werden.

Durch einseitige Wanderungsströme wird die Bevölkerung zugunsten von Wachstumsregionen umverteilt.

Mit angepassten Mobilitätskonzepten kann die Versorgungsinfrastruktur in ländlichen Räumen stabilisiert werden.

Aufgabe: Entwickeln Sie eine Mindmap zum Nachhaltigkeitsprinzip in der Raumentwicklung am Beispiel der Komponenten Siedlungsstruktur und Bevölkerung. Nutzen Sie dafür M 130.1.

Zusammenfassung

Die enge Verbindung von Verkehrs- und Siedlungsentwicklung führte in Deutschland zu einer Raumstruktur, die durch historisch gewachsene großräumige städtische Siedlungsgebiete, Siedlungs- und Verkehrskorridore sowie ländlich periphere Räume gekennzeichnet ist. Diese Grundstruktur ist sehr stabil. Die Agglomerationen mit großstädtischen Kernen sind nach wie vor die Wachstumsmotoren der Wirtschaft und Arbeitsplatzzentren. Die Agglomerationsräume weiten sich aus, weil Suburbanisierung vor allem an den Rändern dieser Gebiete erfolgt. Auch die Räume zwischen Agglomerationen und peripheren Gebieten haben im Westen Deutschlands eine stabile Bevölkerungs- und Wirtschaftsentwicklung. Suburbanisierung ist auch hier im Umland der kleineren Städte charakteristisch. Die peripheren ländlichen Räume weisen unterschiedliche Dynamik auf. Im Nordosten Deutschlands sind sie sehr dünn besiedelt und durchweg von Bevölkerungsrückgang gekennzeichnet.

Auch zwei Jahrzehnte nach der Wiedervereinigung Deutschlands vollziehen sich viele raumstrukturelle Prozesse (Abwanderung, Alterung, Suburbanisierung, Deindustrialisierung, Flächenverbrauch, Stadtschrumpfung) im Osten dynamischer, erzeugen Entwicklungsprobleme, beeinflussen aber auch die Entwicklung westdeutscher Regionen.

In allen Regionen wird in Wirtschafts- und Raumstruktur deutlich, dass Deutschland den Strukturwandel von einer Industrie- zu einer Dienstleistungsgesellschaft vollzogen hat.

Die Industrie ist durch moderne Branchen geprägt und auch traditionelle Industrien arbeiten auf hohem technischem Niveau. Der Dienstleistungsbereich ist weit gefächert und hat in vielen Regionen verschwundene Industriearbeitsplätze ersetzt.

Grundlegende Prozesse wie Globalisierung, demographischer Wandel, europäischer Integrationsprozess, aber auch Folgen des Klimawandels beeinflussen auch weiterhin die räumlichen Strukturen in Deutschland. Die dabei auftretenden Probleme werden von Region zu Region jedoch unterschiedlich sein. Hier gestaltend zu wirken ist eine große Herausforderung an Politik und Gesellschaft. Die Strategie der Nachhaltigkeit kann dabei sehr hilfreich sein.

Prüfen Sie sich selbst

1 Erläutern Sie die Entwicklung Berlins zu einer Metropole von europäischem Rang und den Einfluss auf das Umland durch Suburbanisierungsimpulse.

2 Nehmen Sie Stellung zu der Aussage: Die Hafenstadt Hamburg – jahrzehntelang in einseitiger Grenzlage – erlangte ihr natürliches Hinterland wieder und baut ihre Stellung als Metropole und Hafenstandort aus.

3 Erklären Sie Ursachen der großräumigen Wanderungsprozesse junger Arbeitskräfte aus den ostdeutschen Ländern vorwiegend in die Wirtschaftszentren in Süddeutschland und die Folgen für die dortigen Stadt-Umland-Regionen.

4 Erörtern Sie Umstrukturierungsprozesse, die sich in den westdeutschen Regionen entlang der innerdeutschen Grenze vollzogen, nachdem die jahrzehntelange spezielle Förderung auslief.

5 Die Verkehrsinfrastruktur Deutschlands musste nach 1990 an die veränderten raumstrukturellen Bedingungen angepasst werden. Weisen Sie die qualitative Verbesserung des Schienen- und Straßenverkehr bei Ost-West- und Nord-Süd-Verbindungen an Beispielen nach.

Grundlegende Begriffe

Altindustrialisierte Räume
Basisinnovation
Cluster
Forschung und Entwicklung
Hightech-Branche
Innovation
Lange Welle
Marktwirtschaft
Metropole
Marginalisierung
Nachhaltigkeitsstrategie
Subventionen
Technischer Fortschritt
Technologische Leistungsfähigkeit

Vorbereiten einer Präsentation

Geographische Arbeitstechniken und Arbeitsweisen

Kompetenzerwerb umfasst sowohl die Aneignung geographischen Grundlagenwissens als auch das Kennenlernen geographischer Arbeitsweisen und den Umgang mit geographischen Arbeitstechniken. Die folgenden Hinweise zu grundlegenden geographischen Arbeitstechniken und Arbeitsweisen sollen zur Optimierung des selbstständigen Methodentrainings beitragen.

Auswertung von Strukturdaten und Statistiken

M 134.1 Deutschland – Volkswirtschaftliche Gesamtrechnungen
(Quelle: Statistisches Bundesamt Deutschland www.destatis.de vom 11.7.2008 und 17.12.2009)

Einwohner und Erwerbsbeteiligung (in Mio.)			
Arbeitsmarktdaten	**2005**	**2006**	**2008**
Einwohner	82,43	82,31	82,00
Erwerbspersonen	43,32	43,25	43,41
Erwerbslose	4,57	4,25	3,13
Erwerbstätige	38,75	39,00	40,35
Arbeitnehmer	34,39	34,61	35,89
Selbstständige	4,35	4,39	4,47

Tabelle mit absoluten Zahlen

M 134.2 Erwerbsstruktur in ausgewählten Staaten
(Quelle: US Bureau of Labor Statistics 2009; Statistisches Bundesamt: Statistisches Jahrbuch 2009)

Anteile der Erwerbstätigen nach Wirtschaftssektoren 2004/2005 in %			
	I	**II**	**III**
USA (2008)	1,4	19,1	79,5
Australien (2008)	3,3	20,5	76,2
Deutschland (2008)	2,3	29,0	68,7
Brasilien (2006)	19,3	21,5	59,2
Türkei (2008)	26,2	25,7	48,1
China (2007)	40,8	26,8	32,4
I = primärer, II = sekundärer, III = tertiärer Sektor			

Tabelle mit Prozentangaben

M 134.3 Energieverbrauch
(Quelle: Statistisches Bundesamt, Statistisches Jahrbuch 1995, 2009)

Primärenergieverbrauch pro Kopf (in Tonnen Öleinheiten)			
	1993	**2007**	**Veränderung 1993–2007 in %**
Kanada	7,46	9,77	31
USA	7,74	7,84	1,3
Deutschland	4,12	3,78	- 8,3
Japan	3,66	4,06	10,9
China	0,60	1,41	135
Indien	0,22	0,36	63,6

Tabelle mit Beziehungszahlen und Prozentwerten

M 134.4 Entwicklung der landwirtschaftlichen Produktion in ausgewählten Staaten je Einwohner
(Quelle: Der Fischer Weltalmanach 2009, S. 652; FAQ 2009)

Agrarproduktion Produktionsindex: 1999–2001 = 100			
	1989–1991	**2000**	**2007**
Brasilien	80,1	99,2	132
VR China	65,3	100,4	122
Polen	119,2	99,5	96
USA	91,6	101,2	107
Deutschland	103,8	100,1	96

Tabelle mit Indexzahlen

Zahl der Betriebe mit einer Betriebsgröße von ... bis unter ... ha LF						
2–5	5–10	10–20	20–30	30–50	50–100	100 u. mehr
17 862	19 551	29 504	14 765	18 932	13 670	3 583

Tabelle mit Größenklassen

M 134.5 Betriebsgrößen der landwirtschaftlichen Betriebe in Bayern 2007 ab 2 ha LF *(Quelle: Bayerischer Agrarbericht 2008, S. 30)*

Absolute Zahlen

Absolute Werte geben Mengen, Größen oder Häufigkeiten an. Sie können sich auf ein Jahr oder mehrere Jahre beziehen (M 134.1). Veränderungen, z. B. „Erwerbstätige" (4. Zeile) von 2005 bis 2008, lassen sich ebenfalls in absoluten Zahlen ausdrücken.

Relative Zahlen

Sie stellen eine Beziehung her zwischen einem Zahlenwert und einer anderen Größe.

a) Prozentzahlen

Sie stellen den Zusammenhang zwischen einer Teilmenge und der Gesamtmenge her (M 134.2, M 134.3, rechte Spalte). Die Summe aller Teilmengen muss 100 % ergeben. Dabei sind Rundungsungenauigkeiten zu berücksichtigen. Zu beachten ist, ob Prozentzuwächse auf ein bestimmtes Jahr oder auf das jeweils vorangegangene Jahr bezogen sind.

Bei der Umrechnung von absoluten Zahlen in Prozent geht man folgendermaßen vor: Beispiel Anteil der Erwerbspersonen an der Einwohnerzahl 2008 (M 134.1). Die Einwohnerzahl geteilt durch 100 entspricht einem Prozent (hier: 0,82). Der Prozentanteil der Erwerbspersonen ergibt sich aus der absoluten Angabe (43,41) geteilt durch 0,82.

b) Beziehungszahlen

Sie stellen Beziehungen her zwischen unterschiedlichen Größen, z. B. Pro-Kopf-Angaben (M 134.3).

Indexzahlen

Sie werden in Zeitreihen zur Basiszahl eines bestimmten Termins (Jahr, Monat, Tag) in Beziehung gesetzt. Der Wert des Messjahres ist gleich 100 (M 134.4). Der Index gibt die durchschnittliche Veränderung von mehreren Sachverhalten an. Zur Berechnung eines Indexwertes schlägt man folgenden Weg ein: Beispiel Kfz-Bestand in Deutschland – 2000: 51,366 Mio. Kfz, 2007: 55,511 Mio. Kfz.

Das Basisjahr 2000 (absolut 51,366 Mio.) entspricht 100 %. 1 % davon sind 0,51366. Der absolute Wert von 2007 (55,511 Mio.) dividiert durch den Ein-Prozent-Wert (0,51336) entspricht einem Indexwert von 108,1.

Größenklassen

Sie beinhalten Klassenbildungen, z. B. Abgrenzung von landwirtschaftlichen Betriebsgrößen (M 134.5), oder Zeiträume. Unterschiedlich große Klassenbreiten können das Ergebnis verfälschen, auch unsinnige Klassenbildungen.

Merkmal	Einheit	Ackerbau	Milchvieh	Sonstiger Futterbau	Veredelung	Weinbau	Sonst. Dauerkulturen	Verbundbetriebe
Anteil	%	11,80	61,40	6,80	2,20	0,30	0,10	17,4
Betriebsgröße	ha LF	57,03	40,27	50,90	40,41	13,49	11,41	57,38
Arbeitskräfte	AK/Betrieb	1,88	1,55	1,50	1,67	2,03	1,60	1,60
Ackerfläche (AF)	% LF	88,74	41,06	71,05	95,37	45,84	23,13	1,49
Viehbesatz	VE/ha LF	0,29	1,54	1,43	4,08	(0,01)	(0,26)	87,55
Umsatzerlöse	€/Unternehmen	118 096	97 018	133 015	198 321	101 212	76 424	1,87
Sonst. Erträge	€/Unternehmen	50 226	39 527	52 605	40 056	28 753	14 286	48 997
Materialaufwand	€/Unternehmen	56 957	41 209	94 968	124 376	28 319	19 778	106 560
Personalaufwand	€/Unternehmen	7 515	2 409	3 017	3 223	12 373	(7 782)	3 707
Abschreibungen	€/Unternehmen	18 047	21 673	17 343	24 464	12 720	15 710	20 663
Gewinn	€/Unternehmen	41 386	37 564	31 664	49 971	35 809	28 943	35 229

M 135.1 Bayern: Ergebnisse der Haupterwerbsbetriebe nach Betriebsformen 2006/2007 (Quelle: Agrarbericht 2008)

Check-Liste für die Auswertung

1. Erfassen der formalen Kriterien
a) Lesen Sie die Statistik/Tabelle sowohl horizontal als auch vertikal.
b) Orientieren Sie sich über die Gliederung der statistischen Materialien (Tabelle, Tabellenkombination, Tabellenkopf, Spalten, Zeilen, Zahlenteil, Quellenangabe).
c) Stellen Sie die Zahlenarten fest (absolute, relative, Beziehungs-, Indexzahlen, Größenklassen, Messzahlen und Maßeinheiten).

2. Erkennen von Inhalt und Aufbau
a) Machen Sie sich mit der Thematik vertraut, indem Sie aufmerksam die Tabellenüberschrift sowie mögliche Untertitel und Fußnoten lesen.
b) Überlegen Sie, was die Tabelle aussagen will (Intention).
c) Ermitteln Sie den zeitlich dargestellten Rahmen (Jahreszahl, mehrere Jahre, Zeiteinheiten).

3. Beschreiben
a) Geben Sie die Thematik der Statistik/Tabelle an. Handelt es sich bei der Darstellung um eine gegenwärtige bzw. eine vergangene Struktur oder um eine Prognose?
b) Gliedern Sie die Tabelle (Zeilen, Spalten).
c) Nennen Sie den Bezugsraum.
d) Beschreiben Sie die zeitlichen Entwicklungen (gleichmäßig, zunehmend, abnehmend, stagnierend, Stichjahr).
e) Ermitteln Sie die Mittelwerte und anschließend die auffälligsten Werte (Höchst-, Tiefstwerte).
f) Verfolgen Sie Tendenzen (Schwankungen, Abweichungen vom Durchschnittswert). Konzentrieren Sie sich zuerst auf Grundtendenzen, dann auf Teiltendenzen und zum Schluss auf die Interpretation von Einzelheiten.
g) Rechnen Sie absolute Zahlen zum besseren Verständnis um (Prozent oder Indexzahl, Bezugswert nennen).
h) Fassen Sie die zentralen Aussagen zusammen. Beachten Sie dabei den Zusammenhang zwischen den Spalten und deren Aussagen.

4. Erklären
a) Stellen Sie kausale und funktionale Zusammenhänge zwischen den verschiedenen Teilen der Tabelle her.
b) Begründen Sie Regelmäßigkeiten und Abweichungen.
c) Veranschaulichen Sie absolute oder relative Zahlen durch passende Vergleiche.
d) Erläutern Sie den Hintergrund für natur- und wirtschaftsgeographische Sachverhalte.
e) Stellen Sie dar, welche räumlichen, gesellschaftlichen, wirtschaftlichen oder politischen Bedingungen die Entwicklung beeinflusst haben.
f) Gehen Sie, falls in der Aufgabenstellung so gefordert, auf zukünftige Entwicklungen ein.

5. Bewerten
a) Überprüfen Sie die Stimmigkeit von Überschrift und Tabelleninhalt.
b) Äußern Sie sich zu den Vorzügen bzw. Nachteilen der Tabelle.
c) Nehmen Sie zu der Frage Stellung, ob die Daten für eine eindeutige Aussage ausreichen oder ob Angaben für einen bestimmten Zeitraum fehlen.
d) Beurteilen Sie die Komplexität der Tabelle.

Formulierungshilfen

Verwenden Sie bei Prozentaussagen oder Indexzahlen zur Bewertung die Begriffe ***überproportional*** bzw. ***unterproportional.*** Zeitliche Einordnungen wie zunehmend oder abnehmend lassen sich durch ***linear, progressiv, stark, extrem*** verstärken.
Bei einer mündlichen Darstellung – vorausgesetzt, die Statistik liegt den Zuhörern vor – benutzen Sie statt der genauen Angaben in der Tabelle Abrundungsbegriffe wie ***etwa, knapp, beinahe, weniger/mehr als.***

1 Suchen Sie in diesem Buch nach Beispielen für die Darstellung von statistischen Materialien.
2 Werten Sie die Strukturdaten in **M 135.1** nach der vorgegebenen Check-Liste aus. Hintergrundinformationen finden Sie im Agrarbericht Bayern 2008.

Grafische Darstellungen von statistischen Angaben

unter 20	
1 000	%
16 204	19,7
20–30	
1 000	%
9 767	11,9
30–60	
1 000	%
35 741	43,4
60–80	
1 000	%
16 798	20,4
80 und älter	
1 000	%
3 805	4,6

M 136.1 Deutschland – Bevölkerung 2006 nach ausgewählten Altersgruppen
(Quelle: Statistisches Bundesamt, Fachserie 1, Reihe 1.3, 2006)

Klasse	Häufigkeit
4 000	1
10 000	1
20 000	2
40 000	1

M 136.2 Klassen und Häufigkeit

Klasse	Häufigkeit	Kumuliert (%)
4 000	1	20,00
10 000	1	40,00
20 000	2	80,00
40 000	1	100,00

M 136.3 Klassen, Häufigkeit und Kumulierung

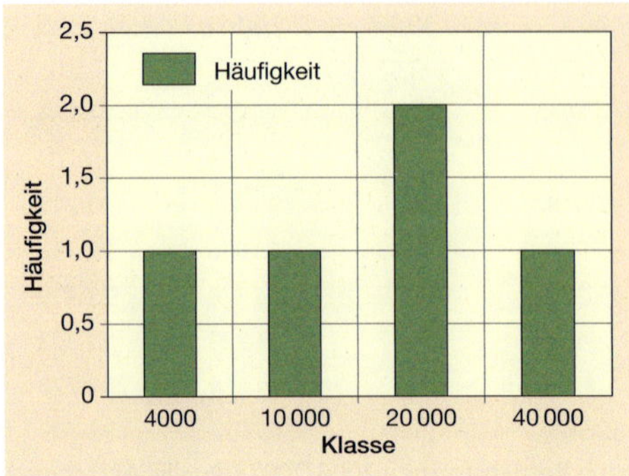

M 136.4 Histogramm

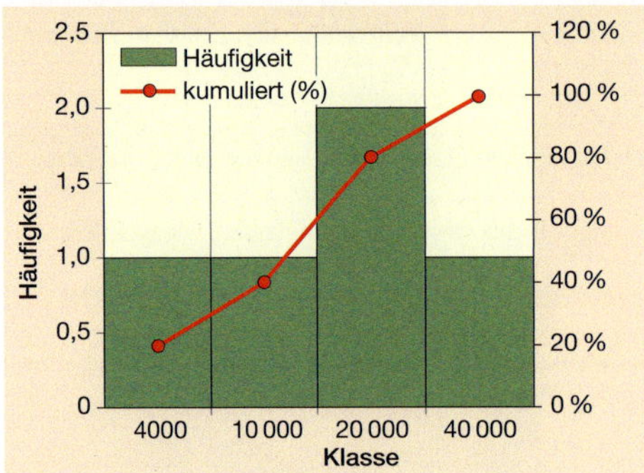

M 136.5 Histogramm, kumuliert

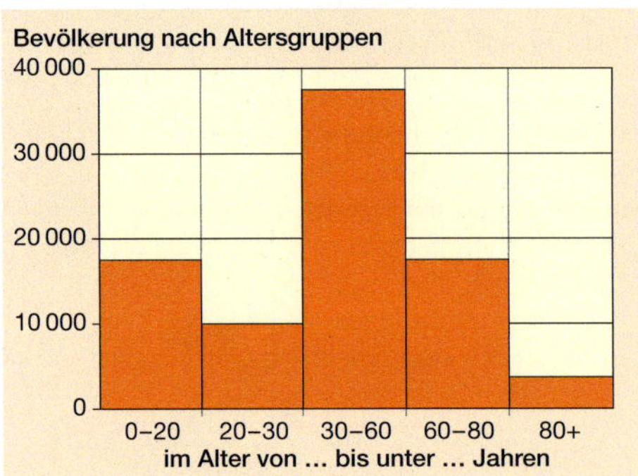

M 136.6 Säulendiagramm

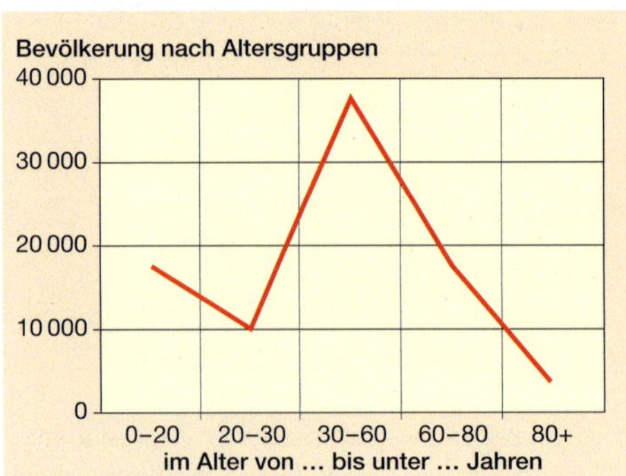

M 136.7 Liniendiagramm

Histogramme

Diese Arten von Säulendiagrammen zeigen die Häufigkeitsverteilung von Messwerten. Die Flächen werden als Klassenhäufigkeit dargestellt, wobei die Größe der Fläche proportional zur Häufigkeit ist. Bei Klassen gleicher Breite ist die Höhe proportional zur Häufigkeit. Zum Erstellen benötigt man Daten, die aus Gründen der Übersichtlichkeit in Klassen unterteilt werden. Voraussetzung ist eine sinnvolle Klassenunterteilung.
Mit Open Office oder Excel lassen sich die Häufigkeiten grafisch darstellen. Da es bei der Konstruktion eines Histogramms zu Schwierigkeiten kommen kann, nachfolgend Empfehlungen zum Selbststudium:

– „Statistische Datenauswertung mit Excel" http://www.uni-greifswald.de/~dt_phil/HP/seminare/uhlemann_ss07/befrag_DatenauswertungExcel.pdf
– „Häufigkeiten mit Excel" www.learnline.de/angebote/eda/medio/tipps/haeufigkeiten.htm

Bei der Auswertung eines Histogramms sollte darauf geachtet werden, ob die Klassen alle gleich breit oder unterschiedlich breit sind. Die Interpretation orientiert sich bei unterschiedlicher Breite an der Fläche, nicht an der Höhe der Säule. Kumulierte Prozentsätze (addierte Häufigkeit in %) werden als Linie dargestellt (M 136.3, M 136.5).

Säulendiagramme

Sollen Mengen in einem zeitlichen Verlauf oder in aufeinanderfolgenden Größenklassen grafisch dargestellt werden, bietet sich ein Säulendiagramm an (M 136.6). Zu unterscheiden sind einfache Säulendiagramme, gruppierte, d. h. parallele oder nebeneinanderstehende Säulendiagramme zum Mengenvergleich in einem bestimmten Zeitraum und überlappende Säulendiagramme, bei denen eine Säule im Vordergrund steht. 3-D-Diagramme wirken leicht unübersichtlich. Grundsätzlich sollten die Säulen eine systematische Ordnung haben, wenn nicht eine Zeitreihe eine zeitliche Entwicklung vorgibt.

Liniendiagramme

Sie veranschaulichen Trends oder Veränderungen im zeitlichen Verlauf. Einfache Liniendiagramme (M 136.7) lassen sich per Hand erstellen. Mehrfach-Kurvendiagramme werden am besten mit einem Grafikprogramm erstellt. Vorsicht ist geboten bei Stauchungen der Achsen und/oder fehlenden Daten sowie unproportionalen Abzissenabständen.

Kreissektorendiagramme

Ein Kreissektorendiagramm stellt absolute oder relative Teilwerte (M 137.1, M 137.2) in Sektoren dar, wobei der Radius des Kreises beliebig ist. Bei der Erstellung durch ein Tabellenkalkulationsprogramm sollten maximal sieben Werte eingegeben werden. Andernfalls wird das Diagramm schnell unübersichtlich. Zur Betonung eines Teilbereiches kann ein Sektor herausgerückt werden (M 137.3).

Gekippte 3-D-Diagramme (M 137.3, M 137.4) können „schön aussehen", haben aber durch die Stauchung den Nachteil, dass die Flächen sich nicht mehr vergleichen lassen.

Zur Berechnung der Sektorenwerte wird der Winkel zwischen zwei Radiuslinien ermittelt. (Zur Erinnerung: Der Vollkreis entspricht der Gesamtmenge, d. h. 360 Grad, ein Kreisausschnitt mit einem Winkel von 3,6 Grad entspricht 1 %). Durch Umrechnung des Winkelwertes in Prozentanteile erhält man die Teilmenge.

Bei der Auswertung muss die Farbgebung für die Sektoren berücksichtigt werden.

Check-Liste für die Diagrammanalyse

1. Erfassen Inhalt und Form

a) Stellen Sie fest, was dargestellt und miteinander verglichen bzw. einander gegenüber gestellt wird.

b) Ermitteln Sie die dargestellten Sachverhalte und Veränderungen. Wo liegen Anfangs- und Endpunkte, Höchst-, Tiefst- und Mittelwerte?

c) Sehen Sie sich den Aufbau des Diagramms an. Welche Zahlen sind dargestellt und wie werden sie grafisch veranschaulicht?

2. Beschreiben des Diagramms

a) Stellen Sie die Art des Diagramms und die wichtigsten Aussagen dar.

b) Vergleichen Sie Werte und zeigen Sie Zusammenhänge auf.

3. Erklären der Inhalte

a) Bestimmen Sie näher zeitliche und inhaltliche Angaben des Diagramms.

b) Suchen Sie Erklärungsansätze für die dargestellte Aussage und ziehen Sie Schlussfolgerungen.

4. Bewerten des Diagramms

a) Überprüfen Sie die Übersichtlichkeit sowie die Stimmigkeit von Inhalt und Diagrammform.

b) Kommentieren Sie die zeichnerische Form.

c) Setzen Sie sich mit den Aussagen auseinander, die das Diagramm vermitteln will.

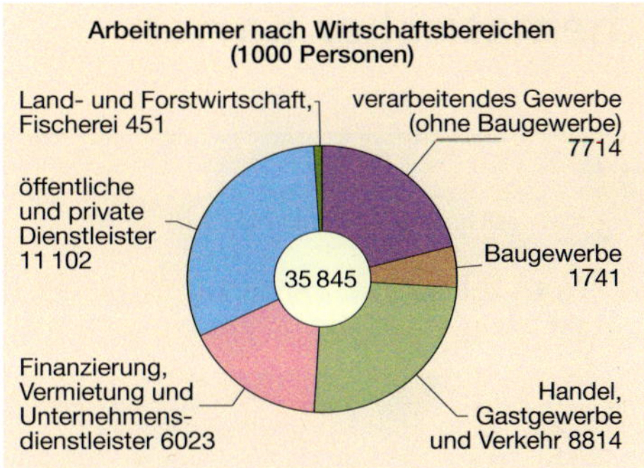

M 137.1 Kreissektorendiagramm – absolute Zahlen

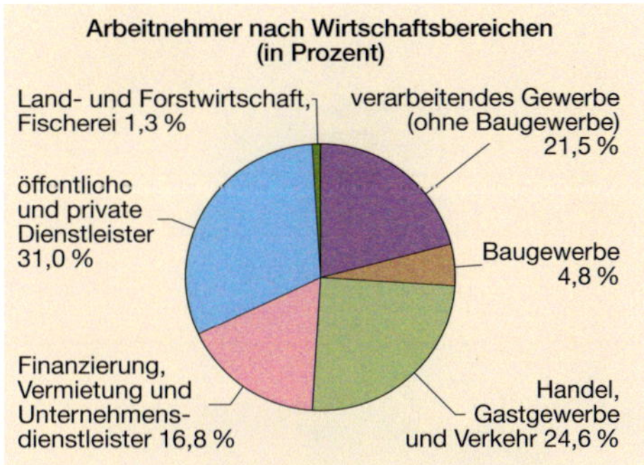

M 137.2 Kreissektorendiagramm – in Prozent

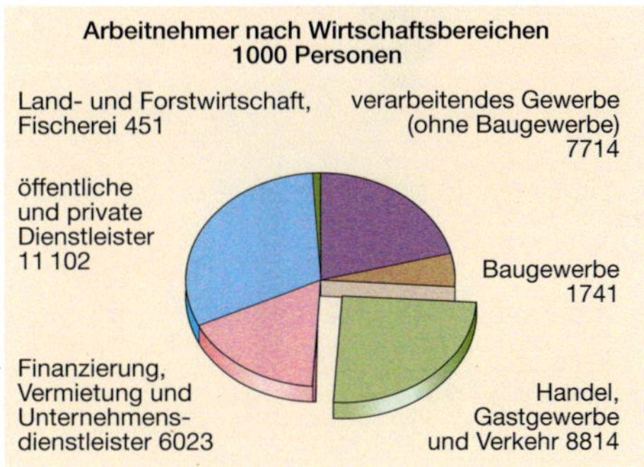

M 137.3 Kreissektorendiagramm – gekippt, ein Sektor herausgerückt

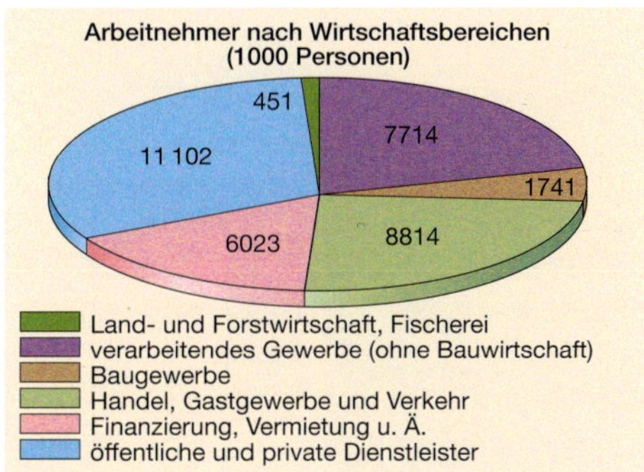

M 137.4 Kreissektorendiagramm – gekippt

Arbeitnehmer	35 845
Land- und Forstwirtschaft; Fischerei	451
Produzierendes Gewerbe (ohne Baugewerbe)	7 714
Baugewerbe	1 741
Übrige Wirtschaftsbereiche (Dienstleistungen)	25 939
davon	
Handel, Gastgewerbe und Verkehr	8 814
Finanzierung, Vermietung und Unternehmensdienstleister	6 023
Öffentliche und private Dienstleister	11 102

M 137.5 Arbeitnehmer nach Wirtschaftsbereichen in Deutschland 2008
(Quelle: Statistisches Bundesamt Deutschland; www.destatis.de [17.12.2009])

1 Vergleichen Sie M 136.4 bis M 136.7. Begründen Sie, welches Diagramm dem Thema am ehesten entspricht.

2 Setzen Sie die Tabelle M 137.5 in ein Säulendiagramm und ein Flächendiagramm um.

Interpretation thematischer Karten

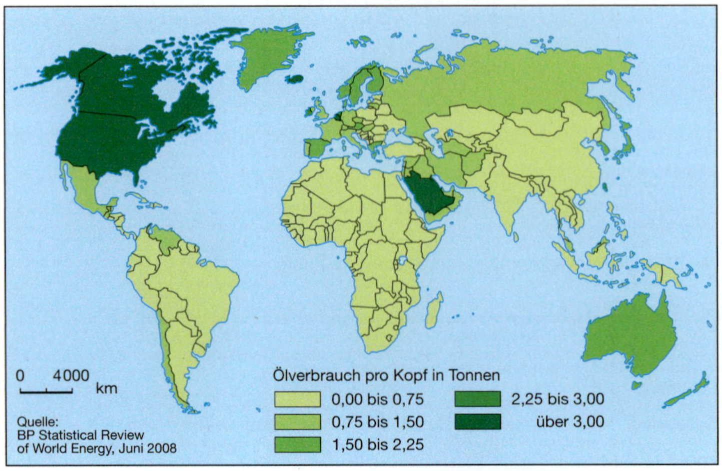

M 138.1 Ölverbrauch pro Kopf 2007 in Tonnen – Flächensignatur

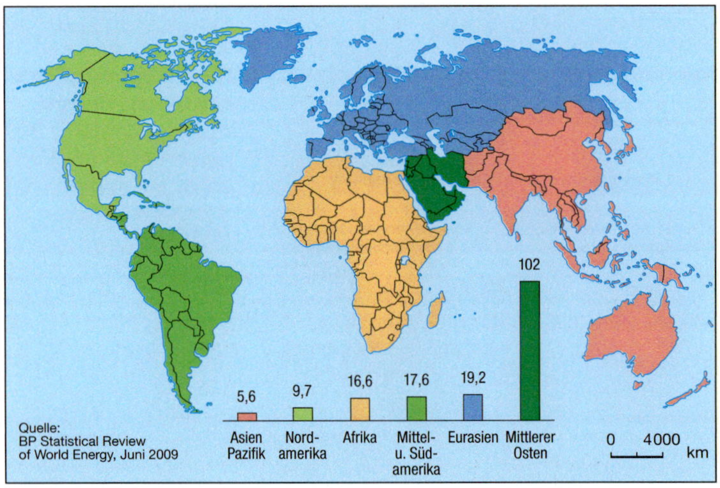

M 138.2 Ölreserven 2008 in Mrd. Tonnen – Flächensignatur + Diagramm

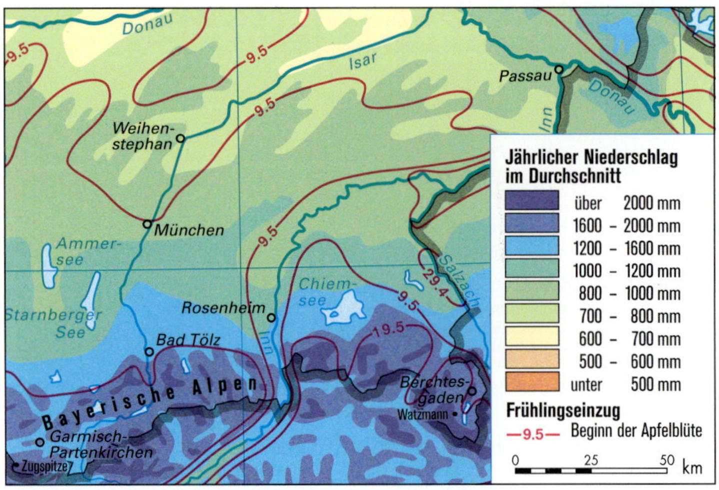

M 138.3 Jahresniederschlag und Frühlingseinzug – Flächensignatur + Isolinien

Thematische Karten

Im Gegensatz zu physischen oder topographischen Karten werden in thematischen Karten auf der Grundlage von reduzierten topographischen Grundkarten spezielle Sachverhalte dargestellt. Dabei stehen weniger die Geländeformen im Mittelpunkt, sondern die grafischen Umsetzungen bestimmter Themen, z. B. von Daten aus der Wirtschaft, zur Bevölkerung. Die Vielfalt thematischer Karten ist unerschöpflich.

Signaturen

Die Symbole werden nach bildhaften und abstrakten Zeichen unterschieden. Ihnen liegt eine qualitative Aussage zugrunde („Was ist vorhanden?"); häufig erfolgt eine qualitative Ergänzung durch Größenklassen. Piktogramme müssen anschaulich und verständlich sein, da andernfalls falsche Assoziationen erzeugt werden.
Geometrische Signaturen wie Kreise, Quadrate oder Dreiecke ermöglichen eine genaue Quantifizierung (M 139.1). Mengenangaben lassen sich auch zusätzlich visualisieren, z. B. durch ein Diagramm (M 138.2) oder durch Zahlenwertsignaturen. Kreissektoren- und Säulendiagramme finden ebenso in Kartogrammen Verwendung wie Zählrahmen bzw. Abzähldiagramme, die eine relativ schnelle Übersicht ermöglichen. Liniensignaturen erhalten ihre Bedeutung durch unterschiedliche Breiten, Farben und Muster, z. B. bei der Straßendarstellung.
Von den Isolinien mit quantitativen Werten sind die bekanntesten die Isohypsen. Eine Sonderform sind Pfeilsignaturen mit unterschiedlichen Formen, Breiten und Farben, die auf eine Bewegungsrichtung hinweisen. Grundsätzlich lassen sich abstrakte und bildliche Signaturen kombinieren, wie z. B. in Wirtschaftskarten. Generell sind für Kartenzeichen eindeutige Gruppierungen von Formen und klare Abgrenzungen von Einzelzeichen erforderlich.

Farben

Flächenfarben, Farbtöne, Farbhelligkeit und Farbkontrast strukturieren und differenzieren den Karteninhalt und sind damit Träger von Informationen (M 138.3). Sie können durch Muster und Raster verstärkt werden. Auch abstrakte Signaturen wie etwa Bergbau- und Industriesignaturen folgen in der Gruppenbildung bestimmten Farben. Bei thematischen Karten werden bei Flächenfarben bestimmte Konventionen eingehalten (Wasser = blau, Wald = grün). Hingegen weisen geologische Karten „abstrakte" Farben auf.

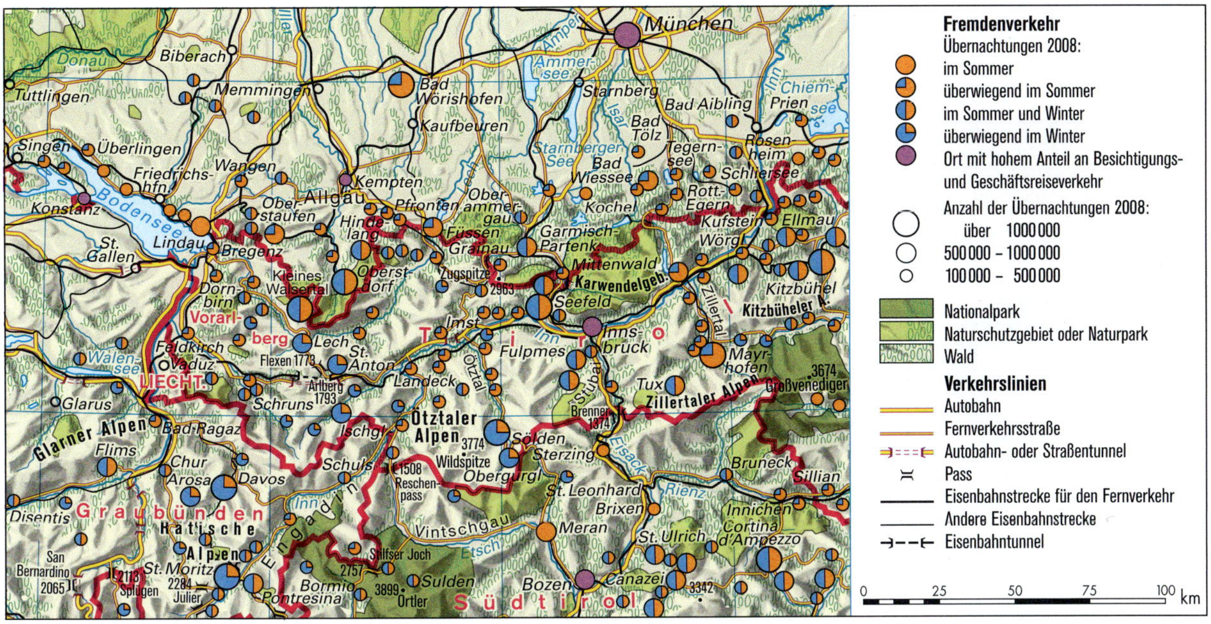

M 139.1 Verkehrswege und Fremdenverkehrsorte in den Alpen (Ausschnitt)

Check-Liste für die Karteninterpretation

1. Wahrnehmen der Karteninhalte

a) Erfassen Sie das Thema sowie die in Arbeitsaufträgen vorgegebenen Hinweise.

b) Orientieren Sie sich über Farbgebung, Signaturen, Legende und Maßstab.

2. Entschlüsseln der Karteninhalte

a) Beschreiben Sie systematisch die einzelnen Elemente der Karte und stellen Sie einen Raumbezug her. Achten Sie auf die Legende.

b) Messen und zählen Sie, falls erforderlich, Größen, Längen und Flächen aus.

c) Notieren Sie Auffälligkeiten bei der Anordnung, Dichte und Verteilung der Signaturen.

d) Arbeiten Sie Beziehungen zwischen einzelnen Kartenelementen/Signaturen heraus.

e) Vergleichen Sie Einzelelemente innerhalb der Karte.

3. Deuten der Karteninhalte

a) Erklären Sie kausale und funktionale Zusammenhänge.

b) Erläutern Sie kennzeichnende Raumstrukturen und potenzielle Entwicklungen.

4. Bewerten der Karte

a) Begründen Sie, ob das Thema anschaulich, exakt genug und mit einem geeigneten Maßstab dargestellt ist.

b) Beurteilen Sie die Auswahl von Farben und Signaturen auf Intention und Aussagekraft.

Lösung zu M 139.1 (Kurzfassung)

Kartenausschnitt: Alpenvorland, südliche Begrenzung Glarner, Ötztaler, Zillertaler Alpen

Verkehrswege: St.-Gotthard-, Brenner-, Inntalautobahn; Nord-Süd-Verbindungen der Eisenbahn; Längstal des Inn als Verkehrsleitlinie; gute Verkehrserschließung durch Quer- und Längstäler

Fremdenverkehr: Zahl der Übernachtungen durch Anzahl und Größe der Signaturen (drei Größenklassen), unterschieden nach Saison (Sommer- und Wintertourismus); in München und Innsbruck überwiegend Städtetourismus und Geschäftsreiseverkehr

Räumliche Verteilung:
mittlere Höhenlage mit Wäldern und Wiesen (Allgäu, Oberbayern, unteres Zillertal, Ötztal) überwiegend Sommertourismus (Wandern);
im Hochgebirge Tourismus sowohl im Sommer (Bergsteigen, Bergwandern) und Winter als auch überwiegend im Winter (Skifahren), besondere Ausprägung in Graubünden, Ötztaler Alpen;
reiner Sommertourismus: Bodensee, z. T. nördliches Alpenvorland, südlich des Brenners in Südtirol; insgesamt hohe Dichte von Urlaubsorten, große Zahl von Urlaubsgästen, positive und negative Folgeerscheinungen durch Massentourismus, Nutzungskonflikte zwischen Naturschutz und Tourismus sowie Verkehr, daher Ausweisung von Nationalparks (z. B. Hohe Tauern) und Naturschutzgebieten (z. B. Karwendel); mögliche saisonale Veränderungen durch Klimawandel

Ergänzende Informationen zu bekannten Urlaubsorten

Oberstdorf
Einwohner:
10 016 (31.12.2007)
Übernachtungen:
Sommerhalbjahr 2008
1 056 886
Winterhalbjahr 2007/08
767 246

Garmisch-Partenkirchen
Einwohner:
26 148 (31.12.2007)
Übernachtungen:
Sommerhalbjahr 2008
544 858
Winterhalbjahr 2007/08
379 614
(Quelle: www.statistik.bayern.de Bayerisches Landesamt für Statistik und Datenverarbeitung: Fremdenverkehr in Bayern; Statistische Berichte)

1 Werten Sie die Karten M 138.1 und M 138.2 aus. Beziehen Sie beide Karten aufeinander.

2 Ziehen Sie – nach der Beschreibung von M 138.3 – Rückschlüsse bezüglich der naturräumlichen Nutzung.

Anfertigen von Strukturskizzen

Strukturskizzen dienen dazu, räumlich-zeitliche Beziehungen, Gedankengänge, Prozesse und Ereignisse sowie Ursachen- und Wirkungszusammenhänge zu visualisieren. Für die Umsetzung eignen sich alle geographischen Medien.

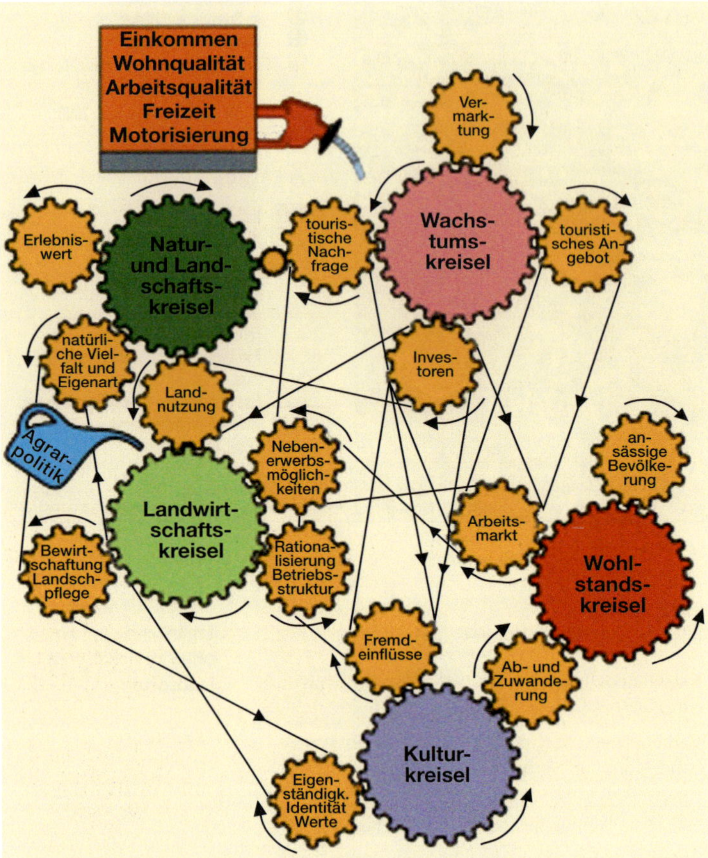

M 140.1 Touristisches Wachstumsmodell

Check-Liste für die Anfertigung

1. Auswählen der Schlüsselbegriffe
a) Suchen Sie aus dem vorgelegten Material die Schlüsselwörter heraus.
b) Markieren Sie bei einem Text (M 140.2) die Schlüsselbegriffe.
c) Beschränken Sie sich bei der Auswahl.

2. Ordnen in Problemfeldern
a) Finden Sie übergeordnete Aspekte.
b) Bestimmen Sie den Anfangspunkt und mögliche End- bzw. Zielpunkte.
c) Fassen Sie die Problemfelder nach logischen Gesichtspunkten zusammen.
d) Ergänzen Sie, falls erforderlich, die Problemfelder durch weitere Schlüsselwörter.

3. Verknüpfen der Aspekte
a) Entscheiden Sie sich für eine Darstellungsart.
b) Variieren Sie bei der Formgebung, Größe und Farbgebung von Objekten.
c) Achten Sie bei Verbindungslinien auf Richtungen bzw. Wechselwirkungen. Fügen Sie, falls erforderlich, Beschriftungen ein.
d) Kennzeichnen Sie zusammengehörige Blöcke mit der gleichen Farbe.

Der Mensch wirkt durch sein Handeln auf die Subsysteme Geo- und Biosphäre. Diese stellen die natürliche Grundlage für das menschliche Handeln zur Verfügung. Der Mensch nimmt die Landschaft wahr und reflektiert über sie (Noosphäre), d. h., er reflektiert auch unmittelbar über die Handlung selbst.
Durch das Nachdenken und Reflektieren über Landschaft, welches auf Vorwissen basiert, wird eine Vorstellung von der Landschaft entworfen, die auf diese wieder übertragen wird und gegebenenfalls zu einer veränderten Handlung führt. Gleichzeitig wirkt aber auch die Landschaft sowohl auf das Denken wie das Handeln. Diese ständigen Rückkopplungen sind dafür verantwortlich, dass Landschaft immer neu und dass Veränderungen wahrgenommen werden, die u. U. das Handeln wieder beeinflussen.
Zwischen Geo-, Bio- und Noosphäre findet eine permanente Wechselwirkung statt, was durch die Überschneidungen der waagerechten Ovale zum Ausdruck gebracht werden soll. Natur und Kultur sind keine Gegenpole, sie überschneiden sich. Die Beziehung Mensch-Landschaft ist daher einem ständigen dynamischen Prozess des Steuerns und Gegensteuerns ausgesetzt, der maßgeblich auf die Wahrnehmung angewiesen und nicht linear organisiert ist.

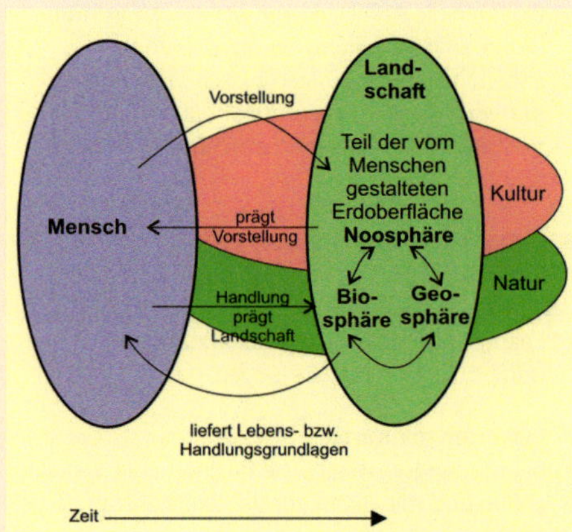

Quelle: G. Trees: Die Ferienhauslandschaft. Motivationen, Umweltbeeinträchtigungen und Leitbilder im Ferientourismus in Dänemark. Roskilde 2000

M 140.2 Mensch-Landschafts-Beziehungen – Text und Modell

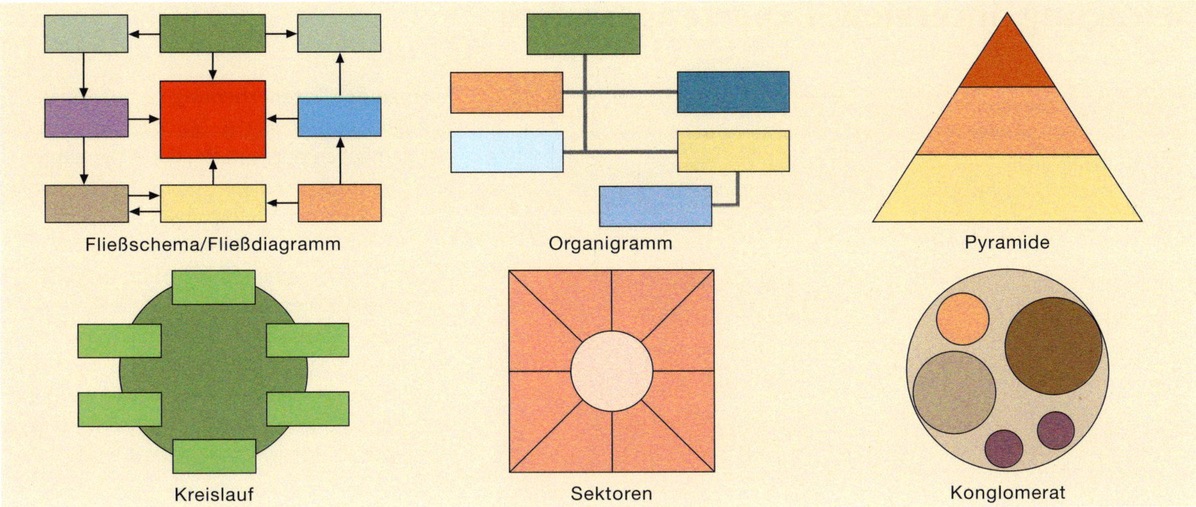

M 141.1 Darstellungsmöglichkeiten für Strukturskizzen und Strukturbilder

Ein Fließschema/Flussdiagramm verdeutlicht mit Pfeildarstellungen Zusammenhänge, Rückkopplungen und Wirkungsgefüge. Die Ausrichtung der Kästchen, Kreise und anderer geometrischer Figuren sowie der Begriffe und Pfeile hängt von der Materialgrundlage ab.
Organigramme stellen hierarchische Ordnungen, Strukturen und Abläufe dar. Sie sind in der Regel vertikal gegliedert, können aber auch auf ein Zentrum ausgerichtet sein.
Eine Pyramide veranschaulicht in einem System Über- und Unterordnung mit verschiedenen Unterteilungen.
Ein Kreislauf zeigt Wechselbeziehungen, bei denen es nicht auf eine hierarchische Ordnung ankommt. Zum Teil sind mehrere Kreisläufe miteinander verbunden oder überlappen sich.
Sektoren visualisieren Gleichrangigkeit in einem System, ohne eine bestimmte hierarchische Ordnung zu betonen. Die Größe der Einzelelemente ist nachrangig.
Ein Konglomerat illustriert Elemente, die in einer bestimmten Menge zu einem System gehören. Neben der Kreisform finden auch Rechtecke und Quadrate Verwendung.

> **Tipp**
> Wenn Sie mit Microsoft Word arbeiten, finden Sie unter „Schematische Darstellung einfügen“ eine Diagrammsammlung.

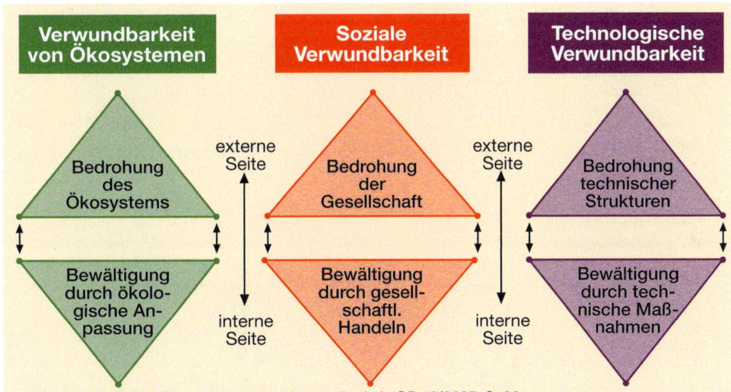

Quelle: H.-G. Bohle: Geographien von Verwundbarkeit. GR 10/2007, S. 20

M 141.2 Die Doppelstruktur von Verwundbarkeit

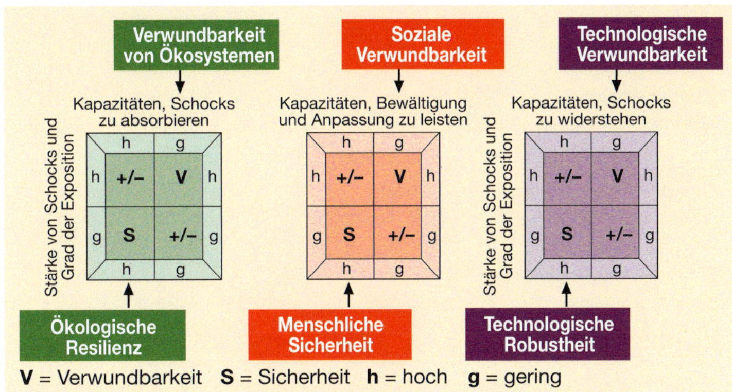

Quelle: H.-G. Bohle: Geographien von Verwundbarkeit. GR 10/2007, S. 20

M 141.3 Verkehrswege und Fremdenverkehrsorte in den Alpen (Ausschnitt)

1 Beurteilen Sie die Darstellungsform M 140.1. Setzen Sie die Abbildung in ein normales Fließdiagramm um.
2 Bewerten Sie die Darstellung M 140.2. Entwerfen Sie mithilfe des Textes M 140.2 eine neue Strukturskizze.
3 Setzen Sie sich kritisch mit M 141.2 und M 141.3 auseinander. Schreiben Sie einen kurzen Erläuterungstext.

Befragung, Interview, Expertengespräch

1 Spontane Assoziation 1.1 Was fällt Ihnen spontan ein, wenn Sie an die Stadt denken?	
2 Einkaufsverhalten 2.1 Zu welchem Zweck besuchen Sie normalerweise das Altstadtzentrum? *(Zutreffendes bitte ankreuzen, bis zu drei Mehrfachantworten möglich)*	
(1) Einkaufen	(6) Weg von/zur Arbeitsstätte
(2) Bummeln	(7) Gaststättenbesuch
(3) Behördengang	(8) Freizeiteinrichtungen
(4) Arztbesuch	(9) Kultureinrichtungen
(5) Andere Dienstleistungen (Bank, Post)	(10) Private Gründe
	(11) …, (12) …, (13) …
2.2 Wie oft besuchen Sie das Altstadtzentrum? *(Zutreffendes bitte ankreuzen, nur eine Nennung möglich)*	
(1) täglich	(5) einmal im Monat
(2) zwei- bis dreimal die Woche	(6) alle paar Monate einmal
(3) einmal die Woche	(7) nie
(4) zwei- bis dreimal im Monat	
2.3 Wie lange halten Sie sich normalerweise für Erledigungen im Altstadtzentrum auf?	
(1) bis 30 Minuten	(4) mehr als 2 bis max. 4 Stunden
(2) 30–60 Minuten	(5) mehr als 4 Stunden
(3) mehr als 1 bis max. 2 Stunden	
3 Verkehrsmittelwahl 3.1 Mit welchem Verkehrsmittel sind Sie gekommen?	
(1) Pkw	(4) Fahrrad
(2) Motorrad, Mofa	(5) zu Fuß
(3) Bus	
3.2 Wie beurteilen Sie die Erreichbarkeit des Altstadtzentrums für das von Ihnen genutzte Verkehrsmittel? *(In Schulnoten von 1 (sehr gut) bis 6 (ungenügend))*	
(1) Pkw:	(4) Fahrrad:
(2) Motorrad, Mofa:	(5) zu Fuß:
(3) Bus, Straßenbahn:	
3.3 Bei Pkw-Nutzung (1): Haben Sie normalerweise Probleme, einen Parkplatz zu finden?	
(1) Nein, nie (2) Ja, gelegentlich (3) Ja, meistens (4) Ja, immer	
4 Einzelhandelsangebot in der Altstadt 4.1 Bitte beurteilen Sie die Einkaufsmöglichkeiten im Altstadtzentrum anhand der folgenden Aspekte nach Schulnoten: *(In Schulnoten von 1 (sehr gut) bis 6 (ungenügend))*	
(1) Angebotsvielfalt:	(5) Service und Beratung:
(2) Qualität des Angebotes:	(6) Preisniveau:
(3) Einkaufsatmosphäre:	(7) …, (8) …
(4) Öffnungszeiten:	
5 Angaben zur Person 5.1 Wo wohnen Sie?	
(1) in der Stadt	(2) Andere Stadt/Gemeinde: PLZ:
5.2 Wie alt sind Sie?	5.3 Geschlecht (1) m (2) w

M 142.1 Beispiel für einen Leitfragenkatalog (Auswahl) – Markt- und Standortanalyse Einzelhandel (Fallbeispiel Altstadt Hoyerswerda) – Quelle: CIMA GmbH 2008

Formen der Datenerhebung

Befragungen: Sie werden durchgeführt, um Daten zu erheben oder Informationen zu sammeln, die von einer zufälligen oder repräsentativen Gruppe stammen. Befragungen lassen sich am besten mit einem Leitfragebogen durchführen (M 142.1) und können sowohl mündlich als auch schriftlich erfolgen. Dabei ist auf die Fragetypen zu achten. Zu unterscheiden sind Fragen, bei denen der Befragte seine Meinung – auch nach Rückfragen – äußern kann, und Fragen, bei denen nach dem Multiple-Choice-Muster eine vorgegebene Alternativantwort angekreuzt wird.

Interviews: Der Interviewer gibt den Befragten im Einzel- oder Gruppeninterview Gelegenheit, sich ausführlich zu äußern. Ein vorbereiteter Fragenkatalog ist erforderlich. Nachfragen sind möglich, erfordern aber ein gutes Hintergrundwissen. Die Antworten müssen zur Auswertung aufgezeichnet werden.

Expertengespräche: Bei vertiefenden Interviews gibt ein Gesprächsleitfaden die Themen vor, engt jedoch den Experten (z. B. Bürgermeister, Betriebsleiter) nicht zu sehr ein. Derartige intensive Befragungsformen lassen sich in der Schule, aber auch extern durchführen.

Umfang der Datenerhebung

Totalerhebung oder Stichproben: Als repräsentative Teilerhebungen sind Stichproben notwendig, da nicht alle Menschen befragt werden können. Wichtig für die Verallgemeinerung ist, dass die befragten Personen die gesamte Personengruppe widerspiegeln.

Frage 3: Welche Verkehrsmittel nutzen Sie gewöhnlich für den Einkauf im Supermarkt?

Stichprobe	Auto		Fahrrad		ÖPNV	
	N	%	N	%	N	%
gesamt	181	59,5	76	25,0	24	7,9
männlich	73	68,9	24	22,6	7	6,6
weiblich	104	55,0	51	27,0	17	9,0
unter 60	24	60,0	12	30,0	1	2,5
60–64	35	70,0	11	22,0	2	4,0
65–69	55	64,0	25	29,1	11	12,8
70–74	39	57.4	19	27,9	4	5,9
75–80	13	41,9	6	19,4	4	12,9
über 80	10	52,6	2	10,5	2	10,5

M 142.2 Beispiel für eine Stichprobenauswertung (Quelle: Befragung „Supermarkt – gut und bequem einkaufen“, BAGSO, November 2007)

Check-Liste für Befragungen und Interviews

1. Vorüberlegungen
a) Legen Sie das Thema fest.
b) Erörtern Sie Organisatorisches (Zeitplan, Weg).
c) Vereinbaren Sie in der Gruppe, wie viele Informationen erfasst werden sollen.
d) Wählen Sie die Person/den Personenkreis aus, der befragt werden soll.
e) Entscheiden Sie sich für eine mündliche oder schriftliche Befragung.
f) Erarbeiten Sie einen Fragebogen.
Formulieren Sie verschiedene Fragetypen. Berücksichtigen Sie schon die Auswertung. (Ankreuzfragen benötigen bei der Auswertung weniger Zeit als offene Fragen.)
Kombinieren Sie die Fragetypen.
Vermeiden Sie emotionale, rhetorische und Ja-Nein-Fragen.

2. Durchführung
a) Wählen Sie einen günstigen Zeitpunkt, wenn Sie die Befragungen spontan durchführen. Treten Sie höflich auf und erläutern Sie Ihr Anliegen.
b) Alternativ: Vereinbaren Sie mit den Interviewpartnern einen Termin. Holen Sie sich notfalls vorher eine Genehmigung ein.
c) Lassen Sie die zu befragenden Personen den Fragebogen ausfüllen oder tragen Sie selbst die Antworten ein.
d) Halten Sie weitere Informationen in einem Protokoll und mit einer Kamera fest.

3. Auswertung
a) Erfassen Sie die einzelnen Antworten nach quantitativen Merkmalen.
b) Nehmen Sie eine statistische Auswertung vor.
c) Fertigen Sie eine Stichprobenerhebung an.
d) Übertragen Sie die Antworten in eine Skala.
e) Fassen Sie die Ergebnisse der Befragung in einer Übersicht zusammen.

4. Reflexion
a) Vergleichen Sie kritisch das von Ihnen gewählte Thema mit den erfassten Daten und dem erzielten Ergebnis.
b) Analysieren Sie das Ergebnis unter dem Aspekt, inwieweit es repräsentativ ist.
c) Überprüfen Sie die Fragen (Zahl, Fragetypen, logische Abfolge, Verständlichkeit).
d) Gehen Sie den Fragebogen noch einmal durch. Notieren Sie Mängel, die Sie bei einer weiteren Befragung abstellen würden.

Räumliche Qualitäten	trifft zu	trifft etwas zu	trifft nicht zu
Die Entfernung vom lauten Stadtzentrum ist mir wichtig.			
Viel Grün und eine ruhige Lage sind hier ganz typisch.			
Die Atmosphäre ist mehr künstlich als gewachsen.			
Soziale Qualitäten			
Die Anonymität ist hier sehr groß.			

M 143.1 Beispiel für einen Fragebogen: Bewertung eines Stadtteils

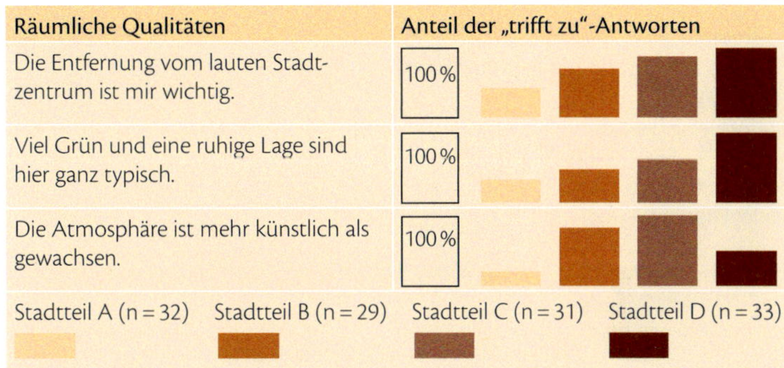

M 143.2 Beispiel für einen Fragebogen: Bewertung eines Stadtteils

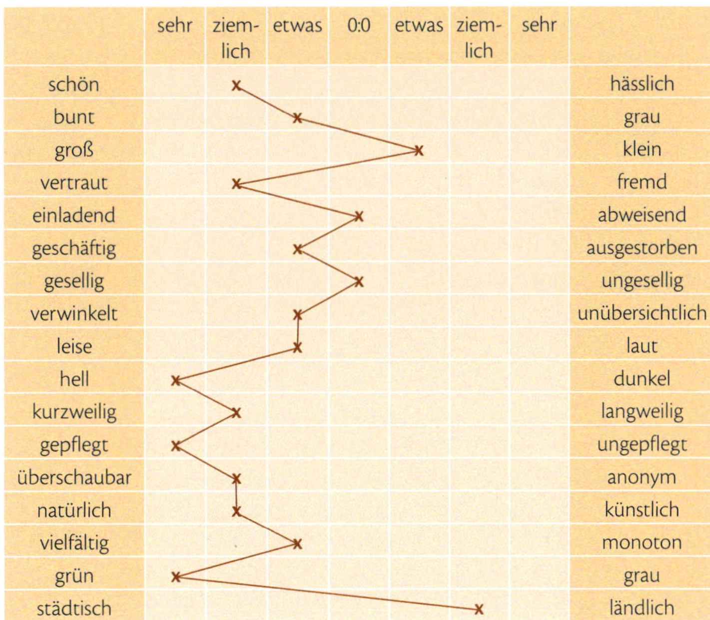

M 143.3 Imageprofil – Beispiel für die Bewertung eines Wohnortes durch Ankreuzen der zutreffenden Kategorie und Verbinden aller Kreuze zu einer Linie

1 Ergänzen Sie den Fragebogen **M 142.1** durch weitere Leitfragen mit verschiedenen Fragetypen.

2 Stellen Sie in der Gruppe einen Fragebogen zum Thema „Bau eines Kohlekraftwerkes" zusammen. Legen Sie fest, mit welchen Experten Sie ein Gespräch führen möchten.

Durchführung und Auswertung von Unterrichtsgängen

Exkursionsarten

Unterrichtsgang
Klärung überschaubarer Sachverhalte in kurzer Zeit vor Ort, wenn möglich zu Fuß

Lehrwanderung
Beobachtung und Erkundung der weiteren Umgebung, Begehung von Lehrpfaden

Besichtigung
Besuch einer Einrichtung, z. B. eines Museums, in der Regel mit einer Führung

Betriebserkundung
geführte Besichtigung mit Expertengespräch

Überblicksexkursion
Erklärung eines Sachverhaltes durch Lehrkraft/Experten oder durch Referat eines Mitschülers

Arbeitsexkursion
z. B. Stadtexkursion, Geländearbeit:
a) Beobachtung, Befragung, Kartierung im Rahmen einer von der Lehrkraft vorstrukturierten Exkursion;
b) Beobachtung, Befragung, Kartierung im Rahmen einer thematisch vorgegebenen Exkursion, gemeinsam von Schülern und Lehrkraft strukturiert, z. B. als Projekt

Spurensuche
Entwicklung einer Fragestellung auf Grundlage individueller Erkundungen, bei der Bearbeitung Unterstützung durch Lehrkraft

Vorbereitung
Klärung inhaltlicher, methodischer und organisatorischer Aspekte
Durchführung
Arbeit vor Ort (forschend, wissenschaftlich) unmittelbare Beobachtungen, Beschreibung, Sicherung der Ergebnisse Gewinnung von Erkenntnissen und Einsichten Hypothesenbildung und Problemstellungen Weitere Informationsgewinnung
Nachbereitung
Informationsverarbeitung: Auswertung von Texten, Daten, Karten, Statistiken und Bildern mündliche und schriftliche Bewertung Diskussion der Ergebnisse Präsentation
Gesamtreflexion
selbstkritische Reflexion der gesamten Exkursion Sammlung von Verbesserungsvorschlägen

M 144.1 Verlauf einer Exkursion

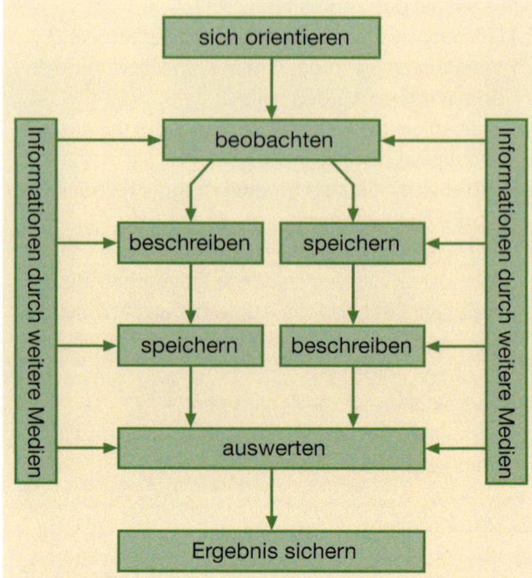

- zeitliche Abfolge von Prozessparametern
- Flankierung der Tätigkeiten durch zusätzliches Informieren anhand weiterer Medien
- geographische Informationsaufnahme durch geeignete Methoden (Befragung, Kartierung u. Ä.)

M 144.2 Struktur- und Verlaufsmodell der Standortarbeit (nach: M. Hemmer: Grundzüge der Exkursionsdidaktik. 2005, S. 3)

Originale Begegnung – Arbeiten vor Ort

Unterrichtsgänge, Geländepraktika, Arbeitsexkursionen oder Studienfahrten haben eines gemeinsam: Die außerschulischen Lernorte ermöglichen die Begegnung mit der realen Welt und bieten die Gelegenheit, eigenständig zu forschen und dabei wissenschaftliche Untersuchungsmethoden anzuwenden. Lernorte sind überall aufzuspüren, im Naturraum, d. h. in der Landschaft, und im Kulturraum, d. h. im bebauten städtischen oder dörflichen Raum. Dabei werden nicht nur bestimmte geographische Phänomene in Augenschein genommen; typische Tätigkeiten sind z. B. Befragungen auszurichten, Beobachtungen zu protokollieren, Messungen vorzunehmen, Bodenuntersuchungen zu machen oder Betriebsbesichtigungen durchzuführen.

Arbeitsmethoden zur Informationsbeschaffung vor Ort

- Bestimmen (z. B. von Gesteinen, Pflanzen, Bodenarten)
- Sich orientieren (z. B. mit Kompass, Karte, GPS)
- Messen mit Instrumenten (z. B. mit Barometer, Hygrometer, Windmesser)
- Zeichnen und Fotografieren (z. B. Geländeformen, Bodenprofile, Vegetationsausschnitte, Erscheinungen aus dem Siedlungs-, Verkehrs- und Wirtschaftsbereich)
- Video- oder Handyaufnahmen von raumrelevanten Prozessen (z. B. Verkehrsströme)
- Befragen (z. B. von Passanten, Bewohnern, Käufern, Urlaubern)
- Kartieren (z. B. Fußgängerzonen, Einkaufszentren, Agrarflächen)
- Verbalisieren von Beobachtungen (z. B. an Oberflächenformen, an Einkaufsverhalten).

(nach: G. Rinschede: Geographiedidaktik. Paderborn 2003, S. 108)

Was Schülerexkursionen fördern

Durch die Analyse von Raumstrukturen und Mensch-Raum-Beziehungen bildet sich ein neues Raumverständis heraus. Es werden die Fähigkeiten weiterentwickelt, mithilfe geographischer Arbeitsmethoden Informationen im Untersuchungsraum zu beschaffen, auszuwerten und zu präsentieren. Sich in der realen Welt räumlich orientieren zu können, verstärkt die geographische Handlungsfähigkeit und unterstützt das Interesse an geographischen Phänomenen. In der Sprache der Einheitlichen Prüfungsanforderungen für das Abitur (EPA) verbessern Exkursionen die Sach- und Methodenkompetenz sowie die personale und soziale Kompetenz.

Check-Liste zur Durchführung und Auswertung einer Exkursion

1. Vorbereitung
a) Erarbeiten Sie die Themen- und Problemstellung. Definieren Sie die Zielsetzung.
b) Nutzen Sie das Brainstorming zum Sammeln von Fragen. Fertigen Sie eine Mental Map an.
c) Wählen Sie einen geeigneten Untersuchungsraum aus. Führen Sie, falls möglich, eine Vorexkursion durch.
d) Verschaffen Sie sich einen Überblick über schon vorhandene Materialien.
e) Überlegen Sie, welche Arbeitsmethoden angewandt und wie die Ergebnisse gespeichert werden sollen.
f) Bestimmen Sie, in welchen Teilbereichen Einzelarbeit und wann Gruppenarbeit zum Tragen kommen soll.
g) Erstellen Sie einen Exkursionsplan (Unterthemen, zeitliche Vorgaben, Wege, Lageskizze, Transportmöglichkeiten, Ansprechpartner).
h) Schreiben Sie auf, wie die Ergebnisse der Untersuchung mit dem Raumeindruck verknüpft werden können.
i) Sorgen Sie für adäquate Kleidung und Ausrüstung.

2. Durchführung
a) Verschaffen Sie sich am Standort einen Überblick über das Untersuchungsobjekt.
b) Klären Sie Verständnisfragen an Ort und Stelle.
c) Halten Sie Zwischenergebnisse fest und vergleichen Sie diese mit anderen Gruppenergebnissen.
d) Tauschen Sie Erfahrungen mit den anderen Teilnehmern aus.
e) Nehmen Sie am Ende der Exkursion eine vorläufige Bewertung vor.

3. Nachbereitung
a) Stellen Sie die Ergebnisse mithilfe verschiedener Medien dar.
b) Überprüfen Sie Ihre eingangs vorgenommenen Hypothesen und Zielsetzungen.

4. Reflexion
a) Stellen Sie Aufwand und Ergebnis gegenüber.
b) Rekonstruieren Sie den organisatorischen Ablauf. Verschweigen Sie nicht mögliche Fehlentscheidungen.
c) Analysieren Sie den Stellenwert der Exkursion und binden Sie die Ergebnisse in den Unterrichtszusammenhang ein.

Vorgehen allgemein	Vorgehen am Beispiel Boden
Problem/Fragestellung	Um welchen Boden handelt es sich?
Formulierung der Zielsetzung	Das Bodenprofil hinsichtlich seiner Horizontabfolge untersuchen und Rückschlüsse auf den Bodentyp ziehen
Auswahl der Methode	Ein Bodenprofil freilegen/ eine Bodenprobe ziehen
Legitimation der Methode in Bezug auf die Zielsetzung	Nur ein aufgeschlossenes Profil zeigt die Bodenstratigraphie und lässt Rückschlüsse auf den Boden zu
Datenerhebung	Profilaufnahme
Datenaufbereitung und -dokumentation	Ggf. Probenanalyse im Labor, Zusammenstellung der Ergebnisse
Dateninterpretation	Bestimmung des Bodentyps, Zusammenstellung der Ergebnisse
Evaluation der Ergebnisse in Bezug auf Zielsetzung	Überprüfung, ob die Vorgehensweise geeignet war, den Bodentyp zu bestimmen

M 145.1 Beispiel für ein Raster zur Geländearbeit – hier Bodenbestimmung

Vorbereitung im Unterricht
- Vorwissen aktivieren und ergänzen; Informationsbroschüre des Betriebes, Presseberichte/Internet
- Bilder/Luftbilder vom Standort
- Verortung auf einer topographische Karte (Lage des Werkes, evtl. weitere Betriebsstandorte)
- Entwicklung von Hypothesen und Fragen
- Weiterleitung der Fragen an den Betrieb (zur Vorbereitung auf das Expertengespräch)

Durchführung der Betriebserkundung
- Erkundung des Standortes: Fotodokumentation (erst nach Genehmigung)
- Betriebsrundgang: Produktionsablauf
- Expertengespräch: Beantwortung der vorab entwickelten Fragen, z. B. harte und weiche Standortfaktoren, wirtschaftliche Entwicklung, Umsatz, Bilanzen, Nähe zum Absatzmarkt, Arbeitskräfte, nationale und internationale Verflechtungen, Auswirkungen der Globalisierung, Umweltaspekte, soziale Aspekte

Nachbereitung im Unterricht
- Auswertung und Zusammenfassung der Ergebnisse
- Dokumentation, z. B. auf der Schulhomepage

M 145.2 Beispiel für das Ablaufschema einer Betriebserkundung

1 Bereiten Sie eine Stadtexkursion vor. Untersuchen Sie typische Merkmale (Stadtstruktur, Zentralität, Verkehrsverbindungen).

2 Begehen Sie einen Biotop in der Nähe Ihres Schulstandortes. Analysieren Sie die Lebensbedingungen der pflanzlichen und tierischen Organismen. Erläutern Sie, welche Bedeutung dieser Biotop hat.

Auswertung von Fachliteratur und Internetrecherche

Suchmaschinen zum Thema „Internationale Migration" [31.7.2008]

- www.fireball.de 121 000 Treffer
- www.google.de 252 000 Treffer
- www.yahoo.de 6 170 000 (!) Treffer

Links und Infos zu Migration

- www.geomagazin.net

u.a.:

- www.uni-bamberg.de (europäisches Forum für Migrationsstudien)

Quellen für Fachliteratur

Das Thema, das ihnen gestellt wird, lautet „Internationale Migration". Wo finden Sie Informationen? Verschaffen Sie sich zuerst einen Überblick in Handwörterbüchern, Enzyklopädien und Nachschlagewerken.

Beispiel: PETER MEUSBERGER (Hrsg.): Lexikon der Geographie. Heidelberg/Berlin 2001. Informationen finden Sie auch im Fischer Weltalmanach.

Gehen Sie als Nächstes Fachzeitschriften durch, z. B. Geographische Rundschau: Themenheft 6/2008 Internationale Migration, Themenheft 2/2001 Weltbevölkerung und Migration; Praxis Geographie Themenheft 2/2002 Migration.

Zur weiteren Vertiefung befassen Sie sich mit Lehr- bzw. Fachbüchern (Monographien oder Sammelwerke), z. B.:

LUDGER PRIES: Die Transnationalisierung der sozialen Welt. Frankfurt/M. 2008.

M. BOOMES/W. SCHIFFAUER (HRSG.): Migrationsreport 2006: Fakten – Analysen – Perspektiven. Frankfurt/M. 2006.

PETRUS HAN: Soziologie der Migration. Erklärungsmodelle, Fakten, politische Konsequenzen, Perspektiven. (Uni-Tb). Stuttgart 2005.

FRANZ NUSCHELER: Internationale Migration: Flucht und Asyl (Tb). Wiesbaden 2004.

Anmerkung: Auch in der Geographischen Rundschau 6/2008 stehen zahlreiche Literaturangaben. Die Fachliteratur finden Sie in der schuleigenen Bibliothek, in der Stadtbibliothek und/oder in den Bibliotheken von Hochschulen und Forschungseinrichtungen. Erkundigen Sie sich über die Möglichkeiten der Fernleihe.

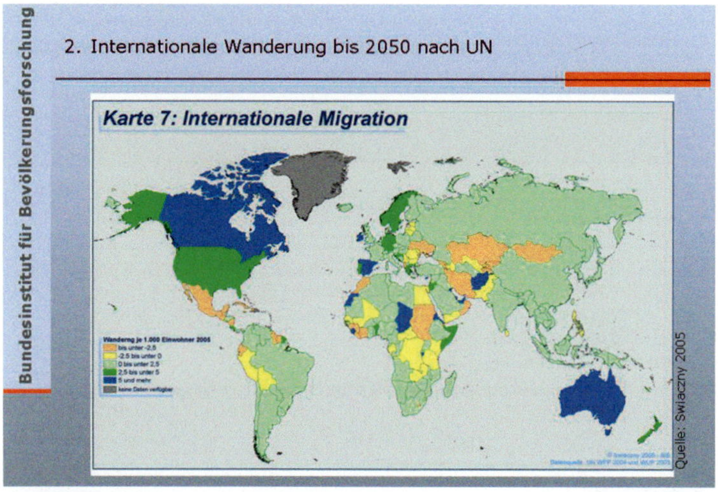

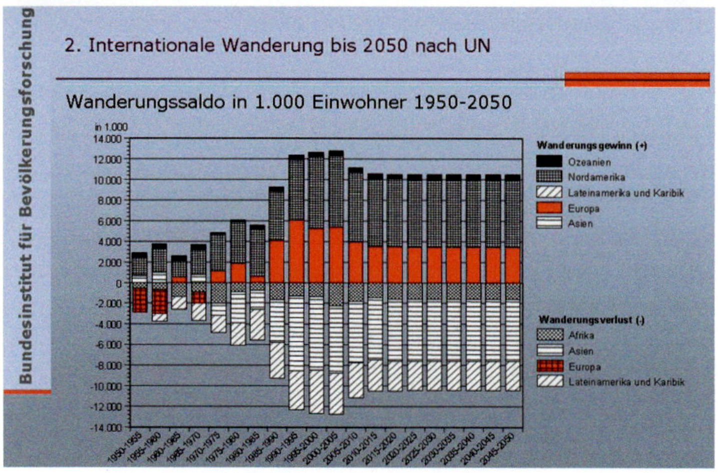

M 146.1 Beispiele aus dem Foliensatz „Internationale Migration als globales Phänomen" (Quelle: www.demographie-online.de/migration/AK0507.ppt [1.8.2008])

Check-Liste für die Texterarbeitung

1. Überblick gewinnen

a) Sichten Sie zuerst die Materialien. Lesen Sie das Inhaltsverzeichnis und den Text quer (kursorisches Lesen).
b) Achten Sie auf Abbildungen (Karten, Bilder) sowie Tabellen und Statistiken.
c) Überfliegen Sie den Einführungstext und bei einem Buch den Klappentext.

2. Fragen an das Material stellen

a) Vergegenwärtigen Sie sich, was Sie wissen möchten. Was wollen Sie erfahren?
b) Grenzen Sie die Problemstellung durch W-Fragen ein (Warum, wozu, wie?).

3. Lesen

a) Wenn Sie einen bestimmten Aspekt suchen, überfliegen Sie andere Bereiche (selektives Lesen).
b) Lesen Sie einzelne Kapitel oder Aufsätze zur gleichen Thematik und vergleichen Sie die Quellen.
c) Erschließen Sie das Material durch problemorientiertes Lesen. Prägen Sie sich die Kernaussagen und die Argumentationsführung des Autors ein.
d) Fertigen Sie von wichtigen Seiten Kopien an.

4. Exzerpieren

a) Fassen Sie in Auszügen Textstellen, Schlagworte oder eigene Formulierungen zusammen.
b) Speichern Sie Ihre Exzerpte in einer Datenbank unter von Ihnen gewählten Stichworten. Vergessen Sie nicht Autor, Titel, Erscheinungsort, -jahr, Standort (Signatur) in der Bibliothek.

Die Internetrecherche

Das Internet stellt aktuelle und vielfältige Informationen schnell und scheinbar mühelos zur Verfügung. Thematische Kataloge erschließen alle Wissensgebiete über hierarchisch organisierte Verzeichnisse (Bsp. Google, Yahoo). Dazu gehören auch die von großen öffentlichen Bibliotheken erstellten virtuellen Kataloge, z. B. der Karlsruher Katalog.

Bleiben die Sucheingaben zu allgemein, wird die Zahl der Treffer zu unübersichtlich, es sei denn, man beschränkt sich bei der Durchsicht auf die ersten zehn oder zwanzig Links. Eine gezielte Recherche erfordert deshalb eine geeignete Suchmaschine. Hierzu eine Auswahl:

Fachzeitschriften und Bücher
- www.geodok-uni-erlangen

Geographische Aufsatzdatenbank
- www.geographischerundschau.de
- www.auslis/de/zeitschriften/gs/

Geographie und Schule
- www.ubka.uni-karlsruhe.de/kvk.html

Suche nach Büchern in den meisten deutschen und vielen internationalen Bibliotheken

Online-Dokumente

Google Scholar: www.scholar.de/schhp
- www.g-o.de/geo.htm

Lernwelten, Themenpool nach Fachgebieten
- www.bildungsserver.de
- www.hamburger-bildungsserver.de

Materialien aus wissenschaftlichen Publikationen
- http://earthobservatory.nasa.org
- http://opac.uni-erlangen.de

Recherche und Bestellung von Büchern der UB

Materialien in englischer Sprache
- www.eduportal.de

Linksammlungen für Schüler

Tipps für die Online-Recherche

1. Wählen Sie eine geeignete Suchmaschine bzw. einen geeigneten Katalog.
2. Geben Sie vorher festgelegte Stichworte ein.
3. Nehmen Sie das Angebot der Fernleihe in Anspruch.
4. Vergewissern Sie sich über die Zuverlässigkeit des Anbieters. Verwenden Sie nur wissenschaftliche Literatur.
5. Beachten Sie den aktuellen Stand bzw. die letzte Aktualisierung eines Dokumentes.
6. Speichern Sie das Dokument nach dem kursorischen Lesen in einem Ordner.
7. Kopieren Sie die Adresszeile in Ihre Ablage.
8. Notieren Sie die URL, falls nicht schon kopiert, und das Datum des Abrufs für Zitate.

M 147.1 Ergebnis der Internetrecherche „Internationale Migration" (Screenshot)
http://www.dgvn.de/fileadmin/user_upload/PUBLIKATIONEN/Infodienst_Bev_Entw/Infodienst_Bev61.pdf [1.8.2008]

M 147.2 Ergebnis der Internetrecherche „Internationale Migration" (Screenshot)
http://www.bpb.de/publikationen/MASN7L,0,Internationale_Migration.html [1.8.2008]

1 Durchsuchen Sie die auf dieser Doppelseite angegebenen Links nach weiteren Informationen zum Thema Internationale Migration.

Einsatz von GIS

GIS = Geographische Informationssysteme = rechnergestützte Informationssysteme, bestehend aus Hardware, Software, Daten und Anwendungen

WebGIS http://gis.sn.schule.de
Die wichtigsten Funktionen:
- thematische Karten an- und ausschalten
- Informationen über Länder abfragen
- Länder nach gestellten Bedingungen auswählen
- eigene thematische Karten erstellen und speichern

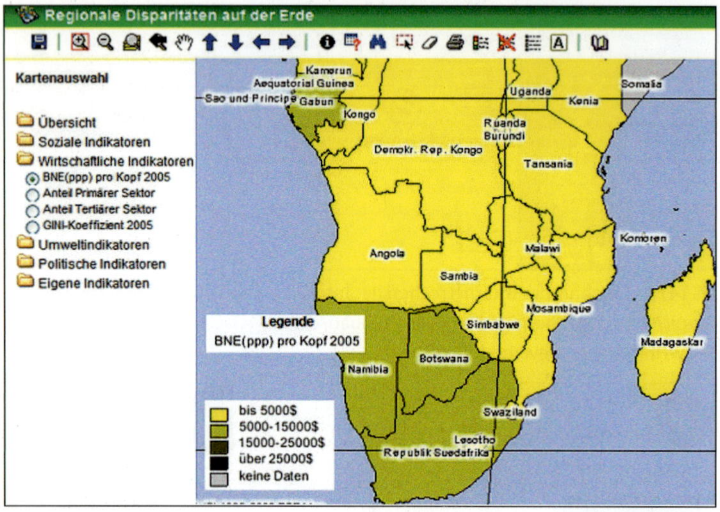

M 148.1 Beispiel aus dem sächsischen WebGIS http//gis.sn.schule.de – BNE

GIS stützen sich auf digital aufbereitete Rauminformationen, die von Behörden, statistischen Ämtern und anderen Einrichtungen ins Netz gestellt werden. Auch Schulbuchverlage haben ihre eigenen GIS-Programme entwickelt. GIS bieten die Möglichkeit, thematische Karten selbst zu entwerfen, zu analysieren und zu verändern. Mit WebGIS http://gis.sn.schule.de, einem Informationssystem, für das nicht extra Software angeschafft werden muss, können Informationen über die räumlichen Disparitäten auf der Erde abgerufen werden.

Insgesamt stehen 18 thematische Karten zur Auswahl. Wird in der Werkzeugleiste der Button „Ampel" angeklickt, so öffnet sich ein Fenster, in dem die Farben und die Klassenbildung verändert werden können. Mit „i" (= identify) lassen sich für jedes Land insgesamt 30 Merkmale in einer Tabelle anzeigen und in eine Excel-Datei exportieren.

Im Abfragemanager werden Länderdaten miteinander verglichen. Sie erscheinen in der Datentabelle und auf der Weltkarte. Klickt man in der Datentabelle auf eine nummerierte Zahl, so zoomt die Karte auf das entsprechende Land.

Anmerkung: Ein weiteres kostenloses GIS-Tool finden Sie unter www.gdv-mapbuilder.de.

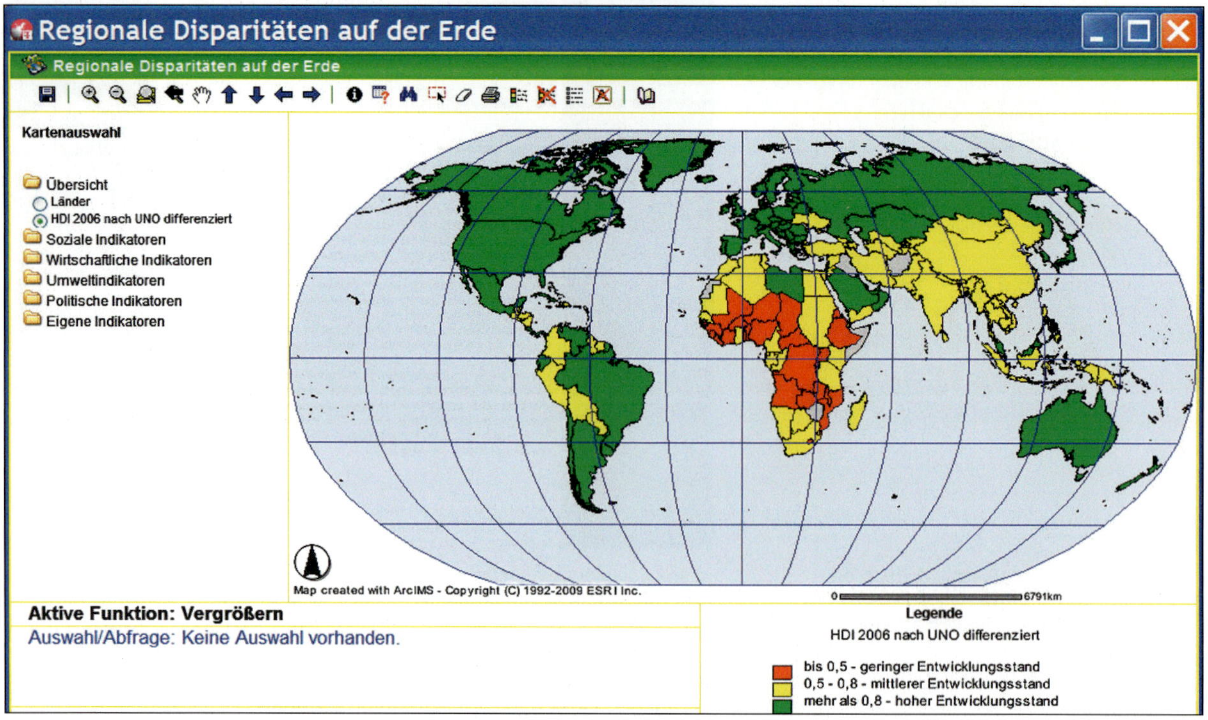

M 148.2 Beispiel aus dem sächsischen WebGIS http://gis.sn.schule.de – HDI 2006 nach Ländern

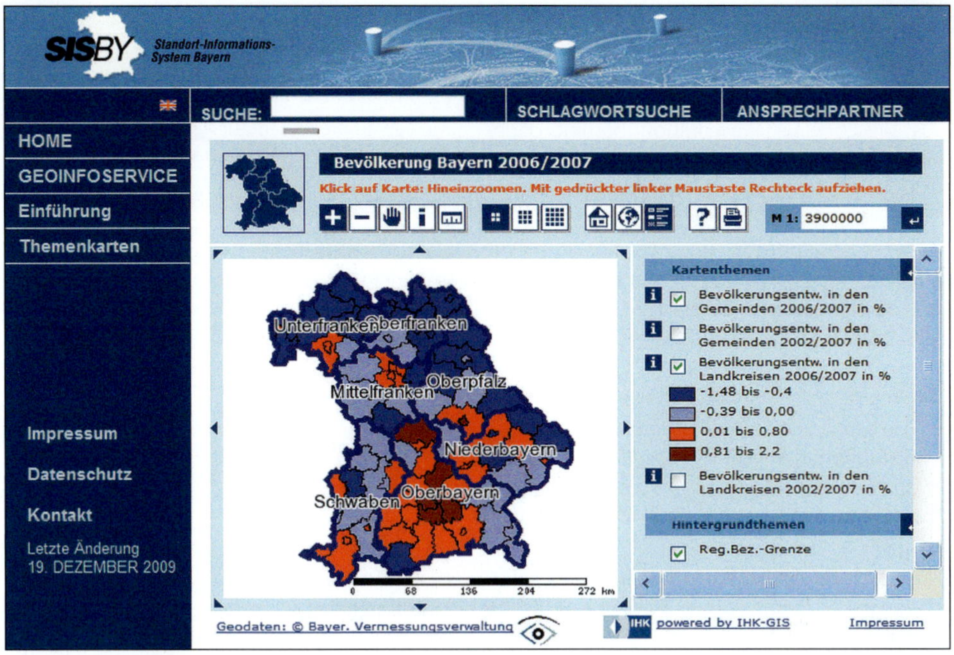

M 149.1 Bayern – Bevölkerungsentwicklung in den Kommunen und Landkreisen, *www.sisby.de;* dort weitere Themenkarten, z. B. Bruttoinlandsprodukt, Beschäftigte, Industriestandorte, Pendlersaldo, Tourismuskennziffern

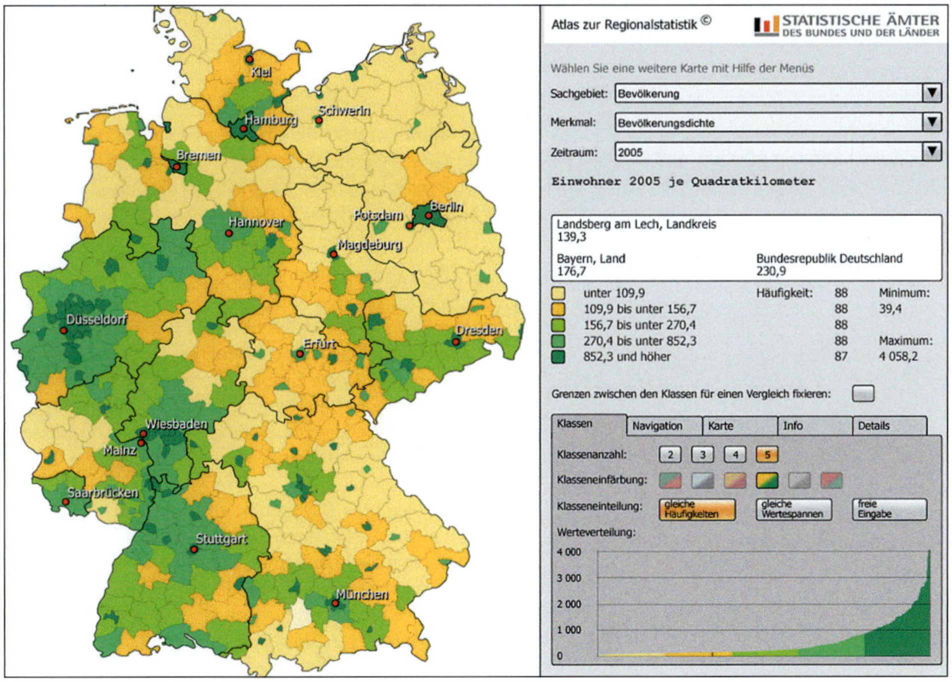

M 149.2 Online-Atlas zur Regionalstatistik von Deutschland
320 Karten zu ausgewählten Themen der amtlichen Statistik für 439 Landkreise und kreisfreie Städte *www.destatis.de/atlas*
Hinweis: ebenfalls dort Atlas der Außenhandelsstatistik Außenhandel Deutschlands mit seinen Partnerländern nach Größenklassen auf einer Weltkarte, außerdem verschiedenen Warenklassifikationen

1 Rufen Sie *http://gis.sn.schule.de* auf. Bearbeiten Sie die Karte M 148.2 nach selbst ausgewählten Indikatoren.
2 Bearbeiten Sie die Bevölkerungsdaten von Bayern (M 149.1).
3 Wählen Sie im interaktiven Atlas (M 149.2) ein Sachgebiet aus. Verändern Sie Klassenzahl und Klasseneinteilung. Kommentieren Sie anschließend Ihre Ergebnisse.
4 Informieren Sie sich über den Digitalen Umweltatlas von Berlin (*www.stadtentwicklung.berlin.de/umweltatlas*). Bearbeiten Sie die Beziehungen zwischen Bebauungsdichte und Schadstoffbelastung.

Präsentationsmethoden

Beschreibung neuer Prüfungsformen

Präsentation
Diese Prüfungsform kombiniert die inhaltliche Beherrschung eines geographischen Sachverhalts mit der Fähigkeit, diesen strukturiert und überzeugend zu präsentieren und auf Nachfragen sach- und adressatenbezogen reagieren zu können.
Die Präsentation zielt auf die verbale und mediale Darstellung von Ergebnissen des forschenden Lernens [...]

Bewertung
Spezifische beurteilungsrelevante Anforderungen an die fünfte Prüfungskomponente sind insbesondere die Fähigkeit [...]
– zur mediengestützten Präsentation, auch unter Einbeziehung geographischer Software [...]

Auszug: Einheitliche Prüfungsanforderungen in der Abiturprüfung (EPA) Geographie. Beschluss der Kultusministerkonferenz in der Fassung vom 10. 2. 2005

Inhalt und Zweck von Präsentationen

Das Wesen einer Präsentation besteht darin, Sachverhalte so darzustellen, dass sie veranschaulicht und besser verstanden werden. Eine Präsentation soll nicht nur illustrieren, sondern motivieren, problematisieren und zum Mitdenken anregen. In einer Prüfungssituation können zudem die rhetorischen Fähigkeiten und die Medienkompetenz unter Beweis gestellt werden.

Am Anfang sollten einige Leitfragen stehen:
– Wie bereite ich ein Referat und eine dazu passende Präsentation vor?
– Wie strukturiere ich am besten das gestellte Thema und welche Präsentationsformen wähle ich aus?
– An welchen Stellen in meinem Vortrag setze ich zur Visualisierung welche Medien ein?
– Welche technischen und organisatorischen Rahmenbedingungen muss ich bei einem Medieneinsatz berücksichtigen?

Die Präsentationstechniken unterteilen sich in Formen (Referat, Vortrag) und Medien. Die am häufigsten eingesetzten visuellen Medien bei einem Referat sind das Tafelbild, ein Flipchart, ein Handout, Overheadfolien oder Computerpräsentationen. Zweck der Visualisierung ist die Unterstützung des mündlichen Vortrags.

Sog. Stand-Alone-Präsentationen wie Wandzeitungen, Poster oder elektronische Präsentationen, die z. B. die Ergebnisse von Projektarbeiten dokumentieren, sind in der Regel selbsterklärend.

Der Einsatz von PC/Laptop und Präsentationsprogrammen hat herkömmliche Visualisierungen zum Teil abgelöst, wobei die Grenzen manchmal fließend sind. Grundsätzlich gilt aber die Maxime, dass ein gut strukturierter Vortrag die Vorbedingung für eine lebendige und anschauliche Präsentation ist.

Eine Grundregel besagt, dass ein Vortrag vom Vortragenden bestimmt sein muss, nicht vom Präsentationsprogramm. Die zweite zu beherzigende Grundregel verlangt, einen Sachvortrag mit einem Präsentationsprogramm sehr behutsam zu visualisieren, d. h. auf Effekthascherei zu verzichten und die Folien weder mit Text noch mit Grafiken zu überladen. Der Inhalt darf durch den visuellen Gehalt nicht überdeckt werden. Die einfache Gestaltungsformel lautet daher: Keep it short and simple – Kiss.

Auf die Präsentation folgt in der Regel ein Kolloquium, in dessen Verlauf das inhaltliche Verständnis noch einmal überprüft wird.

Medien für die Präsentation

Tafel
Der Vorteil eines Tafelbildes liegt im Entwickeln und stichwortartigen schriftlichen Fixieren von Gedanken; Löschen und Korrigieren können schnell erfolgen. Erforderlich sind eine leserliche Schrift und zeichnerisches Können. Insgesamt verlangsamt sich aber das Präsentationstempo bei komplexen Sachverhalten.

Flipchart
Der Inhalt kann vor der Präsentation vorbereitet werden. Als nachteilig erweist sich wegen der kleinen Fläche zum Beschriften die notwendige starke Verknappung der Inhalte und die Beschränkung auf Stichwörter.

Overhead-Projektor
Folien mit Texten und Abbildungen können übereinandergelegt und beschriftet werden. Voraussetzung für Anschaulichkeit ist, dass pro Folie nur ein Thema bearbeitet wird und nicht mehr als sieben Zeilen beschrieben sind. Die Schriftgröße soll mindestens 20 pt betragen. Ganze Sätze sind nur bei Definitionen und wörtlichen Zitaten erlaubt. Hintergrund- und Schriftfarbe müssen gut kombiniert sein. Für die Gesamtdarstellung eines Themas ist der OH-Projektor weniger geeignet, weil die Versuchung besteht, zu viele Folien einzusetzen.

PC/Laptop + Beamer
Der Vorteil ergibt sich aus den interaktiven und multimedialen Möglichkeiten. PC- oder Laptopmonitor allein eignen sich allerdings wegen der Bildgröße nur für kleine Gruppen.
Die Vorzüge bestehen in der Visualisierung von Bildern, Texten und Animationen sowie im Abspielen von Filmen und fertigen oder selbst erstellten CDs/DVDs.
So bietet z. B. PowerPoint umfangreiche Möglichkeiten zur Animation, u. a. auch das Ein- und Ausblenden von Textbausteinen. Die Kriterien zur Erstellung sind die gleichen wie bei einer OH-Folie. Die Präsentation darf jedoch nicht zu einer Vernachlässigung des Inhaltes zugunsten technischer Raffinessen führen. Beim Zuschauer treten Ermüdungserscheinungen auf, wenn die Folien/Slides schlecht lesbar sind und unnötige Sound- und Animationseffekte die eigentlichen Aussagen überlagern.

Moderationskoffer
Er enthält sog. Metaplankarten in verschiedenen Farben und Formen sowie Filzschreiber, Pinns, Klebepunkte und andere Utensilien. Die Pinnwandmoderation eignet sich besonders für Gruppenpräsentationen. Der Koffer muss u. U. über ein Medienzentrum oder eine andere Institution besorgt werden.

Regeln für eine gute Präsentation

- Überlegen Sie sich, was die Präsentation erreichen soll.
- Richten Sie Ihre Präsentation auf die Zielgruppe aus.
- Legen Sie den Präsentationsablauf fest. Strukturieren Sie das Thema so, dass Einleitung, Hauptteil und Schluss deutlich werden und die Zuhörer den roten Faden erkennen.
- Klären Sie vorab Organisatorisches (Raum, technische Geräte) und prüfen Sie alle wichtigen Hilfsmittel.
- Formulieren Sie Aussagen und Thesen verständlich, aber knapp. Sprechen Sie laut und deutlich. Verwenden Sie geographische Fachtermini und verzichten Sie auf zu umgangssprachliche Formulierungen.
- Kontrollieren Sie Ihre Mimik und Gestik. Stehen Sie ruhig und relativ entspannt. Halten Sie Blickkontakt zum Auditorium. Auch alle Mitglieder einer Gruppe von Referenten stehen während der Präsentation und bei der sich anschließenden Diskussion (Ausnahme: das Podiumsgespräch).
- Verwenden Sie bei der Präsentation nicht nur Texte. Fügen Sie Grafiken, Schaubilder oder andere Abbildungen hinzu. Bedenken Sie immer, welchen Zweck die Visualisierung haben soll und dass Text und Visualisierung in einem ausgewogenen Verhältnis zueinander stehen müssen.
- Wählen Sie ein einheitliches Medium, falls die Präsentation in einer Gruppe stattfindet.
- Passen Sie bei einer PowerPoint-Präsentation die Zahl der Slides an die Vortragszeit an. Vermeiden Sie es, Textfolien aneinander zu reihen und diese nur vorzulesen. Hüten Sie sich vor unübersichtlichen, d.h. überladenen und schlecht lesbaren Folien. Kontrollieren Sie bei der Erstellung Orthographie, Stil und Grammatik. Gehen Sie mit Animationen sparsam um.
- Verzichten Sie auf handgeschriebene Folien, wenn Sie einen Overhead-Projektor einsetzen. Beachten Sie die Vorgaben für die Folienherstellung (Layout, Schrift, Bilder, Farbe). Zeigen Sie nicht mit den Händen auf den Folien herum.
- Kehren Sie dem Auditorium während des Sprechens nicht den Rücken zu, wenn Sie die Tafel oder Flipcharts verwenden.
- Stehen Sie nicht im Bild bzw. vor dem Präsentationsmedium.
- Halten Sie sich an die vorgegebene Zeit.
- Falls Sie steckenbleiben: Wiederholen Sie den letzten Satz, bringen Sie eine Zusammenfassung oder stellen Sie eine rhetorische Frage.

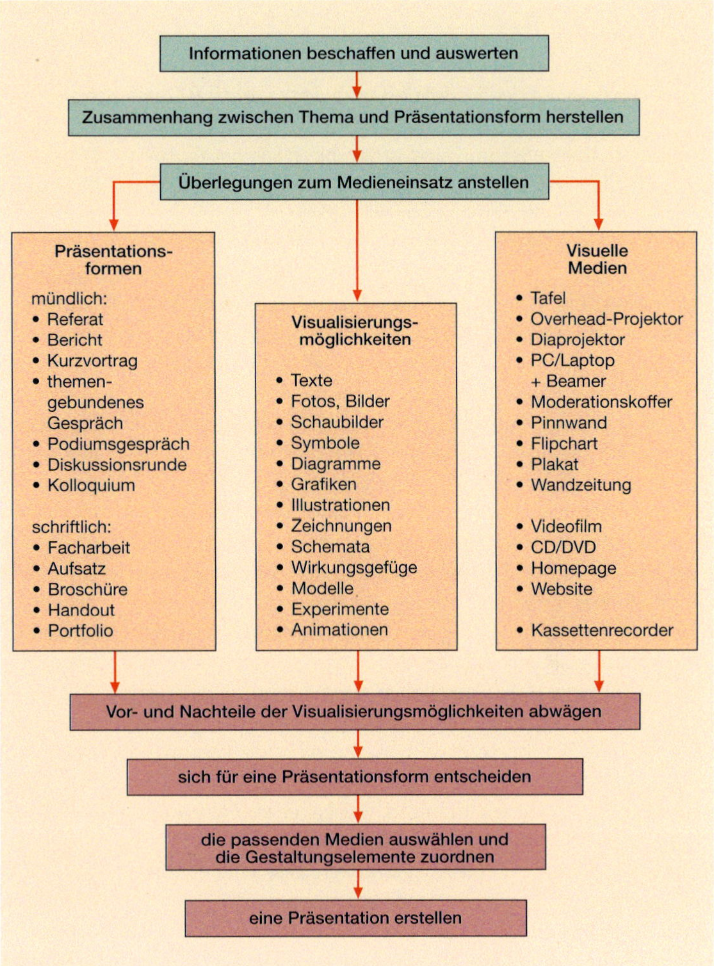

M 151.1 Von der Informationsbeschaffung zur Präsentation

Check-Liste für ein Referat mit Handout

1. Lesen Sie nicht vor, sondern tragen Sie Ihre Ergebnisse mündlich vor.
2. Halten Sie die Handouts (Umfang nicht mehr als zwei Seiten) für die Zuhörer bereit. Lassen Sie Platz für Notizen.
3. Wenn Sie Folien für den Overhead-Projektor einsetzen, nummerieren Sie diese durch. Prüfen Sie vor dem Referat, ob die Texte groß genug sind, damit sie auch von der letzten Reihe aus gelesen werden können. Das Gleiche gilt auch für Abbildungen.
4. Legen Sie Pointer, Lineal und Stifte bereit, um Anmerkungen und Erläuterungen auf den Folien zu zeigen und zu markieren.
5. Überprüfen Sie vorher bei einer PowerPoint-Präsentation die formalen Merkmale wie bei der Arbeit mit dem Overhead-Projektor.
6. Fügen Sie in Ihre Präsentation Sequenzen ein, die Ihre Zuhörer zur Mitarbeit auffordern. Halten Sie die entsprechenden Materialien bereit (Atlanten, Karten, Texte usw.).
7. Planen Sie ausreichend Zeit für eine abschließende Diskussion ein. Sortieren Sie Ihre Materialien so, dass Sie zur Erläuterung gleich wieder darauf zurückgreifen können.
8. Wenn ein Referat von mehreren Gruppenmitgliedern vorgetragen wird, achten Sie auf den reibungslosen Einsatz bzw. Übergang. Die Referenten sollten sich nicht gegenseitig ins Wort fallen.

A

Agrargesellschaft: Volkswirtschaften, in denen die meisten Beschäftigten in der Landwirtschaft tätig sind und deren wirtschaftliche Basis auf der Produktion landwirtschaftlicher Güter beruht.

Altindustrialisierte Räume: Industriegebiete aus der Frühzeit der Industrialisierung (z. B. Ruhrgebiet, Lothringen, Midlands/England; heute durch Strukturwandel geprägt.

B

Basisinnovation: Erfindungen, die sich auf zahlreiche Wirtschaftsbereiche auswirken. So hat z. B. die Erfindung der Dampfmaschine die Eisen- und Stahlindustrie, die Textil- und Bekleidungsindustrie (Webstuhl), aber auch das Transportwesen nachhaltig geprägt. Aus heutiger Sicht sind die Mikroelektronik (Computer), die Nanotechnologie, die Biotechnologie so genannte Schlüsseltechnologien (siehe auch lange Welle).

Blockfreie Staaten: Bewegung von Staaten, die nicht zu den Militärbündnissen NATO und Warschauer Pakt gehörten. Ehemals ein politischer Zusammenschluss, der heute sein Wirkungsfeld eher im wirtschaftlichen Bereich – als Zusammenschluss der Länder mit geringerem Entwicklungsstand – sieht.

Bruttonationaleinkommen (BNE): Maß für die wirtschaftliche Leistung einer Volkswirtschaft in einem Jahr in Geldwerten. Es umfasst den Wert der Sachgüter und Dienstleistungen, die über einen Markt abgesetzt werden, also nicht die Leistungen im Privathaushalt. Nicht einbezogen werden Produktionen ausländischer Unternehmen im Inland, wohl aber die Erträge von inländischen Unternehmen im Ausland.

Bruttoinlandsprodukt (BIP): Gesamtwert aller in einem Jahr im Inland produzierten Güter und Dienstleistungen.

C

Cash Crops: Landwirtschaftliche Produkte, die zum Weiterverkauf erzeugt werden.

Cluster: Ein Cluster zeichnet sich durch die räumliche Ballung von Produzenten, Zulieferern, Forschungseinrichtungen (z. B. Hochschulen), Dienstleistern (z. B. Design- und Ingenieurbüros) und verbundenen Institutionen (z. B. Handelskammern) aus, die über gemeinsame Austauschbeziehungen entlang einer Wertschöpfungskette (z. B. Automobilproduktion) gebildet werden. Die Mitglieder des Clusters stehen dabei über Liefer- oder Wettbewerbsbeziehungen oder gemeinsame Interessen miteinander in Beziehung.

D

demographischer Übergang: Modellvorstellung zur Veränderung der generativen Verhaltensweisen einer Bevölkerung; Übergang von hohen zu niedrigen Geburten- und Sterberaten; Ursachen liegen in zunehmender Industrialisierung und Verstädterung, daraus abgeleitet werden vier Transformationsphasen (auch demographischer Wandel genannt).

Dependenztheorie: Entwicklungstheorie; wissenschaftlicher Ansatz zur Erklärung von Unterentwicklung. Grob zu unterscheiden sind Modernisierungs- und Dependenztheorien. Die Modernisierungs- und Wachstumstheorien sehen Entwicklungsrückstände als Folgen traditioneller soziokultureller Rahmenbedingungen an, deren Veränderung zu besseren sozioökonomischen Ergebnissen führt. Die Dependenz- und Imperialismustheorien fassen Unterentwicklung als Folge kolonialer Ausbeutung und weltmarktwirtschaftlicher Abhängigkeit auf.

Deregulierung: Reduzierung des staatlichen Einflusses auf die Wirtschaft; der Staat schafft nur ordnungspolitische Rahmenbedingungen, innerhalb derer privatwirtschaftliche Unternehmen unter für alle gleichen Bedingungen arbeiten.

Direktinvestition: Kapitalanlagen, die von Inländern im Ausland oder von Ausländern im Inland mit dem Ziel vorgenommen werden, Einfluss auf die Geschäftstätigkeit eines Unternehmens zu nehmen.

Disparitäten: Regionale Unterschiede in der Wirtschaftskraft, den Lebensbedingungen sowie den natürlichen Voraussetzungen stehen bei der Analyse regionaler Disparitäten im Vordergrund. Die regionalen Unterschiede können innerhalb eines Landes erheblich sein und erfordern das Eingreifen des Staates über die Regionalpolitik.

Divergenz: Annahme, dass die regionalen Unterschiede im Zeitverlauf zunehmen und sich die regionalen Disparitäten verstärken. Gunsträume sind für Investitionen und Arbeitskräfte so attraktiv, dass benachteiligte Regionen das Nachsehen haben und sich ihr Entwicklungspotenzial z. B. durch Abwanderung verringert.

Diversifizierung der Wirtschaft: Strategie, um die einseitige Abhängigkeit von wenigen wirtschaftlichen Aktivitäten (z. B. vom Export nur eines Agrarproduktes) zu verringern; der Ausbau bzw. die Entwicklung zusätzlicher wirtschaftlicher Aktivitäten in anderen Sektoren bzw. Branchen wird gefördert.

Dritte Welt: Ehemals Bezeichnung von Ländern, die nicht zu den beiden wirtschaftlich-politischen Bündnissen Westeuropa/Nordamerika und Osteuropa/Sowjetunion gehörten; heute als Bezeichnung für die Länder mit geringem Entwicklungsstand üblich.

E

Eine Welt: Begriff, der die Zusammengehörigkeit und gegenseitige Abhängigkeit aller Länder und Regionen der Erde beschreibt.

Edge City: Räumliche Konzentration von Einzelhandel (Shopping Center), Bürofunktionen, Dienstleistungsbetrieben und sonstigen wirtschaftlichen Aktivitäten im suburbanen Raum nordamerikanischer Großstädte. Diese meist an Kreuzungspunkten von Highways gelegenen neuen Zentren erlangen inzwischen größere Wirtschafts- und Versorgungsfunktionen als die ehemaligen Stadtzentren.

Entwicklungsachse: Strategie zur Entwicklung peripherer Regionen durch den Ausbau von Verkehrsachsen und daran gelegener Zentren.

Entwicklungstheorie: Ansätze zur allgemeinen Erklärung der wirtschaftlichen/gesellschaftlichen Entwicklungsunterschiede zwischen den Industrie- und Entwicklungsländern.

Europäische Gemeinschaften, EG: Sammelbegriff für Europäische Wirtschaftsgemeinschaft (EWG) und Europäische Atomgemeinschaft (Euratom) und Europäische Gemeinschaft für Kohle und Stahl (EGKS).

Europäische Union: Wirtschaftlicher und politischer Zusammenschluss von 27 Staaten in Europa (2008). Die Zusammenarbeit und der verstärkte gegenseitige Austausch von Gütern und Produktionsfaktoren sollen zur gemeinsamen Entwicklung beitragen.

Exportkraft: Beschreibt die Bedeutung und Leistung des Exports von Gütern für die Wirtschaft eines Landes.

Exportdiversifikation: Strategie eines Landes, um die einseitige Abhängigkeit von dem Export eines oder weniger Güter zu verringern. Gefördert wird die Ausfuhr zusätzlicher Güter (horizontale Exportdiversifikation) und die Weiterverarbeitung von Exportprodukten (vertikale Exportdiversifikation) zur Erhöhung der Wertschöpfung.

F

Food Crops: Grundnahrungsmittel (Nahrungsfrüchte), die in Entwicklungsländern vorrangig für die Selbstversorgung von Kleinbauern und den Inlandkonsum bestimmt sind. Im Unterschied dazu bezeichnet Cash Crops (engl. für „Geld-Früchte") landwirtschaftliche Produkte, die für den Verkauf und Export angebaut werden. Typische Cash Crops sind etwa Kaffee, Kakao, Bananen, Mandarinen, Baumwolle und Palmöl. Meist werden Cash Crops in Monokultur angebaut.

Forschung und Entwicklung: Wird unterschieden nach Grundlagenforschung und angewandter Forschung; Grundlagenforschung sind z. B. experimentelle Arbeiten, die in erster Linie auf die Gewinnung neuer Erkenntnisse gerichtet sind, ohne auf eine besondere Anwendung oder Verwendung abzuzielen; sie findet in der Regel an universitären und außeruniversitären Forschungseinrichtungen statt; angewandte Forschung findet im Hinblick auf spezielle oder auf kurzfristig zu erwartende Anwendungen vor allem in Unternehmen statt; angewandte Forschung in Unternehmen (auch industrielle Forschung genannt) ist planmäßiges Forschen mit dem Ziel, Kenntnisse zur Entwicklung neuer Produkte, Verfahren oder Dienstleistungen oder zur Verwirklichung erheblicher Verbesserungen bei bestehenden Produkten, Verfahren oder Dienstleistungen zu gewinnen.

Fragmentierte Entwicklung: Modell, welches die Aufgliederung der Wirtschaft von Entwicklungsländern in unverbunden arbeitende Teilbereiche beschreibt. Die Fragmentierung nimmt im Verlauf der Globalisierung zu und wird als wesentliches Hemmnis der Entwicklung angesehen.

Freihandel: Im Gegensatz zum Protektionismus erfolgt der Außenhandel (Import, Export) ohne staatliche Eingriffe.

G

Geburtenrate: Zahl der Lebendgeburten pro Jahr je 1000 Einwohner.

Global City: Großstadt mit Hauptsitzen von Unternehmen, die von hier aus ihr weltweites globales wirtschaftliches Handeln steuern und kontrollieren.

Globalisierung: Zunahme der internationalen Wirtschaftsverflechtungen, vor allem des weltweiten Handels und der internationalen Direktinvestitionen. Als wesentliche Voraussetzungen gelten die Verringerung der Transport- und Kommunikationskosten und die Liberalisierung des Warenhandels.

H

Handelsbeschränkungen: Eingriffe des Staates, um grenzüberschreitende Güterströme (Import, Export) zu beeinflussen. Es lassen sich tarifäre und nicht-tarifäre Handelsbeschränkungen unterscheiden. Beispiele für tarifäre Handelsbeschränkungen sind Zölle (Import- und Exportzölle). Beispiele für nicht-tarifäre Handelsbeschränkungen sind Verbote, Selbstbeschränkungsabkommen (das exportierende Land verpflichtet sich freiwillig auf eine bestimmte Ausfuhrmenge) oder Kontingente (das Importland lässt nur eine bestimmte Einfuhrmenge zu).

Handelsbilanz: Gegenüberstellung der Warenimporte und -exporte eines Staates in Geldwert.

Hightech-Branche: Branche, die gleichzeitig ein hohes Maß an Forschungs- und Entwicklungsanstrengungen unternimmt und zahlreiche Innovationen hervorbringt; mit ihr werden auch große, zukünftige Wachstumsperspektiven verbunden (z. B. Pharmaindustrie, Biotechnologie, Luft- und Raumfahrt, Informations- und Kommunikationstechnologie, optische Industrie).

I

Indikatoren: Zur Messung regionaler Disparitäten werden Kennzahlen verwendet. Das Problem besteht häufig darin, dass Aussagen über einen nicht unmittelbar zugänglichen Begriff wie z. B. Lebensqualität, Entwicklungsstand benötigt werden. Aus diesem Grund finden Kennzahlen Verwendung, mit deren Hilfe auf indirektem Wege nicht unmittelbar erfassbare Aspekte der Raumstruktur und raumprägenden Prozesse ermittelt und analysiert werden können. Der Indikator soll möglichst gut einen bestimmten Inhalt wiedergeben.

Importsubstitution: Strategie der Außenwirtschaftspolitik, bei der ein Land versucht, durch die eigene Herstellung von Gütern bisher notwendige Importe zu ersetzen. Als wesentliches Instrument gilt die Erhöhung der Importzölle, durch die eigene Industrieproduktionen vor ausländischer Konkurrenz geschützt werden.

Innovation: Neuerung; kann sich auf die Entwicklung neuer Produkte oder wesentlich verbesserter Produkte (Produktinnovationen), neuer bzw. verbesserter Produktionsprozesse (Prozessinnovationen) oder der Einführung organisatorischer Neuerungen (organisatorische Innovation wie z. B. Just-in-time-Produktion, Lean Management) beziehen.

K

Kolonie: Von einem anderen Land in politischer und wirtschaftlicher Hinsicht abhängiges Land.

Kolonialsystem: Im 19. und beginnenden 20. Jahrhundert übliche Politik der höher entwickelten Länder in Europa, sich abhängige Kolonien zu erschließen und diese als Rohstofflieferanten und Absatzgebiet eigener Produkte zu nutzen.

Kolonialherrschaft: Beherrschung eines Landes durch ein anderes Land und Einbindung dieses in das Kolonialsystem.

L

lange Welle: Basisinnovationen sorgen dafür, dass die Wirtschaftentwicklung wellenförmig verläuft. Die Erfindung der

Dampfmaschine hat das Wirtschaftsgeschehen rd. 60 Jahre geprägt. Die Erfindung des Benzin- und Elektromotors löste die Dampfmaschine als Antrieb ab und war ihrerseits Ausgangspunkt einer neuen langen Welle. Die heutige Wirtschaftsentwicklung wird stark von Informations- und Kommunikationstechnologien bestimmt.

Liberalisierung: Erleichterung von wirtschaftlichen Aktivitäten durch Abschaffung bzw. Vereinfachung von Regelungen und Rückzug des Staates aus Unternehmen.

M

Mangelernährung: Ernährung mit speziellen Defiziten, z. B. ständige Unterversorgung mit lebensnotwendigem Eiweiß.

Marktwirtschaft: Wirtschaftssystem, bei dem die Abstimmung zwischen dem Angebot (z. B. von Gütern, Arbeitsleistungen) und der Nachfrage (durch Endverbraucher oder Unternehmen) über die Preisbildung auf Märkten erfolgt.

Marginalisierung: Ausgrenzung von Gruppen der Bevölkerung von der modernen Wirtschaft und Entwicklung.

Megacity (auch Megastadt): Sie ist sehr oft die Primatstadt des jeweiligen Landes mit hoher Bevölkerungskonzentration; als Megacities werden jene Riesenstädte in Entwicklungsländern bezeichnet, die sich durch den Verlust ihrer Steuerungsfähigkeit kennzeichnen. Durch Zuwanderung und natürliches Bevölkerungswachstum vervielfacht sich die Bevölkerungszahl innerhalb weniger Jahre; die Versorgung der Bevölkerung mit Wohnraum, Arbeitsplätzen und Infrastruktur wächst nicht im notwendigen Umfang mit.

Metropole: Großstadt, die bedeutende Funktionen in Wirtschaft, Politik und Kultur besitzt.

multinationaler Konzern: Unternehmen, das seinen Hauptsitz in der Regel in einem Industriestaat hat und auch über juristisch eigenständige Niederlassungen oder Zweigwerke in anderen Staaten verfügt.

Modernisierungstheorien: Modelle, die annehmen, dass die wirtschaftliche Entwicklung von Entwicklungsländern durch die Beseitigung interner Hemmnisse erreicht werden kann. Wenn die Entwicklungshemmnisse beseitigt werden, können die Länder einen Entwicklungspfad durchlaufen, welche dem der heutigen hoch entwickelten Länder folgt.

N

Nachhaltigkeitsstrategie: Zunächst in der Forstwirtschaft, heute international für alle Wirtschaftsbereiche verwendete Bezeichnung und Zielstellung. Alle ökonomischen Prozesse sollen danach ohne Gefährdung der Ressourcensicherung für künftige Generationen und unter Vermeidung von irreperablen Umweltschäden ablaufen.

Naturschutz Der Schutz der Natur wird in Deutschland durch das Bundesnaturschutzgesetz geregelt. Die Aufgabe des Naturschutzes ist der Erhalt von wildlebenden Pflanzen- und Tierarten, ihrer Lebensgemeinschaften und natürlicher Lebensgrundlagen sowie der Erhalt von Landschaften und Landschaftsteilen unter natürlichen Bedingungen. Insbesondere sollen die Leistungs- und Funktionsfähigkeit des Naturhaushalts erhalten, die Regenerations- und nachhaltige Nutzungsfähigkeit der Naturgüter bewahrt, die Tier- und Pflanzenwelt in ihren Lebensräumen geschützt, die Vielfalt, Eigenart und Schönheit sowie der Erholungswert von Natur und Landschaft dauerhaft bewahrt und so die Lebensgrundlage des Menschen und die Voraussetzungen für die Erholung von Natur und Landschaft nachhaltig gesichert werden.

Nahrungssicherheit (engl. food safety): Gewährleistung, dass die Nahrung keine Schadstoffe bzw. gesundheitsschädlichen Mängel enthält.

Nichtregierungsorganisationen, NRO (international: Non Governmental Organizations, NGO): Hilfsorganisationen, die von Regierungen unabhängig sind (z. B. von Kirchen und Stiftungen).

P

Partizipation: Beteiligung aller Gruppen der Bevölkerung an politischen Entscheidungen und wirtschaftlichem Fortschritt.

Primärgut: Güter aus der Landwirtschaft und dem Bergbau, die noch nicht weiterverarbeitet wurden.

Primatstadt: Stadt, die innerhalb eines Landes eine wesentlich größere Einwohnerzahl als alle anderen Städte aufweist und daneben dominierende Bedeutung in Wirtschaft und Politik besitzt.

Privatisierung: Übertragung bisher staatlicher Aktivitäten der Wirtschaft an private Unternehmen.

Q

Quartiersmanagement: Aufwertung von Gebietseinheiten von Städten in sozialer, baulicher und wirtschaftlicher Hinsicht durch Fördermittel und Organisation.

S

Schwellenland: Begriff, der seit den 1970er-Jahren verwendet wird, in der gleichen Bedeutung auch Newly Industrialized Countries (NIC). Damit werden Länder bezeichnet, die in vielen Bereichen noch als Entwicklungsländer gelten, wirtschaftlich aber auf dem Weg zu Industrienationen sind.

Stadt-Umland-Beziehung: Wechselseitige Beziehungen zwischen Stadt und Umland, die zur vollen Entwicklung ihrer Lebensqualität und Wirtschaftskraft notwendig sind.

Sterberate: Zahl der Sterbefälle pro Jahr je 1000 Einwohner

Strukturwandel: Die langfristige Wirtschaftsentwicklung ist von einer Schwerpunktverlagerung der wirtschaftlichen Aktivitäten geprägt. Ausgangspunkt der Entwicklung ist der primäre Sektor, gefolgt vom sekundären Sektor und tertiären Sektor (siehe Wirtschaftssektoren).

Subsistenzwirtschaft: Landwirtschaftliche Produktion von Gütern, die zur Selbstversorgung der Angehörigen der jeweiligen landwirtschaftlichen Betriebe dient.

Suburbanisierung: Verlagerung von Standorten des Wohnens und Arbeitens aus der Innenstadt ins städtische Umland.

Subventionen: Finanzielle Zuwendungen bzw. Unterstützung von Unternehmen und Haushalten durch die öffentliche Hand (Staat). Subventionen können in Form von Zuschüssen (ohne Rückzahlungsforderung), günstigen Krediten, Bürgschaften erfolgen. Darüber hinaus zählen aber auch Steuerermäßigungen und -befreiung sowie Zollbefreiungen dazu.

T

technischer Fortschritt: Im Laufe der Zeit gelingt es durch den Einsatz neuer Technologien, wie z. B. Maschinen und Computern, immer effizienter zu produzieren. Auf diese Weise kann entweder eine gleiche Produktionsmenge mit einem geringeren Einsatz an Arbeit oder Produktionsmitteln erstellt werden oder eine höhere Menge mit dem gleichen Einsatz an Produktionsmitteln und Arbeit. Darüber hinaus zählt auch die Entwicklung neuer Produkte dazu, wie z. B. neuer Behandlungsmethoden und Medikamente.

technologische Leistungsfähigkeit: Um unseren Wohlstand auch zukünftig zu halten bzw. zu steigern, müssen Unternehmen in Deutschland besonders innovativ sein. Aus diesem Grund ist die Messung der technologischen Leistungsfähigkeit als Umsetzung von Forschungsergebnissen in Produkte und Dienstleistungen ein wichtiger Maßstab der wirtschaftlichen Potenziale Deutschlands und seiner Regionen. Mithilfe von Input- und Outputindikatoren lässt sich eine Bewertung vornehmen. Während Inputindikatoren aussagen, wie viel für Forschung und Entwicklung investiert wird, geben Outputindikatoren an, was bei den Forschungs- und Entwicklungsanstrengungen herauskommt.

W

Wachstumstheorien: Modelle, die Entwicklungspfade und Strategien zur langfristigen wirtschaftlichen Entwicklung von Regionen und Ländern erklären.

Wachstumszentrum: Durch staatlichen Einfluss (z. B. Infrastrukturausbau, Zuschüsse für Unternehmen) ausgebautes Zentrum, das zur wirtschaftlichen Entwicklung der Region beitragen soll.

Wirtschaftssektoren: Die Wirtschaft wird in drei Tätigkeitsschwerpunkte untergliedert; der primäre Sektor setzt sich aus der Land- und Forstwirtschaft, Fischerei sowie Bergbau zusammen; im sekundären Sektor werden Rohstoffe be- und verarbeitet (Industrie, Bauwesen); im tertiären Sektor werden Dienstleistungen zusammengefasst. Eine Dienstleistung ist ein immaterielles, nicht lagerfähiges Wirtschaftsgut. Es lassen sich haushaltsorientierte und unternehmensorientierte Dienstleistungsbereiche unterscheiden. Beispiele für haushaltsorientierte Dienstleistungen sind Körperpflege, Gesundheitswesen, Bildungs- und Schulwesen sowie Verwaltung, für unternehmensorientierte Dienstleistungen Finanzdienste, Transport, Unternehmensberatung, Ingenieurbüros usw.

WTO (World Trade Organization): Internationale Organisation, die sich mit der Förderung und Überwachung von Weltwirtschaftsbeziehungen und Welthandelsbeziehungen befasst; 1994 gegründet.

Z

Zweite Welt: Ehemals übliche Bezeichnung für die mit der Sowjetunion in politischer und wirtschaftlicher Hinsicht verbundenen Länder.

Zentralverwaltungswirtschaft: Wirtschaftssystem, bei dem der Staat Eigentümer der Produktionsmittel (Industrie, Landwirtschaft) ist und die Produktionsmengen durch langfristige Pläne festlegt.

W

Z

Literaturverzeichnis

Kapitel 1
Kulke, E. (2006): Wirtschaftsgeographie. 2. Auflage. Schöningh Verlag
Nohlen, D. (2002): Lexikon Dritte Welt. Rowohlt Taschenbuch Verlag

Kapitel 2
Atlas der Globalisierung (2005): Le Monde diplomatique/taz Verlags- und Vertriebs GmbH, Berlin
Beckmann, G.: ded-Brief 3/2003
Haupt, A. u. Kane, Th.: Handbuch Weltbevölkerung. Begriffe, Fakten, Konzepte. Stuttgart 1999

Kapitel 4
Bayerisches Landesamt für Statistik und Datenverarbeitung 2006. Statistik Bayern
Institut für Länderkunde, Leipzig (Hrsg.) 2001: Nationalatlas Bundesrepublik Deutschland – Verkehr und Kommunikation. Spektrum Akademischer Verlag Heidelberg . Berlin
Institut für Länderkunde, Leipzig (Hrsg.) 2002: Nationalatlas Bundesrepublik Deutschland – Dörfer und Städte. Spektrum Akademischer Verlag Heidelberg . Berlin
Regionsdaten 2006. Region München. Planungsverband Äußerer Wirtschaftsraum München. München 2006

Kapitel 5
Der Fischer Weltalmanach 2008. Fischer Taschenbuch Verlag. Frankfurt am Main
Hemmer M. (2005): Grundzüge der Exkursionsdidaktik
Rinschede G. (2003): Geographiedidaktik. Paderborn

Internetlinks

www.weltbank.de und www.weltbank.org

www.weltalmanach.de (= allgemeiner Einstieg)

http://wissen.spiegel.de > Länderlexikon (= allgemeine Informationen mit großer Bandbreite)

www.bmz.de/de/wege/multilaterale_ez/akteure/weltbank/index.html (= Umweg zur Weltbank)

www.g-o.de/dossier-225-1.html (= Dossier zu Entwicklungsländern)

www.weltbevoelkerung.de > Info-Service (= u. a. Bevölkerungsdaten nach Ländern)

www.oecd.org/berlin > Statistiken

www.bmz.de/de/wege/ez_eu/eu-wege/akpstaaten/index.html

www.auswaertiges-amt.de > Länder, Reisen und Sicherheit

www.ded.de > Entwicklungshelfer > Vorbereitung > Länderstudium im Internet

www.epo.de (= Informationen zur Entwicklungspolitik)

Bildquellen

Titelbild: © Richard Cummins/CORBIS
S. 7: picture-alliance/dpa/Fotoreport EG Spolar, Frankfurt/M. – S. 8.3: Haitzinger/CCC, www.c5.net, Pfaffenhofen/Ilm – S. 10.1: Dietmar Falk, Berlin – S. 13.1: Dietmar Falk; 13.4: Dietmar Falk, Berlin – S. 15.3 picture-alliance/ZB/Karlheinz Schindler, Frankfurt/M. – S. 17.1: Heiko Sakurai, Köln/www.sakurai-cartoons.de; 17.3: PHOTOPRESS/Max Havelaar-Stiftung, Schweiz – S. 19.1: Dietmar Falk, Berlin – S. 22.2: Dietmar Falk, Berlin – S. 24.1: picture-alliance/dpa/epa How Hwee Young, Frankfurt/M. – S. 25.3: Heiko Sakurai, Köln/www.sakurai-cartoons.de; 25.5: Klaus Stuttmann, Berlin – S. 27.4: Dietmar Falk, Berlin – S. 29.2 li: Elisabeth Grunert, Berlin; re.: Siegfried Motschmann, Neuenhagen – S. 31.1: Dietmar Falk, Berlin – S. 32.1: Lea Grunert, Berlin; 32.2: Oliver Sandig; 32.3: Oliver Sandig – S. 35: Mauritius Images/Kord – S. 36.2: VISUM/Ralf Niemzig, Hamburg – S. 41.1/41.3: Dietmar Falk, Berlin – S. 43.3: Spiegel Verlag, Hamburg – S. 44.2: picture-alliance/dpa/epa efe Fernandez, Frankfurt/M. – S. 47.3: Dietmar Falk, Berlin – S. 49.2: Dietmar Falk, Berlin – S. 51.1: picture-alliance/ZB/Euroluftbild.de, Frankfurt/M.; 51.2: picture-alliance/dpa/dpaweb/Matthias Schrader, Frankfurt/M.; 51.3: picture-alliance/dpa/dpaweb/Armin Weigel, Frankfurt/M.; 51.4: DB AG/Claus Weber – S.53.3 o. + u.: V. Huntemann, Schwabach – S. 54.1: picture-alliance/dpa/ZB/B. Settnik, Frankfurt/M. – S. 57.1: Superbild/Ducke, Berlin; 57.2: Steenmans, Mönchengladbach; 57.3: Verlagsarchiv – S. 58.1: Verlagsarchiv – S. 60.1 li: ullsteinbild/Granger Collection, Berlin; re: Argus Fotoarchiv/Mark Edwards, Hamburg) – S. 61.2: Mauritius Images/Marliani; 61.4: D. Richter, Großburgwedel – S. 63.3: Elmar Kulke, Berlin – S. 64.2: Dietmar Falk, Berlin – S. 65.1: Dietmar Falk, Berlin – S. 67 l.: Siegfried Motschmann, Neuenhagen; S. 67 r.: picture-alliance/dpa/Frank May, Frankfurt/M. – S. 69: Volker Huntemann – S. 70.2: Gottscheber/CCC, www.c5.net, Pfaffenhofen/Ilm – S. 72.1: Argus/Giling, Hamburg) – S. 75.2: Dietmar Falk, Berlin – S. 83.1: AP Associated Press/Paul Kitagaki jr., Frankfurt/M.) – S. 85.1 re: TransFair Deutschland; S. 85.1 li.: Elisabeth Grunert, Berlin – S. 88.1: Engelhard, Münster; 88.2: F. Damm, Köln – S. 90.3: picture-alliance/dpa/Abaca 154879 – S. 94.1: F1 ONLINE/Tovy Amsel, Frankfurt/M.; 94.2: Verlagsarchiv – S. 95: picture-alliance/dpa/epa Peter Foley, Frankfurt/M. – S. 97: Hannemann, Berlin – S. 98.1: Andrikopulus, Berlin – S. 105.1: HafenCity GmbH/T. Kraus; 105.2: picture-alliance/Helga Lade Fotoagentur GmbH/Rainer Binder, Franfurt/M. – S. 106.2: picture-alliance/ZB/© dpa-Report – S. 108.1: Lea Grunert, Berlin – S. 110.2: Stadt Leipzig, Amt für Stadterneuerung und Wohnungsbauförderung (ASW), Abt. Stadterneuerung Ost, Leipzig – S. 113.2: A. Späth Fotografie, München – S. 116.2: BioCer Entwicklungs-GmbH, Bayreuth – S. 117.2: © Studio für Landkartentechnik, Norderstedt, 10/00 – S. 119.2: Elisabeth Grunert, Berlin – S. 123.1: picture-alliance/ZB/Kasper, Frankfurt/M. – S. 124.4: Siegfried Motschmann, Neuenhagen – S. 127.1: Elisabeth Grunert, Berlin; 127.4: Elisabeth Grunert, Berlin – S. 129.2: picture-alliance/Karl-Josef Hildenbrand, Frankfurt/M.; 129.4: picture-alliance/Karl-Josef Hildenbrand, Frankfurt/M. – S. 131: Thomas Schulz, Berlin – S. 133: Thomas Schulz, Berlin

Nicht in allen Fällen war es uns möglich, den Rechteinhaber der Abbildungen ausfindig zu machen. Berechtigte Ansprüche werden selbstverständlich im Rahmen der üblichen Vereinbarungen abgegolten.

Titelfoto: Brücke über den Theodore Roosevelt Lake

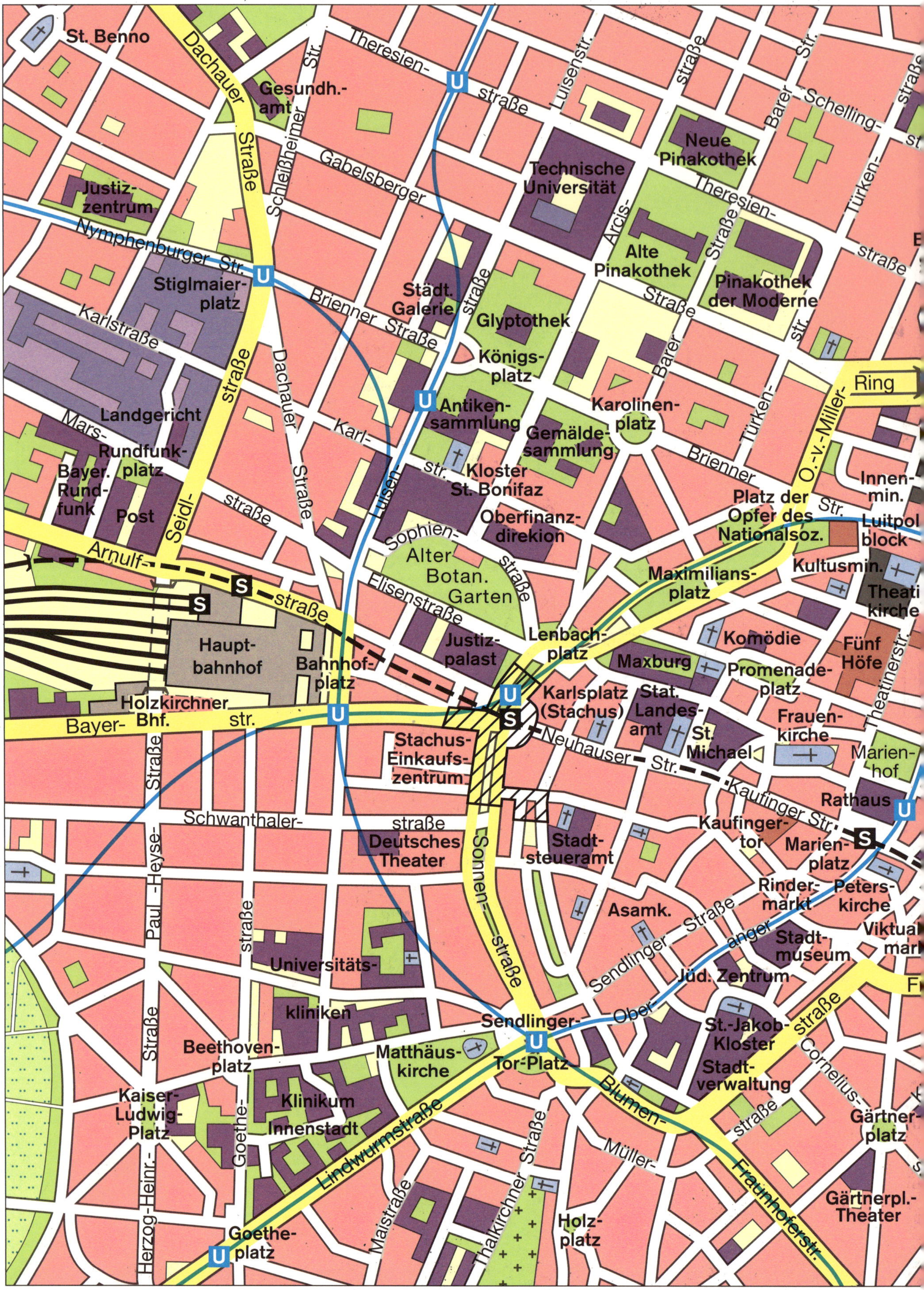
St. Benno
Dachauer Straße
Gesundh.-amt
Schleißheimer Str.
Theresien-straße
Luisenstr.
Barer Str.
Schelling-str.
Neue Pinakothek
Technische Universität
Gabelsberger
Justiz-zentrum
Nymphenburger Str.
Arcis-
Theresien-straße
Türken-
Alte Pinakothek
Straße
Stiglmaier-platz
Brienner Straße
Städt. Galerie
Glyptothek
Pinakothek der Moderne
Karlstraße
Königs-platz
Seidl-straße
Dachauer Straße
Antiken-sammlung
Karolinen-platz
Barer
Türken-str.
Ring
Landgericht
Mars-
Karl-str.
Gemälde-sammlung
Brienner
O.-v.-Miller-
Rundfunk-platz
Bayer. Rundfunk
Post
Kloster St. Bonifaz
Innen-min.
Luisen-
Platz der Opfer des Nationalsoz.
Str.
Luitpol block
Arnulf-straße
Sophien-straße
Oberfinanz-direkion
Alter Botan. Garten
Kultusmin.
Maximilians-platz
Theati kirche
Elisenstraße
Haupt-bahnhof
Bahnhof-platz
Justiz-palast
Lenbach-platz
Komödie
Fünf Höfe
Maxburg
Promenade-platz
Theatinerstr.
Holzkirchner Bhf.
Karlsplatz (Stachus)
Stat. Landes-amt
Bayer-str.
Frauen-kirche
Stachus-Einkaufs-zentrum
Neuhauser Str.
St. Michael
Marien-hof
Kaufinger Str.
Rathaus
Schwanthaler-straße
Kaufinger-tor
Deutsches Theater
Stadt-steueramt
Marien-platz
Paul-Heyse-Straße
Sonnen-straße
Rinder-markt
Peters-kirche
Asamk.
Sendlinger Straße
anger
Stadt-museum
Viktual mark
Universitäts-kliniken
Jüd. Zentrum
Sendlinger-Tor-Platz
Ober-
St.-Jakob-Kloster
Beethoven-platz
Matthäus-kirche
Stadt-verwaltung
Kaiser-Ludwig-Platz
Klinikum Innenstadt
Blumen-straße
Cornelius-
Gärtner-platz
Goethe-
Lindwurmstraße
Thalkirchner Straße
Müller-
Fraunhoferstr.
Herzog-Heinr.-Straße
Maistraße
Holz-platz
Gärtnerpl.-Theater
Goethe-platz